Gaodeng yuanxiao huanjing kexue yu gongcheng xilie guihua jiaocai

高等院校环境科学与工程系列规划教材

环境管理与规划

主 编 孙 翔

副主编 王 远 冷 冰

主 审 朱晓东

U0250568

教学资源

南京大学出版社

图书在版编目(CIP)数据

环境管理与规划/孙翔主编. —南京:南京大学
出版社,2018.5
ISBN 978 - 7 - 305 - 20274 - 2

Ⅰ. ①环… Ⅱ. ①孙… Ⅲ. ①环境管理—高等学校—
教材 ②环境规划—高等学校—教材 Ⅳ. ①X32

中国版本图书馆 CIP 数据核字(2018)第 107791 号

出版发行 南京大学出版社
社 址 南京市汉口路 22 号 邮 编 210093
出 版 人 金鑫荣
书 名 环境管理与规划
主 编 孙 翔
责任编辑 揭维光 吴 汀 编辑热线 025 - 83686531
照 排 南京理工大学资产经营有限公司
印 刷 南京新洲印刷有限公司
开 本 787×1092 1/16 印张 17 字数 403 千
版 次 2018 年 5 月第 1 版 2018 年 5 月第 1 次印刷
ISBN 978 - 7 - 305 - 20274 - 2
定 价 42.00 元

网 址:http://www.njupco.com
官方微博:http://weibo.com/njupco
官方微信号:njupress
销售咨询热线:(025)83594756

序　言

　　环境管理是明确责任的主体,理顺责任主体内部的体制和机制,制定一系列法律法规、制度规章、措施手段等以达到预防或者减缓人类活动行为对环境保护目标的影响、协调人地关系矛盾、保证环境质量持续改善而进行的一项综合性活动。环境管理的主要保护目标既包括大气、水、土壤、声等环境要素,也包括人类赖以生存的林地、耕地、草地、湿地、矿产资源等自然资源以及生态系统。城市扩张、工业"三耗"(耗水、耗材、耗能)、工业和生活"三废"排污(废水、废气、固废)、围海养殖、填海造地、森林采伐、草地放牧、湿地利用、耕地农药及化肥施用等是影响环境质量健康和自然资源可持续供给的主要人类活动干扰方式,亦是环境管理的主要管控对象。环境管理学就是一门研究人类对环境管理活动的规律及其应用的科学,其强调利用运筹学、计量经济学、博弈论、情景分析、对比分析等方法研究制定经济可行的、可操作性强的、有利于引导人类活动行为的环境行政干预政策、环境经济政策、控制标准等,强调研究人类活动干扰环境和破坏自然资源及生态系统的规律,以使得环境管理的决策过程更具科学性和严谨性。

　　自 1930~1960 年间相继发生日本的痛痛病事件、英国伦敦烟雾事件、美国光化学烟雾事件等事件开始,全球对于环境保护的重视日益增强,政府部门对于环境、自然资源、生态系统的调控和管理经历了接近 60 年螺旋上升的调整过程,特别是中国自第一次联合国环发大会开始环境管理的思路越来越成熟,从"三大政策"和"环境管理的八项制度"到"环境管理的九项制度",再逐渐过渡到今天的"生态保护红线制度"、"主体功能区划制度"、"环境排污税改革"、"领导离任环境审计制度"、"超标排污按日连续处罚制度"、"自然资源负债表"、党的十九大提到的"设立国有自然资源资产管理和自然生态监管机构"以及其他生态文明体制改革、变革和创新举措,均是对环境管理科学规律认识的深入和应用实践。

　　环境规划是指以生态保护和环境质量提升为目标,对人类生产和生活污染排放行为、活动的空间区域进行时空的宏观部署,其目的是指导人们进行各项环境保护活动,按既定的目标和措施约束排污者的行为,改善生态环境,防止资源破坏,保障环境保护活动纳入国民经济和社会发展计划,获取最佳的经济—社会—环境效益。环境规划基本理论和方法包括:资源承载力、环境容量、生态承载力、循环经济理论、运筹学、情景分析、SWOT 分析、线性规划或非线性规划等。中国环境规划的总体框架体系包括:环境保护总体规划、污染防治规划、生态市县区规划、生态文明市县区规划等;从尺度上包括:国家、流域、省、都市圈、地级市、县区、镇、工业园区等;内容上既包括地表水、地下水、近岸海域、大气、噪声、土壤、生态等环境要素的污染防治规划,还包括国土空间的发展与保护平衡统筹的区划规划、环境行为引导和意识培养方面的生态文明规划。

　　环境管理与环境规划均属于宏观领域的调控范畴,管理与规划之间相互渗透、紧密相连、相辅相成,共同组成了环境宏观调控的框架体系。环境管理与规划有共同理论基础,维护经济发展与环境保护的平衡、协调发展与环境保护的冲突、对损害环境质量的人类活动加以纠正是环境管理与环境规划的共同目标和共同核心。

　　本书从兼顾环境管理与规划教学需要和满足实际应用的角度出发,结合近年来的教学改革实践经验、国内外最新科学研究成果以及环境管理与规划领域最新实践进展汇编而成。本书在环境管理学导论中重点介绍环境管理主要核心关键问题,它给读者介绍了环境管理有关的基本知识、基本理念、基本内容和学习方法,并通过案例让读者深切体会学好这门课程的主要意义;接下来本书的第2～4章节将会重点介绍中国环境管理的制度、体制、机制与机构职能,以及环境管理体制机制存在问题与改革的方案;第5～10章对大气、水、土壤、自然资源可持续发展、国土空间保护与管制、环境风险等进行全面系统的介绍;第11～13章对环境规划基本要求、基本内容以及针对水、大气、土壤污染防治规划、生态文明建设等展开说明。本书可作为高等院校环境类专业教科书,或作为非环境专业选修教材,同时对环境保护部门和企事业单位环境保护管理人员、环保科技人员亦有一定的裨益。

编　者

目　录

第一章 导 论

第一节 环境管理基本内容

一、什么是环境管理

环境保护是我国的一项基本国策,也是当今经济社会发展和机制体制改革的重点领域。中国目前以及未来社会经济条件和制度体系的变化,使得环境问题的解决,一方面要通过改善人类对自然的利用方式,即提高环境资源利用的技术效率和经济效率,或者说技术创新来实现;另一方面更需要通过调整人和人之间的利益关系,即进行制度创新以适应变化的形势,以确保环境保护工作满足全社会环境福利改善的需求。环境管理是专门针对后者的统筹,指运用计划、组织、协调、控制、监督等手段,为达到预期环境目标而进行的一项综合性活动。随着科学技术日益成熟和人类对环境问题认识的日益深入,技术应用层面已逐渐不再成为制约解决环境问题的瓶颈,管理难题显得更加优先和紧迫。

传统的环境管理是以政府为主导甚至唯一的环境管理方式,随着经济社会制度和社会组织结构的演化,社会和公众的环境意识、环境价值观念、环境信息需求和环境教育程度,已经并将继续迅速提高;在环境与发展关系的处理上,企业和公众成为重要的行为者和影响者,其生产模式和消费模式以及与之相关的价值取向,从根本上影响着环境与发展关系的处理,因此,目前广义上的环境管理,已经包括政府、企业和公众三个维度。

环境管理学是一门体系完整的独立的新学科,其以环境管理的实践为基础,以可持续发展的思想为指导,以研究环境管理的一般规律、特点和方法学为基本内容的科学。它着重研究管理人类作用于环境的社会行为的理论和方法,为环境管理提供理论和方法上的指导。

二、环境管理的基本要素

一般意义的公共管理的构成要素包括主体、对象和手段,研究和实施环境管理,也必须首先明确上述"三要素"。

1. 环境管理的主体,即"谁来管"

毫无疑问,政府基本属性和职能在现代市场经济条件下的具体表现,以及当代公共事务变化发展的趋势,决定了作为公共组织最重要构成部分的政府组织是环境管理的首要主体,也是环境管理的核心。首先,政府决定着整个环境管理的基本范围、基本性质和基本方向。虽然政府不可能在根本上违反公共事务发展的客观要求,但在多大程度上反映这一客观要求则取决于政府的认识,以及政府所代表的利益制约。其次,政府决定着整个环境管理的体制和运行。所谓公共管理体制,是指为实现管理目标,由一定管理主体按一定原则组成,并相应具有各自的职责权限和分工的多层次的管理系统。在法律化规范化的现代公共管理中,哪些组织可以作为管理的主体,各管理主体的基本地位和职责权限以及相互间的关系,整个管理体制的运行规则,都是由相关法律法规决定的,是由公共政策确定的。最后,政府是公共管理中其他主体的管理者,即除了有关公共管理的基本规则由政府制订外,政府还负有对其他主体进行管理之责,这种管理既可以是直接的行政监督,也可以是法律手段的制约。

2. 环境管理的对象,即"管什么"

环境管理的对象是一切对环境系统和环境要素产生影响的组织、企业和个人,可以引申至环境管理的职责,即各级政府在职权范围内对环境要素和环境系统的利用监督和严格保护。由于政府在环境保护中经常担负着双主体的身份,所以其职责内容主要体现在以下两个方面:首先,作为国家行政职能的执行者,政府依法赋予企事业单位、社会组织和公民开发利用国家自然资源和向环境排放一定限度污染物的权利。其次,作为公共利益的维护者,政府必须制定法律和政策,对环境资源进行实时管理,采取措施制裁危害环境和非法利用资源的各种行为,从而确保环境质量与水平处于可接受状态。总体来看,政府对辖区环境质量负有法定职责,在环境管理中具有提供制度供给、公共政策、公共产品和公共服务,并依法进行环境监管和执法的基本职能。

3. 环境管理的方式,即"怎样管"

环境管理的方式按照其作用方式主要分为管制手段和经济手段两大类。管制手段是指政府部门以行政命令或法规条例的形式,向污染者提出具体的污染物排放控制标准,或令其采用以减少污染物排放量为目的的生产技术标准,从而达到直接或间接限制污染物排放,进而改善环境的目的。管制手段包括排放标准(或治理标准)、治污技术标准等。世界各国通过采用命令和控制式的直接管制手段极大地改善了环境质量,但是该手段在实施和强制执行中的达标成本远远高于预期水平。经济手段是反映政府部门利用价值规律的调节作用,通过采取限制性或鼓励性的措施,促进污染者自发控制污染物排放,达到改善环境的目的。经济手段一般包括税费、排污权交易、污染治理补贴、押金制度等。经济激励手段独特的优势在于,在整个经济中这类方法比直接管制方法能更有效地配置污染削减,并可为政府和污染者提供管理上和政策执行上的灵活性。

由于环境管理的内容涉及土壤、水、大气、生物等各种环境因素,环境管理的领域涉及经济、社会、政治、自然、科学技术等方面,环境管理的范围涉及国家的各个部门,所以环境管理具有高度的综合性,须以系统和整体视角进行研究。

三、环境管理的主要特征

1. 整体性

环境管理学研究的主要对象是人类社会经济行为管理,并把人的经济行为系统与环境系统看作是一个具有内在联系与相互作用的统一有机整体。这两个系统的运动变化是密切联系的,而且其中各个子系统以及子系统的各组分之间也是密切联系的;同时,环境管理学还把社会经济行为植根于人类社会发展行为大系统之中。研究它们之间的相互关系、作用与影响,要从整体上看待和梳理。

2. 综合性

主要表现在如下几个方面:① 运用多学科的综合技术,与多学科理论、方法相互渗透与融合;② 解决问题的复杂性,比如管理方案设计、目标优化等,都要从多层次、多因素、多目标来考虑,进行综合分析和综合决策;③ 实施的管理手段、方法、政策以及对策措施等也具有多维性和综合性。

3. 战略性

环境管理学以可持续发展为核心,是实现持续发展目标的重要管理途径和方法,因此,它的许多研究内容都是带有战略性的问题。例如,经济行为与环境响应的关系研究、环境与发展战略研究等。这些问题处理是否得当,会影响到经济、社会发展进程与环境保护的全局以及子孙后代的长远利益。

4. 实用性

环境管理学是一门既有很强的理论性,又有很强实用性的环境科学新分支。实用性主要表现在它是伴随着人类生产活动的发展而出现的。从某种意义上说,它是研究解决当代环境问题的有效途径和技术措施,是通过调节和控制经济发展与环境保护的关系,促进协调、稳定、持续发展的一门实用科学。

四、环境管理的目标及我国的发展

无论在哪种国家和管理体制下,环境管理的目标均具有整体性、长远性、主体性和综合性,并具总体的一致性,反映在联合国提出的一系列可持续发展目标中,如《21世纪议程》、《联合国千年发展目标》、《约翰内斯堡可持续发展宣言》、《我们期望的未来》等。《21世纪议程》环境目标主题中,自然资源管理、生态系统的保护和环境污染治理均被高度重视,其中环境治理更多关注大气污染物排放和臭氧层破坏;《联合国千年发展目标》在生态保护主题下首次提出以减少温室气体排放目标,并更加强调自然资源的管理和利用以及自然灾害防治等;《约翰内斯堡可持续发展宣言》则重点关注小岛国家的环境保护能力建设,并首次提出环境保护的能源利用主题;《我们期望的未来》涉及的环境保护主题最多,不仅关注自然资源的保护和利用,更强调生态系统及其气候变化问题,还提出环境治理、能源利用和灾害风险方面的可持续发展目标。总之,过去30年环境保护方面的可持续发展目标主题在持续丰富,虽各目标体系的侧重点不同,但较为集中的目标主题涉及资源管理、生态保护、环境治理、灾害防治和能源利用等方面。

第二节　环境规划基本内容

一、什么是环境规划

环境规划是指为使环境与社会经济协调发展,把"社会—经济—环境"作为一个复合生态系统,依据社会经济规律、生态规律和地学原理对该复合生态系统发展变化趋势进行预判,在资源承载力和环境容量约束下以及正确的管控目标指引下而制定一系列有助于改善人类自身活动的环境友好性、有助于提升环境质量和有利于生态修复的时空合理安排。环境规划的实质是一种克服人类社会活动和环境保护活动盲目性和主观随意性的科学决策活动,当然环境规划所制定的系列行动计划必须遵循经济可行性、技术可靠性、社会可接受性为基本原则。

随着我国政府职能转换和社会主义市场经济快速发展,环境规划工作将作为环境建设与管理工作的科学依据和先导,成为宏观调控与管理的有效手段。同时,随着环境管理工作的深入,对环境规划也必将提出新的要求,环境规划学的发展必须变革思维方式,吸收先进的整体思维方式,把环境规划对象当成复杂的整体,使环境规划尽量真实地反映客观世界的复杂变化,不断地发展与完善,真正指导环境保护工作。

二、环境规划的基本要素

环境规划的基本要素是环境规划系统必须具有的基本组成部分,包括:环境规划的目标、环境规划的主体、环境规划的方法、环境规划的保障四个方面。

1.环境规划的目标

环境规划的目标是对规划对象未来某一阶段环境质量状况的发展方向和发展水平所作的规定,是开展环境保护工作的基本出发点和归宿。任何环境规划文件在部署行动之前都会首先明确预期的规划目标。

环境规划的目标应当以环境保护优先宗旨为指导。环境保护优先指在"环境保护管理活动中应当把生态保护放在优先的位置加以考虑,在社会的生态利益和其他利益发生冲突的情况下,应当优先考虑社会的生态利益,满足生态安全的需要,做出有利于生态保护的管理决定"。环境规划存在的最主要目的就是保护环境,防止环境污染和生态破坏。因此,规划者在确定环境规划的目标时,首先应当树立环境保护优先的理念,并在这一理念的指导下设立环境规划的总体目标、具体分阶段目标和具体指标。

环境规划目标的确定应当以规划区域的环境特征和功能为基础,正确认识规划区域环境容量和资源承载力。环境作为人类社会存在和发展的基础,其质量的损害会对人类自身的生存和发展造成威胁。环境规划应当遵从规划区域环境容量和环境承载力的要求,根据不同区域的特点,规定不同区域的环境或生态功能区划目标。对于特别敏感的区域或者环境一旦污染影响面比较广的区域(例如,某湖体是流域内1 000万人口的饮用水源地),环境规划的目标应当设定得高一些、严一些,而对环境容量大、环境承载能力强的区域,环境规划目标可适当宽松一些。只有这样才能制定出满足规划区域环境保护需要的最佳环境目标。

2. 环境规划的主体

环境规划的主体决定着规划的质量。环境规划的主体是与环境规划的制定、审批、实施、监督有关的主体,因此,也可将这些主体根据其所处程序的不同分为环境规划的编制主体、环境规划的审批主体、环境规划的实施主体、环境规划的监督主体。

政府部门具有管理环境和保护环境的责任、义务和能力。保护和改善人类环境是《人类环境宣言》所确认的各国政府的职责。因此,环境规划的编制、审批和实施主体都应该是政府部门;环境保护部门负责组织编制具有宏观指导作用的五年一期的环境保护规划、水污染防治规划、大气污染防治规划、土壤污染防治规划、环境功能区划、生态保护红线区划等;城建部门和水利部门负责编制水资源保护规划、供水规划、排水规划等;发改委负责编制主体功能区划、节能减排发展规划、循环经济发展规划、应对气候变化相关的规划等;林业部门则负责林业可持续发展规划等;国土部门负责绿色矿山发展规划、地下水污染防治规划等。规划的编制任务可以由相关政府部门委托有相关科研机构和企事业单位负责编写,规划的审批往往则是责任部门组织专家对规划进行技术审查并经修改完善后向当地人大报批并对社会公布,纳入当地国民经济发展计划。规划一旦向社会公布,由政府财政按计划划拨经费或通过 PPP 等方式向社会筹集资金,按照计划按部就班组织实施规划中的重点任务和重点工程,环境规划是严肃和严谨的,切忌避免"规划规划,纸上画画,墙上挂挂"。当然,环境规划的实施主体是多样的,除了政府部门,还应该包括企事业单位、个人,并且接受全社会的监督以及资金使用接受审计的监督,保证专款专用。

3. 环境规划的方法

环境规划的方法是为达到某种环境目的而采取的方法和措施,环境规划的手段是联系环境保护目标与环境保护结果之间的媒介,是规划者基于对环境的属性和规律的把握,为实现既定的目标而采用的工具、方法和措施。环境规划的手段主要有环境调查、环境评价(包括环境污染评价、环境质量评价、环境影响评价等)、环境功能分区、环境预测、情景分析、时空优化调控等。

环境调查是编制环境规划的基础,是对环境状况预先进行自然、经济、社会等多方面资料搜集过程,包括环境特征调查、社会环境调查、污染源调查、环境质量调查等内容。环境调查工作是环境评价、环境功能分区、环境预测等工作的基础。环境调查的目的是在掌握资料的基础上对环境的特征、区域环境的经济社会结构、环境质量的现状进行分析,以发现一定区域环境的污染和破坏的程度以及环境质量变化的规律,为环境规划的编制提供科学的依据。

环境评价是在环境调查分析的基础上,运用数学方法,对环境质量、环境影响进行定性和定量的评述,旨在获取各种信息、数据和资料。环境评价的内容包括自然环境评价、经济社会现状评价和污染评价。环境评价的目的是了解环境的特征、环境所具有的调节能力、环境容量和环境承载力,找出环境中现存的主要问题,以确定环境破坏、环境污染产生的原因、地域分布等。

对环境进行功能分区是制定环境规划目标的基础。由于每个环境区域其自然条件和

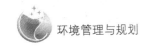

人类施加的影响力不同,不同区域满足同一环境质量标准的难度也就不一样。因此,基于实现保护环境的目的考虑,并顾及到环境投资-收益比,环境管理者在制定环境规划的目标之前会先对区域环境进行功能分区,然后根据各功能区的不同特点和承担的不同功能分别制定环境目标。

环境预测是环境管理者根据人类以前以及现在所掌握的环境资料、经验和运行规律,通过一定的科学技术和方法,对环境未来的发展状况和发展趋势,以及对未来的环境破坏、主要污染物和污染源的动态变化进行的分析和描述。环境预测是环境规划所使用的重要手段之一。预测的主要目的是预先了解未来环境状况,以便在时间和空间上对现在的环境保护行为和环境开发利用行为做出科学的安排。环境预测中往往要进行高、中、低情景的分析,情景分析是把未来发展变化的不确定性明确为可能的集中情景条件。

在上述调查、评估和预测都完成的基础上,再进入时空规划的统筹阶段,在这个阶段会涉及博弈论、运筹学、线性规划或非线性规划、整形规划、网络分析等方法。

4．环境规划的保障

"巧妇难为无米之炊"。环境规划的运行离不开一定的保障。如果没有一定的保障,环境规划确定的目标也只是如"海市蜃楼"或"空中楼阁"。通常认为,环境规划的运行至少需要具备组织保障、制度保障、技术保障和资金保障四个方面。

环境规划应当具有组织保障。组织保障为环境规划提供运行所必须的组织措施,是环境规划不可缺少的重要因素之一。目前,我国环境规划文本普遍规定了规划运行的组织保障。

环境规划应当具有制度保障。要使环境规划运行顺畅、有效,环境规划文件应当确立健全的环境管理体制,以强化环保工作的统一立法、统一规划、统一监管;应当具备完善的环境法律法规体系,使利用与保护环境的行为有法可依;应当具备相应的激励性政策措施,完善的投融资、税收、进出口等环境保护优惠政策,促进资金投向环保项目等。

环境规划应当具有技术保障。在环境规划的运行过程中,技术手段发挥着基础的支撑作用。如果没有技术作为保障,科学合理的环境规划将无法出台,也无法被有效实施,环境规划必须依赖于现阶段已经被证实有效的、可行的、稳定的、经济的环境污染防治技术和生态保护、修复技术等。

环境规划应当具备资金保障。资金是环境规划运行的基础条件。一方面,环境规划需要国家和地方财政的直接投入。各级政府应当保障环境规划运行的资金投入,财政部门应当将环境规划运行资金纳入公共预算支出管理,从财政上给予资金保证。另一方面,国家应当建立多渠道的资金筹集机制。国家应当多渠道、多层次、全方位地筹集环境规划运行资金,广泛吸引社会主体的投资。

三、环境规划的主要特征

1．整体性

环境规划具有的整体性反映在环境的要素和各个组成部分之间构成一个有机整体,虽然各要素之间也有一定的联系,但各要素自身的环境问题特征和规律则十分突出,有其相对确定的分布结构和相互作用关系,从而各自形成独立的、整体性强和关联度高的体系。

2. 综合性

环境规划的综合性反映在它涉及的领域广泛、影响因素众多、对策措施综合和部门协调复杂。

3. 区域性

环境问题的地域性特征十分明显,因此环境规划必须注重"因地制宜"。所谓地方特色主要体现在环境及其污染控制系统的结构不同,主要污染物的特征不同,社会经济发展方向和发展速度不同,控制方案评论指标体系的构成及指标权重不同,各地的技术条件和基础数据条件不同,环境规划的基本原则、规律、程序和方法必须融入地方特征才是有效的。

4. 动态性

环境规划具有较强的时效性。它的影响因素在不断变化,无论是环境问题(包括现存的和潜在的)还是社会经济条件等都在随时间发生着难以预料的变动。

第三节　环境管理与规划主要研究方法

一、资料收集方法

1. 数据文献法

文献法是指根据一定的目标和题目通过有关文献收集资料的社会调查方法。文献调查法的主要对象是文献,其有广义和狭义之分。狭义的文献是指用文字和数字记载的资料;广义的文献是指一切文字和非文字资料,包括照片、录像等。通过文献调查得到启发,确定研究课题可以有的放矢,减少重复劳动,提高调查研究效率。

实施步骤:① 根据研究课题,确定文献收集的范围。此处的"范围"应包括文献的内容范围、时间范围、类别范围等。② 做好文献收集准备工作。首先,拟定文献收集的大纲,包括文献的来源、评价标准和取舍标准等。其次,与获取资料的单位进行联系。③ 文献收集工作。采用一定的方法把资料记录下来,一般包括逐字记录、摘要记录和提纲式记录,对于记录的资料,要按照一定的标准进行分类。④ 文献的分析整理。对收集到的文献资料,要进行认真分析,并把分析之后的资料系统整理,以便使用和保存。

方法优点:① 超越时空限制,广泛了解社会情况。从时间跨度上讲,通过图书、报刊、地方志可以了解几千年以前的社会情况和历史事件;从空间跨度上讲,它可以超越地区和国界,了解到世界各地的历史事件、历史人物和社会情况,这是其他社会调查方法难以比拟的。② 避免调查者对调查对象的影响,真实性强、可信度高,特别是涉及个人隐私的资料是其他直接调查方法难以收集到的。③ 效率高、费用低。采取文献法调查所收集的资料,有的有很高的研究价值,甚至是当代同类研究项目的最高成果,调查的质量很高。同

时,不必动用过多的人力、物力,花费的经费也很少,这种方法是获取资料的捷径。

方法缺点:① 缺乏生动性和具体性。由于是间接得来的资料,调查者既不在事情发生的现场,又没有亲自实地调查,材料缺乏一定的生动性和具体性。② 文献资料与实际情况有一定差距。文献都是一定的人,在一定的具体时间、具体条件下撰写出来的,文献资料都受人的主观意志支配和时间、具体条件的制约。因此,在应用文献资料时,应对文献资料的准确性作出评估。③ 所得资料落后于现实。文献都是过去社会现象的记载,而社会生活无时不在发展变化着,新事物、新情况会不断出现,这些新情况都无法及时反映在文献上。

2. 现场踏勘法

现场踏勘法是指观察者带有明确目的,用自己的感觉器官及其辅助工具直接地、有针对性地收集资料的调查研究方法。根据踏勘内容是否有统一设计的结构性踏勘项目和要求,踏勘可分为有结构踏勘和无结构踏勘,前者是指踏勘者根据踏勘目的,制定出研究的理论框架,按照详细的规定和计划,采用标准的踏勘程序和手段进行的踏勘;后者是一种大致确定踏勘内容和踏勘对象的方法,没有严格的踏勘计划,使用结构比较松散的调查提纲,标准化程度较低。

实施步骤可概括为踏勘准备、踏勘实施和踏勘整理三个阶段:① 踏勘准备阶段,包括决定踏勘的目的和任务,确定踏勘的对象,确定踏勘的具体手段,选择和培训踏勘人员,确定踏勘的时间、地点和范围,制定踏勘提纲。② 实施踏勘阶段,包括进入踏勘现场,与踏勘对象建立关系,进行踏勘和收集资料,从踏勘场所退出。③ 踏勘整理阶段,包括整理踏勘资料,分析踏勘收集到的资料,撰写踏勘研究报告。

方法优点:① 通过观察可以直接获取资料。在实地观察中,不需其他中间环节,观察者可以直接感知观察对象,获取生动的、具体的感性资料,可靠性较高;特别是参与观察,更能掌握大量的第一手资料,这是其他间接调查方法无法比拟的。② 能直接观察自然状态下发生的比较可靠的社会现象。观察者直接到现场观察发生在自然状态下的社会现象,这样就可以避免被观察者在活动中故意造假。因此,它与书面调查和口头调查相比可靠性较高。③ 获取的资料及时主动。由于观察法观察到的是正在发生的事情,能保持被观察者的正常活动,能观察到当时当地的特殊环境和气氛,所以这样观察到的材料就较为及时、生动、形象。

方法缺点:① 受观察者自身的限制。由于观察是由人来直接进行的,而且主要是由人的感觉器官来进行的,这就必然带有局限性。人的感觉器官是有一定限度的,超过这个限度感觉器官就观察不到;人的感觉有些时候只能对观察的现象有直观的认识,这就使观察精度不够准确;观察结果还会受到人的主观意识的影响;观察结果还要受观察者的知识、能力的限制等。② 受时间空间条件的限制。社会活动都是在一定时间、一定空间中进行的,超过一定时间空间或范围就观察不到。③ 受观察对象的限制。观察对象在受观察期间可能处于非常态或非正常状态,其观察结果就难以反映受观察对象的平均水平。

3. 访谈法

访谈法是运用有目的、有计划、有方向的口头交谈方式向被调查者了解社会事实的方法。作为一种专门的认识活动,访谈法的首要基本性质是具有显著的目的性、计划性和方向性。访谈法的首要目的是为一定的调查研究搜集资料和证据,并且还要保证搜集来的资料和证据是可靠的、有效的。访谈法的第二个基本性质是它以现场的口头交谈作为了解社会事实的主要方式。访谈法通过和调查对象的现场交谈、讨论、征求意见,能获得一种实实在在的"现场感"。这种现场访问中不仅包括了谈话中被调查者的语腔语调,而且包括了被调查者在谈话时的姿态形象,以及当时谈话的语境等非言语性事实,对丰富社会调查的资料和事实很有意义。

实施步骤:① 准备访谈。包括准备好必要的调查提纲或其他调查工具,选择好访谈的对象并做好必要的了解,计划好访谈的时间、地点和场合,选择和训练访谈员,其他访谈工具的准备包括访谈人员的必要身份证明和介绍信、调查员证件等,调查对象的名册清单,以及各种必要的记录工具,如笔纸、照相器材和录音器材等。② 进入访谈。进入访谈是访谈者和被访对象建立起交际关系,以便展开正式访谈的必要环节,为了和被访对象从毫无联系的陌生人变成相互有所了解的交谈对象,访谈员必须掌握相关技巧,包括进入访谈现场、被访者建立接触、形成良好的访谈氛围。③ 控制访谈。控制访谈是整个访谈调查的主要环节,是实际搜集资料的阶段,这一阶段运用的技巧包括提问的技巧、追问的技巧、引导的技巧。在访谈过程中做好记录,其基本要求是准确记录,尊重被访谈者的原意。④ 结束访谈。

方法优点:① 回答率高。在现场交谈的人际交往中,只要恰当地运用人际交往技巧,就能直接得到被访者的合作和回答。同时,在现场交谈中,能直接消除对问题不清楚、不理解的障碍,使被访者更易于作答。② 适应性强。访谈法通过人与人的直接交往来搜集资料,就能面对各种对象、各种语境和各种变化,因时、因地、因人而异地采取临时性变通手段,保证资料搜集的成功率和可靠性。访谈法还特别适用于对文盲、半文盲或有书写困难的调查对象的调查,这是问卷法难以做到的。③ 调查内容有很大的机动性,可随时扩展和深入。

方法缺点:① 调查成本大。访谈法需要调查者支出更多的时间、人力和经费,其中经费的支出和时间的损耗是最突出的困难。② 匿名性差。在社会调查中,被调查对象有时希望自己以陌生人的面目出现,特别是当调查涉及比较敏感的问题,不愿或不便当面阐述时,这种匿名性要求就更加强烈,但是访谈法会销蚀对方的匿名感。③ 访谈过程通常过于急迫,易受当时环境的干扰。④ 标准化程度低。访谈法通过口头交谈传递信息,自由度较大,在措辞和记录上,统一性相对就受影响。⑤ 资料记录难度大。谈话通常是一次性的,能迅速、准确、完整地记录下访谈资料是非常困难的。

4. 问卷法

问卷法是社会调查中最常用的资料收集方法。美国社会学家艾尔·巴比称"问卷是社会调查的支柱",可见问卷法在当今社会调查中的重要作用。在西方国家,问卷被广泛地应用于民意测验、社会调查以及社会问题的研究。

实施步骤:① 摸底调查。指在问卷设计之前,要先熟悉、了解一些有关的基本情况,以便对问卷中各种问题的提法和可能的回答有一个初步的总体考虑。问卷设计的探索性工作的常见方式,是进行初步的非结构式访问。② 问卷设计。需经问卷初稿设计、试用

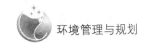

修改、正式定稿三个步骤,形成一份完整的定稿问卷。一般来说,问题不宜太多,问卷不宜太长。一般应限制在被调查者 20 分钟以内能顺利完成为宜,最多不超过 30 分钟。问卷太长往往引起回答者心理上的厌倦情绪或畏难心理,影响填答的质量和回收率。由于大多数问卷主要由封闭式问题构成,答案的设计就成为问卷设计中非常重要的一部分;其设计的好坏直接影响到调查的成功与否。③ 问卷发放和回收。问卷发放的方式主要包括报刊问卷方式、邮寄问卷方式、发送问卷方式、访问问卷方式。一般来说,回收率达到 70%—75% 以上时,方可作为研究结论的依据,因此,问卷的回收率一般不应少于 70%。④ 问卷统计、分析及最终处理。

方法优点:① 省时、省钱、省力。由于问卷法可在很短时间内同时调查很多人,收集到大量资料,因此,问卷法具有很高的效率;同时问卷法可以通过邮寄等形式发给被调查者,调查可以不受地域的限制,范围非常广泛;与访问法相比,它所需要的调查员人数、所需要的费用和调查所用的时间,都远远少于访问法。② 便于定量处理和分析。一般地,问卷调查所使用的问卷主要由封闭式问题组成,通过对答案进行编码,收集的资料可转换成数字,输入计算机进行定量处理分析。而社会调查研究的定量、定性研究与定量分析相结合,这正是当今社会调查研究发展的趋势之一。③ 避免主观偏见,减少误差。在问卷调查中,被调查者都是按照事先统一设计的问卷来回答问题,他们面对同样的问卷,且问题的表述、前后次序、答案类型、回答方式等都是相同的,这样可以减少许多主观因素的干扰,避免人为的偏差,得到比较客观的资料。④ 匿名性。通过问卷进行调查时,问卷不要求署名,避免了在面对面的访问调查中,人们很难交谈关于人的隐私、社会禁忌或其他敏感性问题。减轻了回答者的心理压力和种种顾虑,这样有利于他们如实回答问题,所获得的资料较为真实可靠。

方法缺点:① 要求回答者有一定的文化水平。问卷调查要求回答者首先能够看懂问卷,要能够阅读和理解问题的含义,懂得回答问题的方法。因此,问卷法的适用范围受到一定限制。② 回收率难以保证。问卷的发放不论采取何种形式交到被调查者手中,如果回答者对调查内容毫无兴趣,就会不合作,或对问卷调查不够重视,或受到时间、情绪、能力等方面的限制,这些因素都将造成问卷的回收率难以保证,从而影响调查进度和质量。③ 资料质量难以保证。在访问调查中,访问员可以随时对访问的过程进行控制,而问卷调查时,由于没有访问员在场,所以对回答者填答问卷的环境无法控制,回答者是否独立填答也无法获悉。

二、分析预测方法

1. **专业判断法**

在需要进行预测时,常常会遇到缺乏足够的数据、资料,无法进行客观的统计分析,某些环境因子难以用数学模型定量化,某些因果关系太复杂,找不到适当的观测模型,或由于时间、经济等条件限制,不能应用客观的预测方法等问题,此时只能用主观的专业判断法。

对比法是最简单的主观预测方法,此法通过对规划实施前后某些因子影响机制及变化过程进行对比分析,研究其变化的可能性及趋势,并确定其变化程度;类比法是通过一个已知的相似规划前后的影响订正得到预测结果,特别适合于相似规划的分析。

（1）德尔菲法

德尔菲法是采取匿名的方式广泛征求专家的意见，经过反复多次的信息交流和反馈修正，使专家的意见逐步趋向一致，最后根据专家的综合意见，对评价对象作出评价的一种定量与定性相结合的预测、评价方法。

方法步骤：① 编制专家咨询表，按评价内容的层次、评价指标的定义、必需的填表说明，绘制咨询表格。② 分轮咨询，一般需要经过四轮咨询，第一轮：征询有关预测目标的应预测事件：将咨询表发给各位专家，让他们根据自己的知识经验和对评价对象的了解情况填写表格，收回表格后组织者要立即进行整理归类，然后提出预测事件的新的咨询表，再分发给专家。第二轮：征询对事件的预测及其理由：这一轮要求专家根据咨询表中所列的事件给出自己的估计同时要说明理由。收回咨询表后，要对专家的评估意见进行归类处理，将整理后的数据设计在新的咨询表中，作为第三轮调查表反馈给专家。第三轮：专家根据反馈信息，再一次做出判断并提出修改意见。第四轮：在第三轮的基础上，专家再次进行判断，或保留第三轮的意见。③ 结果处理，应用常规的统计分析方法，对专家应答的结果进行分析。

方法优点：德尔菲法有匿名性、轮回反馈沟通情况、以统计方法处理征询结果三个特点。它可以对未来发展中可能出现或期待出现的前景做出概率评价，为决策者提供多方案选择的可能性。① 充分发挥专家的集体智慧，避免主观片面性，从而提高预测质量，为决策提供可靠的信息；② 利于专家独立思考，各抒己见，充分发挥自己的见解，通过反馈，了解各种不同的意见，互相启发，修正个人的意见；③ 依专家的理论水平和经验为判断基础，从而适用于缺少信息数据时的预测，具有较高的可靠性；④ 简便易行，预测快速、省时、高效。

方法缺点：无论是环节应用还是全程应用，德尔菲法有其本身的公共难点，主要有：① 专家组的形成问题。选择代表性的专家组是德尔菲法在综合评价中成功应用的首要前提，这涉及到专家组的选择、专家意见的公正性判断等问题。② 调查轮次的确定问题。确定合理的调查轮次是德尔菲法在综合评价中有效应用的关键，这涉及到专家意见一致性的识别、阈值的事先有效确定等问题。③ 专家意见调查形式的组织问题。选取科学的专家意见调查形式是德尔菲法在综合评价中成功应用的保障，这涉及到"背靠背"设计的具体化形式的选择、各种信息交流机制的优劣识别等问题。

（2）头脑风暴法

头脑风暴法又称智力激励法、脑力激荡法。它是一种通过会议形式，让所有参加者在自由愉快、畅所欲言的气氛中，通过相互之间的信息交流，每个人毫无顾忌地提出自己的各种想法，让各种思想火花自由碰撞，好像掀起一场头脑风暴，引起思维共振产生组合效应，从而形成宏观的智能结构，产生创造性思维的定性研究方法，它是对传统的专家会议预测与决策方法的修正。

实施步骤：① 热身阶段。这个阶段的目的是创造自由、宽松、祥和的氛围，以便活跃气氛，使大家得以放松，进入一种无拘无束的状态，促进思维。② 明确问题。主持人扼要地介绍有待解决的问题。介绍时须简洁、明确，不可过分周全，否则过多的信息会限制人的思维，干扰思维的想象力。③ 畅谈阶段。畅谈是头脑风暴法的创意阶段，引导大家自

由发言,自由想象,自由发挥,使彼此相互启发,相互补充,真正做到知无不言,言无不尽。主持人或书记员要对发言记录进行归纳、整理,找出富有创意的见解,以及具有启发性的表述,供下一步头脑风暴时参考。④ 筛选阶段。通过组织头脑风暴畅谈,往往能获得大量与议题有关的设想,更重要的是对已获得的设想进行整理、分析,以便选出有价值的创造性设想来加以开发实施,即设想处理。设想处理的方式有两种:一种是专家评审,另一种是二次会议评审,最后确定 1—3 个最佳方案。

方法优点:① 简便易行。头脑风暴法没有高深的理论,对环境没有特殊要求,实施起来简单易行。② 集思广益。头脑风暴法能够使与会人员通过交流信息、相互启发,产生"思维共振",起到集思广益的作用,从而极大地提高管理决策的质量与效率。③ 创新性强。头脑风暴法由于使用了没有拘束的规则,使与会人员没有心理压力,能在短时间内得到更多创造性的成果。

方法缺点:① 产生式阻碍。互动群体用头脑风暴法产生观点过程中,在某个成员阐述自己观点的同时,其他成员只有两种可能的选择:一是不得不努力记住自己已经产生但还没有机会表达的观点,以免发生遗忘;一是被迫去听别人的观点,结果导致注意力分散或妨碍继续产生新的想法,从而所产生的观点被遗忘,继而影响整个群体观点产生的效果。② 社会惰化。即个体倾向于在进行群体共同工作时,比自己单独工作时投入努力减少的现象。

2. 数学模式

数学预测模式便于定量分析。主要有回归预测法、经济计量模型法和时间序列预测法。回归分析是研究变量与变量之间相互关系的一种数理统计方法,具体有一元线性回归、多元线性回归和非线性回归预测法。时间序列预测法是一种考虑变量随时间发展变化规律并用该变量的以往统计资料建立数学模型进行预测的方法,可以分为确定型和不确定型时间序列法。确定型时间序列法有移动平均法、指数平滑法、趋势外推法等,不确定型时间序列法有我们所熟悉的博克斯-詹金斯法。统计预测按时间长短可以分为近期预测、短期预测、中期预测和长期预测,一个月以内的预测是近期预测,1—3 个月的预测是短期预测,3 个月至 2 年的预测是中期预测,2 年以上的是长期预测。

(1) 回归预测法

主要是研究变量与变量之间相互关系的一种数理统计方法,应用回归分析可以从一个或几个自变量的值去预测因变量将取得的值。回归预测中的因变量和自变量在时间上是并进关系,即因变量的预测值要由并进的自变量的值来旁推。具体方法有一元线性回归、多元线性回归预测法和非线性回归预测法等。

(2) 时间序列法

它是一种考虑变量随时间发展变化规律并用该变量的以往的统计资料建立数学模型作外推的预测方法。由于时间序列预测法所需要的只是序列本身的历史数据,因此,这一类方法应用得非常广泛,具体方法有时间序列分解分折法、移动平均法、指数平滑法、趋势外推法、X-11 法、自适应过滤法、博克斯-詹金斯法、景气预测法、状态空间模型和卡尔漫滤波、干预分析模型法。

（3）灰色预测法

系统可以根据其信息的清晰程度，分为白色、黑色和灰色系统。白色系统是指信息完全清晰可见的系统；黑色系统是指信息完全未知的系统；灰色系统是介于白色和黑色系统之间的系统，即部分信息已知、部分信息未知的系统。运用灰色系统理论并通过建立灰色模型所进行的预测即为灰色预测，其中灰色关联分析较为常见和常用。

灰色关联度是用来描述系统因素间的关系密切程度的量，是系统变化态势的一种度量。一般来讲，可量化系统的变化态势，可以用序列的变化态势来表征，而各个序列的变化态势总是按一定的量级和趋势（指曲线形状）变化的。因此，系统序列间关系的密切程度，表现为二者间量级大小变化的相近性和发展趋势（曲线形状）的相似性，这便是灰色关联中两种既有区别而又互相制约的表现形式。而量级大小的变化可以用位移差（点间距离）来衡量，发展趋势可用一阶或者二阶斜率来度量。在众多关联度模型中，几种典型的关联度模型是邓氏关联度、广义绝对关联度、T 型关联度、灰色斜率关联度、B 型关联度、改进关联度。

（4）人工神经网络

由于社会经济的高速发展，导致了经济系统日益复杂化，这使得对预测精度的要求越来越高。传统的预测方法不能有效地解决问题。如何解决好系统的复杂性、动态非线性和不确定性是寻求最优预测的困难所在。而把人工神经网络技术应用于经济预测中，探讨时间序列预测方法，为解决上述存在的问题提供可能的途径。

在人工神经网络多种模型中，BP 神经网络模型最为成熟，应用也最为广泛，并在预测领域得到了充分的应用。BP 算法的含义是多层神经网络的误差逆传播学习算法，是目前应用最广、基本思想最直观且最容易理解的一种 ANN 算法。BP 算法是用于前馈多层网络的学习算法，由于原理较为复杂，此处不再赘述。BP 神经网络可通过程序实现，MATLAB 软件中有神经网络工具箱，利用函数 newff 完成相关编程和分析。

三、评价决策方法

决策是针对某一问题，根据确定的目标以及当时的实际情况，制订多个候选方案，然后按一定的标准从中选出最佳方案的过程。单从决策方法而言，主要有三种：确定型决策方法、不确定型决策方法和风险型决策方法。

1. 费效分析法

该法是通过盈亏平衡点（BEP）分析规划实施的投入成本与收益的平衡关系的一种方法。各种不确定因素（如资源环境本底、投资产出预测、成本分析、建设项目、开发时序等）的变化会影响规划方案的经济效果，当这些因素的变化达到某一临界值时，就会影响规划方案的取舍。盈亏平衡分析的目的就是找出这种临界值，即盈亏平衡点（BEP），判断规划方案对不确定因素变化的承受能力，为决策提供依据。盈亏平衡点越低，说明规划的经济效益越大，因而有较大的抗风险能力。

以海洋环境保护规划为例，费用效益分析通常包括以下四个主要步骤：① 弄清问题。费用—效益分析的任务是评价解决某一环境问题各方案的费用与效益，然后通过比较，从中选出效益大于成本的方案，或者选出净效益最大的方案。因此，首先要弄清费用—效益分析的对象,问题的性质、程度、涉及的地域和各解决方案的基本情况,才可能进行分析比较。② 效益分析。海洋环境保护规划的效益在于改善环境,恢复或提高环境功能,从而减少环境污染带来的经济损失。因而,计量解决环境问题各方案的效益要从环境功能分析出发,建立环境污染与环境功能损害的剂量反应关系,通过剂量反应关系计量各方案环境质量改善程度减少的环境污染经济损失,即产生的效益;如果产生的效益具有时间延续性,还要计算效益的现值。③ 费用分析。计算各方案的费用,包括设施投资和设施运行费用;如果发生的费用具有时间延续性,还要计算费用的现值。④ 费用与效益的比较。比较各方案费用与效益(或现值),计算出各方案的净效益的现值,找出净效益最大的方案。

费效分析法的核心是规划成本与效益的货币化方法,仍以海洋环境保护规划为例,其关键问题在于效益货币化计算。所有货币化评估方法背后的经济学概念都是个人对环境服务或资源的支付意愿,即基于需求曲线的积分面积。

（1）直接市场法

直接基于由环境影响造成的市场价格或生产率的变动。① 生产率变动:项目能够影响生产,市场产出的变化可以用标准的经济价格来评估;② 收入损失:环境质量影响人体健康,理想状况下,健康影响的货币价值应该由改善健康的WTP来确定,实际上,替代的方法比如放弃的净收入可以用在过早死亡、疾病或旷工的情况,还可通过计算健康欠佳或死亡统计概率的成因;③ 预防成本:个人、厂商和政府采用"防御支出"来避免或降低有害环境的影响,防御支出比直接评估环境损害容易,可视为对效益的最低估计。

（2）传统市场法

① 重置成本:估计更换受损资产带来的成本,实际的损害成本可能高于或低于重置成本,如有可持续的约束要求某种资产存量保持完整无缺,这种方法将尤为重要;② 影子项目:基于计算一个或多个提供替代环境服务的"影子项目"的成本,用来补偿正在实施项目给环境资产带来的损失。当至关重要的环境资产处于风险之中而又需要保持的时候,它是重置成本的制度判断。

（3）隐含市场法

间接使用市场信息,包括:① 旅行成本法:用于衡量休憩地产生的效益,可以确定对某一地点的需求,作为像消费者收入、价格、各种社会经济特征等变量的函数,价格通常是观察到的成本元素的总和;② 资产价值法:基于更一般的土地评估方法的特征价格法,将房地产价格分解成归因于不同特点的组成部分,类似于学校、商店、公园等的接近程度,试图通过更清洁的环境中的房价来确定人们为改善当地环境质量而增加的支付意愿;③ 工资差额法:假设存在一个竞争市场,对劳动力的需求等于边际产品的价值,劳动力供给随着工作和生活条件而变,这样在受污染地区或更有风险的职业就需要更高的工资来吸引劳动力;④ 市场商品替代非市场商品法:如果环境物品在市场上有很接近的替代品,环境物品的价值可以用其市场上可观测到的替代品价格做参照。

（4）虚拟市场法

① 条件价值评估:当市场价格不存在,该方法直接询问人们对某效益的支付意愿和(或)容忍某损失的受偿意愿。询问的过程可以通过直接问卷调查,也可以通过实验,被试

者在"实验室"条件下对问题作出应答,在某些情况下,这是估计效益的唯一可得方法;② 人造市场:可以出于实验目的构建一个虚拟的市场,来评估消费者对某物品或服务的支付意愿,如家用净水器、游乐场的价格。

2. 矩阵清单法

矩阵法将清单中所列内容,按其因果关系,加以系统排列,并把开发行为和受评价环境要素组一个矩阵,在影响因素和受影响因素之间建立起直接的因果关系,定量或半定量地说明影响因素对受影响因素的影响。这类方法主要有相关矩阵法、迭代矩阵法两种,前者最为常用。

(1) 相关矩阵法

在横轴上列出各项影响因素的清单,纵轴上列出受影响的各要素清单,从而把两种清单组成一个识别矩阵。因为在一张清单上的一项条目可能与另一清单的各项条目都有系统的关系,可确定它们之间有无影响,因而有助于对影响的识别,并确定某种影响是否可能。当影响因素和受影响因素之间的相互作用确定之后,此矩阵就已经成为一种简单明了的有用的评价工具。

(2) 迭代矩阵法

迭代就是把经过评价认为是不可忽略的全部一级影响,形式上当作"行为"处理,再同全部环境因素建立关联矩阵进行鉴定评价,得出全部二级影响,循此步骤继续进行迭代,直到鉴定出至少有一个影响是"不可忽略",其他全部"可以忽略"为止。其基本步骤为:列出规划的基本行为清单及基本受影响因素清单,将两清单合成一个关联矩阵;把基本行为和受影响因素进行系统地对比,找出全部"直接影响",即某规划行为对某因素造成的影响;进行"影响"评价,每个"影响"都给定一个权重 G,区分"有意义影响"和"可忽略影响",以此反映影响的大小问题;进行迭代。

3. 层次分析法(AHP)

在多目标决策中,会遇到一些变量繁多、结构复杂和不确定因素作用显著等特点的复杂系统,这些复杂系统中的决策问题都需要对描述目标相对重要度做出正确的估价。而各因素的重要程度是不一样的,为了反映因素的重要程度,需要对各因素相对重要性进行估测(即权重)。层次分析法是一种较好的权重确定方法。它是把复杂问题中的各因素划分成相关联的有序层次,使之条理化的多目标、多准则的决策方法,是一种定量分析与定性分析相结合的有效方法。层次分析法的特点是能将人们的思维过程数学化、系统化,以便于接受。应用这种方法时所需的定量信息较少,但要求决策者对决策问题的本质、包含的要素及其相互之间的逻辑关系掌握十分透彻。这种方法尤其对没有结构特性的系统评价决策以及多目标评价决策更为适用。

基本原理:先分解后综合,整理和综合人们的主观判断,使定性分析与定量分析有机结合,实现定量化决策。首先将所要分析的问题层次化,根据问题的性质和要达到的总目标,将问题分解成不同的组成因素,然后按照因素间的相互关系,将因素按不同层次聚集组合,形成一个多层分析结构模型,最终归结为最低层(方案、措施、指标等)对最高层(总目标)相对重要程度的权值或相对优劣次序的问题。

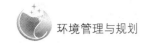

基本步骤:① 建立层次结构模型。根据具体问题选定影响因素,并建立合适的层级。层级的划分要依情况而定,一般包含:目标层、准则层、子准则层、方案层等。② 评价指标的比较。确立衡量不同评价指标两两对比的标准,并构造不同指标重要性两两对比结果的矩阵。再分别对每个方案中所有指标进行打分,并运用加权平均,利用上一步的结果计算每个方案下每个指标的相对权数。③ 一致性检验。由于成对比较的数量比较多,很难做到完全一致。为了解决一致性问题,AHP 提供了一种方法来测量决策者做成对比较的一致性。如果一致性程度达不到要求,决策者应该在实施 AHP 分析前重新审核成对比较并做出修改。④ 确定最佳方案。确定各方案在所选定的评比指标体系中总排序,即计算同一层次所有元素相对上一层次的相对重要性的权值。

方法优点:① 层次分析法是一种把定性分析与定量分析有机结合起来的较好的科学决策方法。它通过两两比校标度值的方法,把人们依靠主观经验来判断的定性问题定量化,能处理许多传统的最优化技术无法解决的实际问题,应用范围比较广泛。② 层次分析法分析解决问题,是把问题看成一个系统,在研究系统各个组成部分相互关系及系统所处环境的基础上进行决策。对于复杂的决策问题,最有效的思维方式就是系统方式,层次分析法恰恰反映了这类系统的决策特点。

方法缺点:① 和一般的评价过程,特别是模糊综合评价相比,AHP 客观性提高,但当因素多(超过 9 个)时,标度工作量太大,易引起标度专家反感和判断混乱。② 对标度可能取负值的情况考虑不够,标度确实需要负数,因为有些措施的实施,会对某些特定目标造成危害,对于这种标度情况权重计算问题讨论不足。③ 对判断矩阵的一致性讨论得较多,而对判断矩阵的合理性考虑得不够,这是因为对标度专家的数量和质量重视不够。④ 没有充分利用已有定量信息。AHP 都是研究专门的定性指标评价问题,对于既有定性指标也有定量指标的问题讨论得不够;事实上,为使评价客观,评价过程中应尽量使用定量指标,实在没有定量指标才用定性判断。

4. 系统动力学法

系统动力学简称 SD,是一种以反馈控制理论为基础,以计算机仿真技术为辅助手段的研究复杂社会经济系统的定量分析方法。该方法是在总结运筹学的基础上,综合系统理论、控制论、信息反馈理论、决策理论、系统力学、仿真与计算机科学等基础上形成的崭新的学科。系统动力学以现实存在的系统为前提,根据历史数据、实践经验和系统内在的机制关系建立起动态仿真模型,对各种影响因素可能引起的系统变化进行实验,是一种节省人力、物力、财力和时间的科学方法。

方法步骤:① 系统辨识,是根据系统动力学的理论和方法对研究对象进行系统分析。这是利用系统动力学解决问题的第一步,其主要目的是找出所要研究的问题。主要内容包括:调查收集有关系统的基本情况和数据资料;认识所要解决的主要问题;分析系统运行的主要问题和影响的主要因素,并确定有关变量;确定系统边界,并确定其内生变量、外生变量和输入量;确定系统行为的参考模式。② 结构分析,是在系统辨识的基础上,划分系统的层次与子块,确定总体与局部的反馈机制。主要内容包括:分析系统总体与局部的反馈机制;划分系统的层次与子块;分析系统的变量及变量间的关系,定义变量(包括常数),确定变量的种类及主要变量;确定回路及回路间的反馈耦合关系;初步确定系统主回路及其性质,并分析主回路随时间变化的特性。③ 模型建立,利用系统动力学的专用语言——DYNAMO 语言,建立数学的、规范的模型。主要内容包括:建立状态变量方程(即 L 方程)、速率方程(即 R 方程)、辅助方程(即 A 方程)、常数方程(即 C 方程)和初值方程(即 N 方程)等;确定并估计参数;给所有的 N 方程、C 方程和表函数赋值。④ 模拟分析,以系统动力学理论为指导,并借助已建立的模型进行模拟分析同时进一步剖析系统以得到更多的信息,发现新的问题,从而修改模型。主要内容包括:模型的有效性分析、政策分析与模拟试验,其目的是更深入地剖析系统,寻找解决问题的政策,修改模型,包括模型结构与有关参数的修改。⑤ 模型评估,是通过回代与灵敏度分析等手段,对模型的准确性进行检验与评估。

方法优点:① 能够容纳大量变量,一般可达数千个以上,适合复杂巨系统研究的需要;② 描述清楚,模型具有很好的透明性,系统动力学方法模型既有描述系统各要素之间因果关系的结构模型,又有专门形式表现的数学模型,是一种定性和定量相结合的仿真技术;③ 模型可以反复运行,模型所含因素和规模可以不断扩展,能起到实际实验室的作用。通过人机结合,既能发挥人对所研究系统的了解、分析、推理、评价、创造的优势,又具有利用计算机高速计算和迅速跟踪的功能,以此来实验和剖析实际系统,从而获得丰富而深化的信息;④ 系统动力学通过模型进行仿真计算的结果,可用来预测未来一定时期各种变量随时间而变化的曲线和数值的变化情况,也就是说,系统动力学能做长期的、动态的、战略的定量分析,特别适用于高阶次、非线性、多重反馈的复杂时变系统的有关问题。

方法缺点:① 精度较低;② 只能显示出仿真时间内变量的动态变化;③ 一次仿真结果只能给出一定条件下系统行为的特解,若需要知道所有可能的行为模式,则需要有针对性地改变条件进行大量的仿真运行。

5. SWOT 分析方法

SWOT 分析方法是战略规划中对优势、劣势、机遇和挑战四项要素进行研究的一种分析技术,在城市战略发展规划、旅游规划、环境规划等领域应用广泛。该方法在广泛的现状调查、资料分析、座谈讨论、专家咨询等前期规划调查的基础上,通过综合考虑系统内部因素和外界条件,对系统的优势、劣势、机遇和挑战等要素进行要素分析及交叉矩阵分析,制定出有针对性的决策建议,成为在战略和规划层次上广泛适用的一种规范化的规划方法。SWOT 分析方法运用于生态环境规划的具体步骤是:首先找出干扰生态环境保护规划的潜在影响因子并按重要程度排序,具体包括内部要素(S、W)和外部条件(O、T),在此基础上对四类要素交叉组合构建 SWOT 分析矩阵,形成生态环境保护规划的 SO 战略、ST 战略、WO 战略和 WT 战略。该方法具有清晰、简明、具体等特点,能准确抓取影响战略的几个最核心要素。

第二章　环境管理制度

环境管理制度,也称环境管理手段、管理方法或者管理工具。环境管理所要解决的不是单纯的技术问题,也不是单纯的经济问题,而是人类社会的发展同自然环境相协调的问题(叶文虎,2013)。"十二五"期间,"规范化、精细化、效能化、智能化"是环境执法的工作目标。中国的环境管理制度也正向着这"四化"发展。本章重点阐述和详细介绍环境管理的八项制度:环境影响评价制度;"三同时"制度;排污许可证制度;排污收费制度;环境保护目标责任制;城市环境综合整治定量考核制度;污染集中控制制度;污染源限期治理制度。

第一节　环境影响评价制度

环境影响评价制度是中国环境管理中一项最基本的法律制度,《中华人民共和国环境影响评价法》(2003 年 9 月 1 日起施行,2016 年 9 月 1 日修改后施行)指出,环境影响评价是指对规划和建设项目实施后可能造成的环境影响进行分析、预测和评估,提出预防或者减轻不良环境影响的对策和措施,进行跟踪监测的方法与制度。环境影响评价制度与行政许可紧密联系,建设项目或相关规划必须经环境影响评价和审批后方可进入下一步行政许可审批程序或准入实施,因此,环评与各类开发建设决策和具体活动直接相关,处在发展与保护矛盾交织的第一线。从某种意义上说,环保工作的第一关就是环境影响评价,环境影响评价是从源头预防环境污染和生态破坏,改善环境质量的关键制度。

我国环境影响评价制度的立法经历了三个阶段:

第一阶段为创立阶段。1973 年首先提出环境影响评价的概念,1979 年颁布的《环境保护法(试行)》使环境影响评价制度化、法律化。1981 年发布的《基本建设项目环境保护管理办法》专门对环境影响评价的基本内容和程序作了规定。后经修改,1986 年颁布了《建设项目环境保护管理办法》,进一步明确了环境影响评价的范围、内容、管理权限和责任。

第二阶段为发展阶段。1989 年颁布正式《环境保护法》,该法第 13 条规定:"建设污染环境的项目,必须遵守国家有关建设项目环境保护管理的规定。建设项目的环境影响报告书,必须对建设项目产生的污染和对环境的影响做出评价,规定防治措施,经项目主管部门预审并依照规定的程序报环境保护行政主管部门批准。环境影响报告书经批准后,计划部门方可批准建设项目设计任务书。"1998 年,国务院颁布了《建设项目环境保护管理条例》,进一步提高了环境影响评价制度的立法规格,同时环境影响评价的适用范围、评价时机、审批程序、法律责任等方面均做出了很大修改。1999 年 3 月国家环保总局颁布《建设项目环境影响评价资格证书管理办法》,使我国环境影响评价走上了专业化的道路。

第三阶段为完善阶段。针对《建设项目环境保护管理条例》的不足,适应新形势发展的需要,2003 年 9 月 1 日起施行的《环境影响评价法》可以说是我国环境影响评价制度发展历史上的一个新的里程碑,是我国环境影响评价走向完善的标志。

《"十三五"环境影响评价改革实施方案》指出,以改善环境质量为核心,以全面提高环评有效性为主线,以创新体制机制为动力,以"生态保护红线、环境质量底线、资源利用上线和环境准入负面清单"(以下简称"三线一单")为手段,强化空间、总量、准入环境管理,划框子、定规则、查落实、强基础,不断改进和完善依法、科学、公开、廉洁、高效的环评管理体系。《关于规划环境影响评价加强空间管制、总量管控和环境准入的指导意见(试行)》要求,规划环评应充分发挥优化空间开发布局、推进区域(流域)环境质量改善以及推动产业转型升级的作用,强化空间管制,优化空间开发格局,规划环评应结合区域特征,从维护生态系统完整性的角度,识别并确定需要严格保护的生态空间,作为区域空间开发的底线,并据此优化相关生产空间和生活空间布局,强化开发边界管制。当生产、生活空间与生态空间发生冲突时,按照"优先保障生态空间,合理安排生活空间,集约利用生产空间"的原则,对规划空间布局提出优化调整意见,以保障生态空间性质不转换、面积不减少、功能不降低。

1. 环境评价原则

突出环境影响评价的源头预防作用,坚持保护和改善环境质量。依法评价贯彻执行我国环境保护相关法律法规、标准、政策和规划等,优化项目建设,服务环境管理。

2. 科学评价

规范环境影响评价方法,科学分析项目建设对环境质量的影响。突出重点根据建设项目的工程内容及其特点,明确与环境要素间的作用效应关系,根据规划环境影响评价结论和审查意见,充分利用符合时效的数据资料及成果,对建设项目主要环境影响予以重点分析和评价。

3. 环境影响评价工作程序

分析判定建设项目选址选线、规模、性质和工艺路线等与国家和地方有关环境保护法律法规、标准、政策、规范、相关规划、环境影响评价结论及审查意见的相容性,并与生态保护红线、环境质量底线、资源利用上线和环境准入负面清单进行对照,作为开展环境影响评价工作的前提和基础。环境影响评价工作一般分为三个阶段,即调查分析和工作方案制定阶段,分析论证和预测评价阶段,环境影响报告书(表)编制阶段,具体流程见图 2-1。

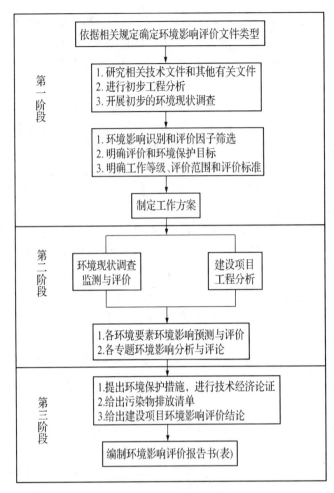

图 2-1 建设项目环境影响评价工作程序图

4. 环境影响评价等级结构

按照环境影响的尺度,可将环评划分为"战略—规划—项目"三个层次的等级结构。各层次的作用空间、时间范围和发生频率都受尺度制约。建设项目是具体而直接的人类活动,包括建设内容、所占空间面积和位置确定;规划针对行业或者行政区域,空间范围一般以行政单位为界限,规划时间一般以5年为常见,相对于建设项目,规划内容比较宽泛和综合,可以包括多个项目,具有一定的不确定性;而战略、政策内容为一定的原则和框架,不确定性大,其时间和空间范围较大。

表 2-1 环境影响的等级结构与尺度特性

环境影响要素	战略、政策	规划、计划	项目
生态环境	区域景观格局、生态系统安全格局、生态系统健康等	景观文化、生态系统服务功能、群落组成与结构、种群组成等	种群类型、植物个体生长

续表

环境影响要素	战略、政策	规划、计划	项目
水环境	流域景观、区域水环境安全、水资源利用调配等	河流、湖泊、饮用水源生态系统风险与健康等	排污口及污染扩散河段、附近饮用水源取水口水质变化
大气环境	全球、区域大气环境质量和容量、气候变化	局地大气环境质量和容量、大气污染物排放总量	排放口下风向大气环境质量、附近敏感点大气环境质量
环境敏感区	环境风险、空间扩散模式、空间分布格局	生态完整性、生态风险	敏感目标受影响程度
敏感环境问题	区域协调机制和调控策略	规避和减缓计划	解决对策措施
环境影响的尺度特性	影响空间范围广,影响累积性强,影响要素多,影响作用复杂,影响可逆性差	影响空间范围中等,时间长于规划期限,多种要素叠加产生中等程度累积	影响空间范围较小,时间稍长于项目持续时长,影响要素较少,影响一般可逆

目前,建设项目环评制度和规划环评制度已列入《环境影响评价法》并予实施,而政策环评尚处于探索阶段。环境保护部印发的《"十三五"环境影响评价改革实施方案》通知中,也明确战略环评、规划环评、项目环评的定位、功能、相互关系和工作机制。战略环评重在协调区域或跨区域发展环境问题,划定红线,为"多规合一"和规划环评提供基础(包存宽,2002)。规划环评重在优化行业的布局、规模、结构,拟定负面清单,指导项目环境准入(刘毅,2008)。项目环评重在落实环境质量目标管理要求,优化环保措施,强化环境风险防控,做好与排污许可的衔接。环境影响评价制度在中国已确立 30 多年,随着环境保护事业的发展,环评制度多年来也做出了很多改进。当前,环评制度已经上升为法律制度,环评人员管理实行登记制度;评价对象从项目扩展到规划,并实行分类管理和分级审批;评价技术从研讨实现规范化;评价重点从达标排放过渡到节能减排。

知识拓展

一、环评导则

目前,已出台的环评导则如表 2-2 所示。

表 2-2 环评导则

导则名称	实施时间
建设项目环境影响评价技术导则总纲(HJ2.1—2016)	2017-01-01
环境影响评价技术导则地下水环境(HJ 610—2016)	2016-01-07
尾矿库环境风险评估技术导则(试行)(HJ 740—2015)	2015-04-01
环境影响评价技术导则钢铁建设项目(HJ 708—2014)	2015-01-01
环境影响评价技术导则输变电工程（HJ 24—2014)	2015-01-01

 环境管理与规划

续表

导则名称	实施时间
规划环境影响评价技术导则总纲	2014 - 09 - 01
环境影响评价技术导则煤炭采选工程(HJ 619—2011)	2012 - 01 - 01
环境影响评价技术导则总纲(HJ 2.1—2011)	2012 - 01 - 01
建设项目环境影响技术评估导则(HJ 616—2011)	2011 - 09 - 01
环境影响评价技术导则生态影响(HJ 19—2011)	2011 - 09 - 01
环境影响评价技术导则制药建设项目(HJ 611—2011)	2011 - 06 - 01
环境影响评价技术导则农药建设项目(HJ 582—2010)	2011 - 01 - 01
环境影响评价技术导则声环境(HJ 2.4—2009)	2010 - 04 - 01
规划环境影响评价技术导则煤炭工业矿区总体规划(HJ 463—2009)	2009 - 07 - 01
环境影响评价技术导则大气环境(HJ 2.2—2008)	2009 - 04 - 01
环境影响评价技术导则城市轨道交通(HJ 453—2008)	2009 - 04 - 01
环境影响评价技术导则陆地石油天然气开发建设项目(HJ/T 349—2007)	2007 - 08 - 01
建设项目环境风险评价技术导则(HJ/T 169—2004)	2004 - 12 - 11
开发区区域环境影响评价技术导则(HJ/T 131—2003)	2003 - 09 - 01
规划环境影响评价技术导则(试行)(HJ/T 130—2003)	2003 - 09 - 01
环境影响评价技术导则水利水电工程(HJ/T 88—2003)	2003 - 07 - 01
环境影响评价技术导则石油化工建设项目(HJ/T 89—2003)	2003 - 04 - 01
环境影响评价技术导则民用机场建设工程(HJ/T 87—2002)	2002 - 10 - 01
工业企业土壤环境质量风险评价基准(HJ/T 25—1999)	1999 - 08 - 01
500KV超高压送变电工程电磁辐射环境影响评价技术规范(HJ/T 24—1998)	1999 - 02 - 01
辐射环境保护管理导则电磁辐射环境影响评价方法与标准(HJ/T 10.3—1996)	1996 - 05 - 10
环境影响评价技术导则地面水环境(HJ/T 2.3—93)	1994 - 04 - 01

二、建设项目环评分类管理

实施分类管理和分级审批是我国建设项目环评管理的两项基本特征。

分类管理体现了环境保护工作既要促进经济发展,又要保护好环境的"双赢"理念。对环境影响大的建设项目从严把关,坚决防止对环境的污染和生态的破坏;对环境影响小的建设项目适当简化评价内容和审批程序,促进经济平稳发展。

我国建设项目环评分类管理的基本依据是《建设项目环境影响评价分类管理名录》。根据《建设项目环境保护管理条例》(国务院第 253 号令)第七条的规定,原国家环境保护总局制定了《建设项目环境保护分类管理名录(试行)》(环发〔1999〕99 号),并于 2001 年、2002 年、2008 年、2015 年先后四次对"名录"进行了补充和修改,现行"名录"是 2015 年颁布实施的。实行分类管理的依据,是建设项目可能造成的环境影响程度,包括影响的范围大小和影响的轻重两方面。一般来讲,建设项目对环境的影响程度与建设项目的性质、规模、所在的地点、所采用的生产工艺以及所属的行业等密切相关,这些都是实施建设项目环境影响评价分类管理需要考虑的因素。在实际执行中,主要是根据建设项目所处环境的敏感性和敏感程度,即是否处于环境敏感区。环境敏感区,是指依法设立的各级各类自然、文化保护地,以及对建设项目的某类污染因子或者生态影响因子特别敏感的区域,主要包括:① 自然保护区、风景名胜区、世界文化和自然遗产地、饮用水水源保护区;② 基本农田保护区、基本草原、森林公园、地质公园、重要湿地、天然林、珍稀濒危野生动植物天然集中分布区、重要水生生物的自然产卵场、索饵场、越冬场和洄游通道、天然渔场、资源性缺水地区、水土流失重点防治区、沙化土地封禁保护区、封闭及半封闭海域、富营养化水域;③ 以居住、医疗卫生、文化教育、科研、行政办公等为主要功能的区域,文物保护单位,具有特殊历史、文化、科学、民族意义的保护地。

为便于执行,建设项目环境影响评价分为以下三类:① 建设项目对环境可能造成重大影响的,这些影响可能是敏感的、不可逆的、综合的或者以往尚未有过的,应当编制环境影响报告书,对建设项目产生的环境影响进行全面、详细的评价。② 建设项目对环境可能造成轻度影响的,应当编制环境影响报告表,对产生的环境影响进行分析或者专项评价。所谓专项的环境影响评价,主要是指针对某一项或者某几项环境要素,如大气、水等所进行的环境影响评价。③ 建设项目对环境影响很小,不需要进行环境影响评价的,应当填报环境影响登记表。

三、建设项目环评分级审批

分级审批有利于提高审批效率,明确审批权责。《环境影响评价法》规定,建设对环境有影响的项目,不论投资主体、资金来源、项目性质和投资规模,其环境影响评价文件均应按照有关规定确定分级审批权限。国务院环境保护行政主管部门负责审批下列建设项目的环境影响评价文件:① 核设施、绝密工程等特殊性质的建设项目;② 跨省、自治区、直辖市行政区域的建设项目;③ 由国务院审批的或者由国务院授权有关部门审批的建设项目。除此之外的建设项目环境影响评价文件的审批权限,由省级人民政府规定。

国家大力推进简政放权、放管结合、优化服务改革,投融资体制改革取得新的突破,投资项目审批范围大幅度缩减,投资管理工作重心逐步从事前审批转向过程服务和事中事后监督,环评审批也进行了相应改革。在投资体制改革新形势下,建设项目分为审批制、核准制和备案制。政府投资项目实行审批制,项目单位应当在可行性研究阶段,根据项目建议书批复文件编制和报批环境影响评价文件;企业投资项目中,对

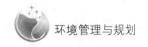

关系国家安全、涉及全国重大生产力布局、战略性资源开发和重大公共利益等项目实行核准管理;其他项目实行备案管理,核准制和备案制项目应当在项目开工前报批环境影响评价文件。此外,新修改的《环境影响评价法》将原属于审批范围的环境影响登记表改为备案管理。

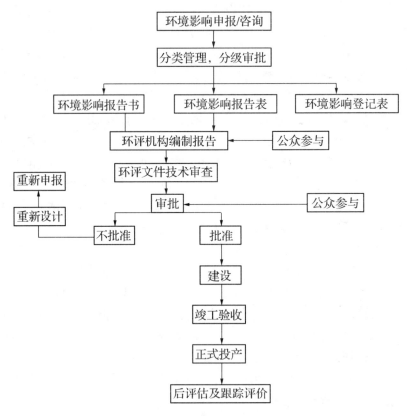

图 2-2　环评分级审批

四、环评资质管理

资质是我国经济法律体系中对市场主体资格认定的一种标准,是市场监管的一种重要手段。资质制度是政府行政主管部门对从事经营活动的企业的人才实力、管理能力、资金数量、业务能力等多方面进行审查,以确认其承担任务的范围并颁发相应资格证书的一种制度。环评资质管理已被业界公认而成为行业标准,正在成为规范行业市场的利器,它从不同层面为众多企业树立了不同程度的行业参照指标和准入壁垒,对企业优胜劣汰、去伪存真发挥着越来越重要的过滤器作用。

2012 年统计的 1164 家全国建设项目环境影响评价资质单位名单中显示,只有 191家甲级评价资质的机构(可以在资质证书规定的评价范围之内,承担各级环境保护行政主管部门负责审批的建设项目环境影响报告书和环境影响报告表的编制工作),其余的均为乙级评价资质的机构(可以在资质证书规定的评价范围之内,承担省级以下环境保护行政主管部门负责审批的环境影响报告书或环境影响报告表的编制工作）。

为加强建设项目环境影响评价管理，提高环境影响评价工作质量，维护环境影响评价行业秩序，根据《中华人民共和国环境保护法》、《中华人民共和国环境影响评价法》和《中华人民共和国行政许可法》等有关法律法规，2015 年 4 月 2 日由环境保护部部务会议修订通过了《建设项目环境影响评价资质管理办法》。《建设项目环境影响评价资质管理办法》是专门用于规范建设项目环评技术服务领域工作的部门规章，从制度设计上解决"红顶中介"问题，明确规定负责审批或核准环评文件的主管部门及其所属单位出资设立的企业、从事技术评估的企业不得申请环评资质。向环境保护部申请建设项目环境影响评价资质，经审查合格，取得《建设项目环境影响评价资质证书》后，才可以在资质证书规定的资质等级和评价范围内接受建设单位委托，编制建设项目环境影响报告书或者环境影响报告表。从近年各个批次的建设项目环境影响评价资质审查结果不难发现，随着"环评脱钩"的发展，不少环评的事业单位或相关研究所都对其资质作了相关的变更，比如将资质证书中的机构名称变更为自然人出资成立的公司。

五、从业资格管理

为加强对环境影响评价专业技术人员的管理，规范环境影响评价行为，强化环境影响评价责任，提高环境影响评价专业技术人员素质和业务水平，维护国家环境安全和公众利益，原人事部、国家环保总局于 2004 年 2 月联合印发通知，规定从 2004 年 4 月 1 日起在全国实施环境影响评价工程师职业资格制度。

环境影响评价工程师职业资格制度适用于从事规划和建设项目环境影响评价、技术评估和环境保护验收等工作的专业技术人员，凡从事环境影响评价、技术评估和环境保护验收的单位，应配备环境影响评价工程师。环境影响评价工程师职业资格制度纳入全国专业技术人员职业资格证书制度统一管理。

六、规划环评"三线一单"管理

2002 年的《环境影响评价法》、2009 年的《规划环境影响评价条例》都规定国务院有关部门、设区的市级以上地方人民政府及其有关部门组织编制的"土地利用的有关规划，区域、流域、海域的建设、开发利用规划"以及"工业、农业、畜牧业、林业、能源、水利、交通、城市建设、旅游、自然资源开发的有关专项规划"共 14 类规划（简称"一地三域十专项"），应当在该专项规划草案上报审批前，组织进行环境影响评价。

规划环评应重点分析区域的资源环境承载力，将污染减排与资源承载力、环境容量挂钩，根据资源承载力、环境容量设定环境准入条件，优化产业结构、规模，并牢固树立生态保护红线的观念。在生态环境保护问题上，所有规划、决策的执行绝不能越雷池一步，用生态保护红线优化空间格局、引导产业合理布局。在评价指标的选取上，应在以环境要素质量预测与评价为主的基础上，关注资源承载力、环境容量，从规模与效率、结构与布局等角度，强化与绿色、循环、低碳发展相关的"生态型"指标的设计与评

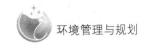

价。随着规划环评的重要性不断突出，近年来，我国出台了一系列的方案，创新性推出"三线一单"管理手段。

生态保护红线是生态空间范围内具有特殊重要生态功能，必须实行强制性严格保护的区域。相关规划环评应将生态空间管控作为重要内容，规划区域涉及生态保护红线的，在规划环评结论和审查意见中应落实生态保护红线的管理要求，提出相应对策措施。除受自然条件限制、确实无法避让的铁路、公路、航道、防洪、管道、干渠、通讯、输变电等重要基础设施项目外，在生态保护红线范围内，严控各类开发建设活动，依法不予审批新建工业项目和矿产开发项目的环评文件。

环境质量底线是国家和地方设置的大气、水和土壤环境质量目标，也是改善环境质量的基准线。有关规划环评应落实区域环境质量目标管理要求，提出区域或者行业污染物排放总量管控建议以及优化区域或行业发展布局、结构和规模的对策措施。项目环评应对照区域环境质量目标，深入分析预测项目建设对环境质量的影响，强化污染防治措施和污染物排放控制要求。

资源是环境的载体，资源利用上线是各地区能源、水、土地等资源消耗不得突破的"天花板"。相关规划环评应依据有关资源利用上线，对规划实施以及规划内项目的资源开发利用，区分不同行业，从能源资源开发等量或减量替代、开采方式和规模控制、利用效率和保护措施等方面提出建议，为规划编制和审批决策提供重要依据。

环境准入负面清单是基于生态保护红线、环境质量底线和资源利用上线，以清单方式列出的禁止、限制等差别化环境准入条件和要求。要在规划环评清单式管理试点的基础上，从布局选址、资源利用效率、资源配置方式等方面入手，制定环境准入负面清单，充分发挥负面清单对产业发展和项目准入的指导约束作用。

第二节　"三同时"制度

"三同时"制度是中国出台最早的一项环境管理制度。《环境保护法》规定："建设项目中防治污染的设施，应当与主体工程同时设计、同时施工、同时投产使用。防治污染的设施应当符合经批准的环境影响评价文件的要求，不得擅自拆除或者闲置。"凡是通过环境影响评价确认可以开发建设的项目，建设时必须按照"三同时"规定，把环境保护措施落到实处，防止建设项目建成投产使用后产生新的环境问题，在项目建设过程中也要防止环境污染和生态破坏。

一般来说，建设项目从计划建设到建成投产，要经过前期决策、建设准备、建设实施、竣工验收直至投产运营四个主要阶段。其中，"三同时"管理主要在建设准备阶段的初步设计、建设实施阶段的施工监理和竣工验收阶段体现。

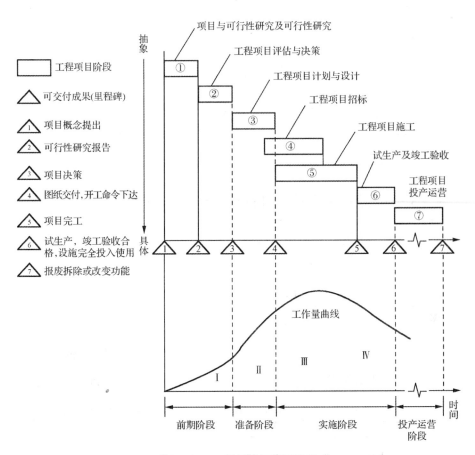

图 2－3　工程项目周期及阶段

建设项目环保"三同时"管理,关键是保证环保投资、设备、材料等与主体工程同时安排,使环境保护要求在基本建设程序的各个阶段得到落实,"三同时"制度分别明确了建设单位、主管部门和环境保护部门的职责,有利于具体管理和监督执法。"三同时"制度与环境影响评价制度是紧密结合的,后者提出预防或者减轻不良环境影响的对策和措施,前者将预防或者减轻不良环境影响的对策和措施应用到项目建设和运行中,将环境影响评价落到实处。

一、建设项目"三同时"管理工作程序

"三同时"管理工作程序如图 2－4 所示。

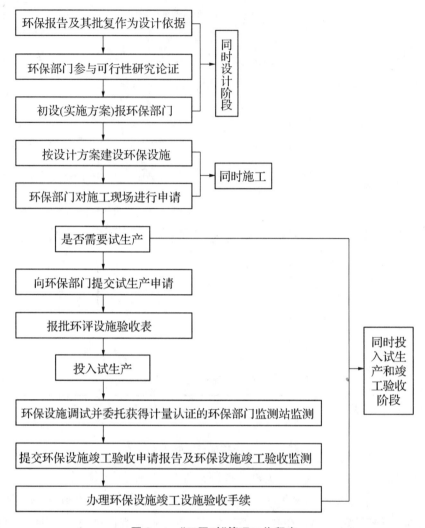

图 2-4 "三同时"管理工作程序

二、建设项目准备阶段管理

建设项目的初步设计,应当按照环境保护设计规范的要求,编制环境保护篇章,并依据经批准的建设项目环境影响报告书或者环境影响报告表,在环境保护篇章中落实防治环境污染和生态破坏的措施以及环境保护设施投资概算。

环境工程初步设计的重点是解决环境工程功能、工艺系统及工程设施、设备、材料等工程技术方面的问题。环境工程初步设计文件应依据已批准的环境工程可行性研究报告(项目申请书)、环境影响评价报告、安全评估报告、自然灾害评估报告、节能评估报告、水土保持评估报告书及其批准、核准、批复意见编制。

环境工程初步设计阶段各专业对本专业内容的设计方案或重大技术问题的解决方案进行综合技术经济分析,论证技术适用性、可靠性和经济合理性,并将其主要内容写进初步设计说明书中,设计总负责人对工程的总体设计在设计总说明中予以论述。环境工程初步设计文件应能满足编制施工图、采购主要设备及控制工程建设投资的需要。初步设计文件应包括初步设计说明书(含设计总说明、各专业设计说明、主要设备材料表)、初步设计概算书、初步设计图纸三部分。

三、建设项目施工阶段管理

近年来,随着我国国民经济的快速发展,建设项目的数量日趋增多,建设项目在建设过程中环保措施和设施"三同时"落实不到位与未经批准建设内容擅自发生重大变动等违法违规现象仍比较突出,使得项目建设过程中产生的环境问题存在投产后集中体现的隐患,给环保验收管理带来很大压力,通过开展环境监理对于推动整个环境保护工作向科学化规范化法制化迈进具有积极的意义。

建设项目环境监理是指建设项目环境监理单位受建设单位委托,依据有关环境保护法律法规编制的建设项目环境影响评价及其批复文件环境监理合同等,对建设项目实施专业化的环境保护咨询和技术服务,协助和指导建设单位全面落实建设项目各项环保措施。环境监理作为一种第三方的咨询服务活动,具有服务性、科学性、公正性、独立性等特性,利于有效落实建设项目"三同时"制度。

环境监理工作的主要内容包括:① 设计阶段应复核项目设计文件中逐日工程是否较环境保护相关文件发生调整,是否包含了有关文件所要求的环保配套治理设施,同时针对其中存在的问题提出专业化的修改建议;② 施工准备阶段应检查设计文件及施工方案是否满足环境保护要求,如有违背应协助做好优化设计和改善设计工作,参与设计单位向施工单位给予技术交底;③ 施工阶段应根据环境影响评价报告书中有关施工期污染防治措施及生态环境保护措施的具体要求,确定环境监理工作主要内容,分废水废气固废噪声生态等 5 个方面详细列出监控内容;④ 试运行阶段应关注项目主体工程和环保设施的试运行情况,各类环保管理制度事故应急预案的执行情况等,试运行结束后,汇总各项内容,编制环境监理总结报告;⑤ 验收阶段督促检查施工单位及时整理竣工文件资料。

四、建设项目竣工验收管理

建设项目竣工环保验收工作是检查建设项目环境保护措施建设与运行状况以及"三同时"制度落实情况的重要步骤,也是建设项目环境管理的最后一道关卡。为加强建设项目竣工环境保护验收管理,监督落实环境保护设施与建设项目主体工程同时投产或者使用,以及落实其他需配套采取的环境保护措施,防治环境污染和生态破坏,根据《建设项目环境保护管理条例》和其他有关法律、法规规定,国家制定了《建设项目竣工环境保护验收管理办法》。

建设项目竣工验收是指建设项目竣工后,环境保护行政主管部门根据本办法规定,依据环境保护验收监测或调查结果,并通过现场检查等手段,考核该建设项目是否达到环境保护要求的活动。对环境保护行政主管部门负责审批环境影响报告书(表)或者环境影响登记表的建设项目竣工环境保护验收管理。

根据国家简政放权的改革要求,环境保护部已取消环保竣工验收行政许可。同时,建立环评、"三同时"和排污许可衔接的管理机制,对建设项目环评文件及其批复中污染物排放控制有关要求在排污许可证中载明,将企业落实"三同时"作为申领排污许可证的前提。鼓励建设单位委托具备相应技术条件的第三方机构开展建设期环境监理。建设项目在投入生产或者使用前,建设单位应当依据环评文件及其审批意见,委托第三方机构编制建设项目环境保护设施竣工验收报告,向社会公开并向环保部门备案。

第三节　排污许可证制度

排污许可证制度,是以改善环境质量为目标,以污染总量控制为基础,规定排污单位许可排放污染物的种类、数量、浓度、方式等的一项环境管理制度,当前我国实行的主要是固定源的排污许可证,不包括移动污染源、农业面源。

一、排污许可证的性质

我国固定源排污许可实施综合许可和一证式管理。

综合许可,是指将一个企业或者排污单位的污染物排放许可在一个排污许可证集中规定,现阶段主要包括大气和水污染物。一方面是为了更好地减轻企业负担,减少行政审批数量;另一方面是为了避免单纯降低某一类污染物排放而导致污染转移。环保部门应当加大综合协调,充分运用信息化手段,做好不同环境要素的综合许可。

一证式管理,既指大气和水等要素的环境管理在一个许可证中综合体现,也指大气和水等污染物的达标排放、总量控制等各项环境管理要求。新增污染源环境影响评价各项要求以及其他企事业单位应当承担的污染物排放的责任和义务均应当在许可证中规定,企业守法、部门执法和社会公众监督也都应当以此为主要或者基本依据。

排污许可证分《排污许可证》和《临时排污许可证》。《排污许可证》的有效期限最长不超过五年,《临时排污许可证》的有效期限最长不超过一年。

二、排污许可证的发放

排污许可证核发权限确定的基本原则是"属地监管"以及"谁核发、谁监管",核发权限在县级以上地方环保部门。具体来看,随着省以下环保机构监测监察执法垂直管理制度改革试点工作的开展,地市级环保部门将承担更多的核发工作。对于地方性法规有具体要求的,按其规定执行。如宁夏回族自治区已通过《宁夏回族自治区污染物排放管理条例》,该条例明确"对于总装机容量超过 30 万千瓦以上的燃煤电厂及石油化工"等重点排污单位,核发权限为自治区环保主管部门。

企业提交的排污许可申请材料和守法承诺书是环保部门核发排污许可证的主要依据。企业应对申请材料的真实性、合法性、完整性负法律责任。申报材料要明确申请的污染物排放种类、浓度和排放量。环保部门在核发许可证之前应结合管理要求和政府部门掌握的情况,对申请材料进行认真审核。审核主要包括以下几个方面:一是申请排污许可证的企事业单位的生产工艺和产品不属于国家或地方政府明确规定予以淘汰或取缔;二是申请的企业不应位于饮用水水源保护区等法律法规明确规定禁止建设的区域内;三是有符合国家或地方要求的污染防治设施或污染物处理能力;四是申请的排放浓度符合国家或地方规定的相关标准和要求,排放量符合相关要求,对新改扩建项目的排污单位,还应满足环境影响评价文件及其批复的相关要求;五是排污口设置符合国家或地方的要求等。

许可证主要内容包括基本信息、许可事项和管理要求三方面。

基本信息主要包括:排污单位名称、地址、法定代表人或主要负责人、社会统一信用代码、排污许可证有效期限、发证机关、证书编号、二维码以及排污单位的主要生产装置、产品产能、污染防治设施和措施、与确定许可事项有关的其他信息等。

许可事项主要包括:① 排污口位置和数量、排放方式、排放去向;② 排放污染物种类、许可排放浓度、许可排放量;③ 重污染天气或枯水期等特殊时期许可排放浓度和许可排放量。

管理要求主要包括:① 自行监测方案、台账记录、执行报告等要求;② 排污许可证执行情况报告等的信息公开要求;③ 企业应承担的其他法律责任。

三、排污许可证的监督

排污许可制是固定污染源环境管理的基础制度。待制度完善后,对企业环境管理的基本要求均将在排污许可证中载明,因此今后对固定污染源的环境监管执法将以排污许可证为主要依据。对固定污染源的监管就是对企业排污许可证执行情况的监管,具体包括对是否持证排污的检查、对台账记录的核查、对自行监测结果的核实、对信息公开情况的检查以及必要的执法监测等,通过对企业自身提供的监测数据和台账记录的核对来判定企业是否依证排污;同时也可采取随机抽查的方式对企业进行实测,不符合排污许可证要求,企业应作出说明,未能说明并无法提供自行监测原始记录的,政府部门依法予以处罚;并将抽查结果在排污许可管理平台中进行记录,对有违规记录的,将提高检查频次。环境保护部将研究制定排污许可证监督管理的相关文件,进一步规范依证执法。

企业实际污染物排放量的确定方法。实际排放量是判断企业是否按照许可证排污的重要内容,也是排污收费(环境保护税)、环境统计、污染源清单等工作的数据基础,确定实际排放量的基本原则是以"企业自行核算为主、环保部门监管执法为准、公众社会监督为补充"。具体如下:

企业自行核算为主:环保部门制定发布实际排放量核算技术规范,既指导企业自主核算实际排放量,又规范环保部门校核实际排放量,同时也可为社会公众监督提供参考。实际排放量核定方法采用的优先顺序依次包括在线监测法、手工监测法、物料衡算及排放因子法。对于应当安装而未安装在线监测设备的污染源及污染因子,以及数据缺失的情形,在实际排放量核算技术规范中,制定惩罚性的核算方法,鼓励企业按规定安装和维护在线

监测设备。企业在线监测数据可以作为环保部门监管执法的依据。环境保护部正在按行业制定排污单位自行监测指南,规范排污单位自行监测点位、频次、因子、方法、信息记录等要求。企业根据许可证要求,按期核算实际排放量,并定期申报、公开。

环保部门监管执法为准:采用同一计算方法,当监督性监测核算的实际排放量与符合要求的企业在线监测、手工监测等核算的实际排放量不一致时,相应时段实际排放量以监督性监测为准。

公众社会监督为补充:环境保护部制定的实际排放量核算技术规范以及企业实际排放量信息向社会公开(涉密的除外),公众可以根据掌握的信息,对认为存在问题的进行核算、举报,提供线索。

四、排污许可制度与其他制度的衔接

1. 排污许可制度与污染物总量控制制度的衔接

排污许可制度是落实企事业单位总量控制要求的重要手段,通过排污许可制改革,改变从上往下分解总量指标的行政区域总量控制制度,建立由下向上的企事业单位总量控制制度,将总量控制的责任回归到企事业单位,从而落实企业对其排放行为负责、政府对其辖区环境质量负责的法律责任。

排污许可证载明的许可排放量即为企业污染物排放的天花板,是企业污染物排放的总量指标;通过在许可证中载明,使企业知晓自身责任,政府明确核查重点,公众掌握监督依据。一个区域内所有排污单位许可排放量之和就是该区域固定源总量控制指标,总量削减计划即是对许可排放量的削减;排污单位年实际排放量与上一年度的差值,即为年度实际排放变化量。

2. 排污许可制度与环评制度的衔接

环评制度重点关注新建项目选址布局、项目可能产生的环境影响和拟采取的污染防治措施。排污许可与环评在污染物排放上进行衔接。在时间节点上,新建污染源必须在产生实际排污行为之前申领排污许可证;在内容要求上,环境影响评价审批文件中与污染物排放相关内容要纳入排污许可证;在环境监管上,对需要开展环境影响后评价的,排污单位排污许可证执行情况应作为后评价主要依据。

第四节　排污收费（环境保护税）制度

排污收费制度是指向环境排放污染物或超过规定的标准排放污染物的排污者,依照国家法律和有关规定按标准交纳费用的制度。为了加强对排污费征收、使用的管理,国务院制定了《排污费征收使用管理条例》,规定直接向环境排放污染物的单位和个体工商户应当缴纳排污费。党的十八届三中、四中全会明确提出,推动环境保护费改税,2016年12

月 25 日,第十二届全国人大常委会第二十五次会议表决通过了《环境保护税法》,这是环境保护费改税的重要里程碑。

一、排污收费的主要规定

1. 排污收费的原则

(1)排污即收费的原则。

(2)强制征收的原则。

(3)属地分级征收的原则。

(4)征收程序法定化的原则:排污申报登记——排污申报登记核定——排污费征收——排污费缴纳——不按照规定缴纳,经责令限期缴纳拒不履行的强制征收。

(5)征收时限固定的原则:按月征收或按季征收。

(6)政务公开的原则:通过电视、报纸、广播、互联网等向社会公告。

(7)上级强制补缴追征的原则。

(8)特殊情况下可实行减、免、缓的原则:因自然灾害或其他突发事件遭受重大经济损失的,可申请减半或免缴;社会公益事业单位可按年度申请免缴;因实际经济困难可申请不超过 3 个月的缓缴。

(9)"收支两条线"的原则:排污费上缴财政,环保执法所需经费列入本部门预算,由本级财政予以保障。

(10)专款专用的原则:用于重点污染源治理、区域性污染防治、污染防治新技术和新工艺的开发及示范应用、国务院规定的其他污染防治项目。

(11)缴纳排污费不免除其他法律责任的原则。

2. 按日连续处罚的管理规定

按日连续处罚管理是国家针对排污单位有违法后,受到罚款处罚,被责令改正,拒不改正的行为出台的管理措施。按日连续处罚的计罚日数为责令改正违法行为决定书送达排污者之日的次日起,至环境保护主管部门复查发现违法排放污染物行为之日止。再次复查仍拒不改正的,计罚日数累计执行。当排污者有下列行为之一,依法作出罚款处罚决定的环境保护主管部门可以实施按日连续处罚:超过国家或者地方规定的污染物排放标准,或者超过重点污染物排放总量控制指标排放污染物的;通过暗管、渗井、渗坑、灌注或者篡改、伪造监测数据,或者不正常运行防治污染设施等逃避监管的方式排放污染物的;排放法律、法规规定禁止排放的污染物的;违法倾倒危险废物的;其他违法排放污染物行为。

3. 排污收费计算方法

(1)大气污染物的排污费征收标准与计算方法

废气排污费按排污者排放污染物的种类、数量以及污染当量计算征收,每一污染当量征收标准为 0.6 元。对每一排放口征收废气排污费的污染物种类,以污染当量数从多到少的顺序,最多不超过 3 项。

$$某污染物的污染当量数 = \frac{该污染物的排放量（千克）}{该污染物的污染当量值（千克）}$$

废气排污费征收额＝0.6元×前3项污染物的污染当量之和

对难以监测的烟尘,可按林格曼黑度指数征收排污费,每吨燃料的征收标准为:1级1元、2级三元、3级5元、4级10元、5级20元。

（2）污水排污费征收标准及计算方法（重金属等第一类污染物必须要收费）

污水排污费按排污者排放污染物的种类、数量以污染当量计征,每一污染当量征收标准为0.7元。对每一排放口征收污水排污费的污染物种类数,以污染当量数从多到少的顺序,最多不超过3项。其中,超过国家或地方规定的污染物排放标准的,按照排放污染物的种类、数量和本办法规定的收费标准计征污水排污费的收费额加一倍征收超标准排污费。

对于冷却水、矿井水等排放污染物的污染当量数计算,应扣除进水的本底值。

① 一般污染物的污染当量数计算

$$某污染物的污染当量数 = \frac{该污染物的排放量（千克）}{该污染物的污染当量值（千克）}$$

② pH、大肠菌群数、余氯量的污染当量数计算

$$某污染物的污染当量数 = \frac{污水排放量（吨）}{该污染物的污染当量值（吨）}$$

③ 色度的污染当量数计算

$$色度的染当量数 = \frac{污水排放量（吨）×色度超标倍数}{色度的污染当量值（吨·倍）}$$

pH、色度、大肠菌群数、余氯量不加倍收费。

④ 禽畜养殖业、小型企业和第三产业的污染当量数计算

$$污染当量数 = \frac{污染排放特征值}{污染当量值}$$

⑤ 污水排污费收费＝0.7元×前3项污染物的污染当量数之和

⑥ 对超过国家或者地方规定排放标准的污染物,应在该种污染物排污费收费额基础上加1倍征收超标准排污费。

（3）固体废物及危险废物排污费征收标准

① 对无专用贮存或处置设施和专用贮存或处置设施达不到环境保护标准（即无防渗漏、防扬散、防流失设施）排放的工业固体废物,一次性征收废物排污费。每吨固体废物的征收标准为:冶炼渣25元、粉煤灰30元、炉渣25元、煤矸石5元、尾矿15元、其他渣（含半固态、液态废物）25元。

② 对以填埋方式处置危险废物不符合国家有关规定的,危险废物排污费征收标准为每次每吨1 000元。

危险废物是指列入国家危险废物目录或者根据国家规定的危险废物鉴别标准和鉴定方法认定的具有危险特征的废物。

（4）噪声超标排污费征收标准

对排污者产生环境噪声,超过国家规定的环境噪声排放标准,且干扰他人正常工作和生活的,按照超标的分贝数征收噪声超标排污费。

二、排污收费改革——环境保护税

实行环境保护费改税,有利于解决排污费制度存在的执法刚性不足、地方政府干预等问题;有利于提高纳税人环保意识和遵从度,强化企业治污减排的责任;有利于构建促进经济结构调整、发展方式转变的绿色税制体系;有利于规范政府分配秩序,优化财政收入结构,强化预算约束。

1. 税改原则

《环境保护税法》制定过程中,遵循的原则之一就是将排污费制度向环境保护税制度平稳转移,主要表现在以下四个方面:一是将排污费的缴纳人作为环境保护税的纳税人;二是根据现行排污收费项目设置税目;三是根据现行排污费计费办法设置计税依据;四是以现行排污费收费标准为基础设置税额标准。

2. 纳税人

与排污收费相似,环境保护税的纳税人为在中华人民共和国领域和管辖的其他海域,直接向环境排放应税污染物的企业事业单位和其他生产经营者。企业事业单位和其他生产经营者向依法设立的污水集中处理、生活垃圾集中处理场所排放应税污染物缴纳处理费用的,由于其不直接向环境排放应税污染物,不缴纳相应污染物的环境保护税;在符合国家或者地方环境保护标准的设施、场所贮存或者处置固体废物的,不缴纳固体废物的环境保护税。

3. 征税对象和征税范围

与现行排污费制度的征收对象衔接,税法规定环境保护税的征收对象为大气污染物、水污染物、固体废物和噪声等四类。

每一排放口或者没有排放口的应税大气污染物,按照污染当量数从大到小排序,对前三项污染物征收环境保护税。每一排放口的应税水污染物,按照本法所附《应税污染物和当量值表》,区分第一类水污染物和其他类水污染物,按照污染当量数从大到小排序,对第一类水污染物按照前五项征收环境保护税,对其他类水污染物按照前三项征收环境保护税。省、自治区、直辖市人民政府根据本地区污染物减排的特殊需要,可以增加同一排放口征收环境保护税的应税污染物项目数,报同级人民代表大会常务委员会决定,并报全国人大常委会和国务院备案。

4. 税负

按照 2014 年 9 月发展改革委、财政部、环境保护部《关于调整排污费征收标准等有关问题的通知》要求,全国 31 个省、自治区、直辖市已于 2015 年 6 月底前,将大气和水污染物的排污费标准分别调整至不低于每污染当量 1.2 元和 1.4 元,即在 2003 年基础上上调 1 倍。其中有 7 个省、直辖市调整后的收费标准高于通知规定的最低标准,北京调整后的收费标准是最低标准的 8—9 倍;天津调整后的收费标准是最低标准的 5—7 倍;上海分三步走调整至最低标准的 3—6.5 倍;江苏分两步走调整至最低标准的 3—4 倍;河北分三步走调整至最低标准的 2—5 倍;山东分两步将大气污染物收费标准调整至最低标准的 2.5—5 倍;湖北分两步调整至最低标准的 1—2 倍。

《环境保护税法》以现行排污费收费标准作为环境保护税的税额下限,规定:大气污染物税额为每污染当量 1.2 元;水污染物税额为每污染当量 1.4 元;固体废物按不同种类,税额为每吨 5 元—1 000 元;噪声按超分贝数,税额为每月 350 元—11 200 元。同时,兼顾目前部分省、直辖市上调了排污费收费标准且有的还会收费标准较高的情况,规定省、自治区、直辖市人们政府统筹考虑本地区环境承载能力、污染物排放现状和经济社会生态发展目标要求,可以在《环境保护税目税额表》规定的税额标准基础上,上浮应纳税污染物的适用税额,报同级人大常委会决定,并报全国人大常委会和国务院备案。

5. 税收优惠

法律规定了五项免税情形:一是为支持农业发展,对农业生产排放的应税污染物免税,但鉴于规模化养殖对农村环境威胁较大,未将其列入免税范围;二是考虑到现行税制中已有车船税、消费税、车辆购置税等税种对机动车的生产和使用进行调节,其中车船税和消费税按排量征税,对促进节能减排发挥了积极作用,在当前推进结构性减税的大环境下,不宜进一步增加使用成本,因此,对机动车、船舶和航空器等流动污染源排放的应税污染物免税;三是考虑到根据国家有关规定,达标排放污染物的城镇污水集中处理、生活垃圾集中处理场所免缴排污费,为保持政策的连续性,对依法设立的城镇污水集中处理、生活垃圾集中处理场所向环境达标排放的应税污染物免税,对工业污水集中处理场所不予免税;四是为鼓励固体废物综合利用,减少污染物排放,对纳税人符合标准综合利用的固体废物免税;五是国务院批准免税的其他情形。

为鼓励企业通过采用先进技术减少污染物排放,还规定,纳税人排放应纳税大气污染物和水污染物的浓度值低于国家或者地方规定的污染物排放标准 50% 的,减半征收环境保护税。

第五节　环境保护目标责任制

环境保护目标责任制在第三次全国环境保护会议上被确定为八项环境管理制度之一,它的内容涵盖了其他各项环境管理制度,在环境保护管理工作中发挥了重要的作用。环境保护目标责任制是基于预期目标的基础,强化政府责任,使政府合理配置公共资源和有效运用行政管理(李惠民,2011),通过签订责任书的形式,具体落实到地方各级人民政府和有污染的单位对环境质量负责的行政管理制度(柴发合,2015)。具体是指,一个区域、一个部门乃至一个单位环境保护的主要责任者和责任范围,运用目标化、定量化、制度化的管理方法,把贯彻执行环境保护这一基本国策作为各级领导的行为规范。新形势下,环境保护目标责任制被赋予新的涵义,特别是以"强化地方党委和政府及其相关部门的环境保护责任"为核心的改革方向提出以来,环境保护目标责任制的形式更加多样。

一、环保督察

为进一步加强环境保护工作,根据新修订的《环境保护法》和《中共中央国务院关于加快推进生态文明建设的意见》等要求,中央深化改革领导小组通过了《环境保护督察方案(试行)》,决定自 2016 年起,每两年左右对各省、自治区、直辖市督察一遍。这是国家全面落实党委、政府环境保护"党政同责"、"一岗双责"主体责任的重要举措,对我国环境保护工作和生态文明建设具有里程碑意义。

要区分"督察"和"督查"的涵义。环保督察的对象主要是各省、自治区、直辖市党委和政府及其有关部门,因此,当前应对环境保护督察给予准确定位,即代表中央和国家对各省党委和政府及其有关部门开展的环境保护督察,它不是环境保护部会同国家有关部委或单独对地方开展的环境保护综合(或专项)督查。

根据方案,我国主要把贯彻落实国家环境保护决策部署情况,解决突出环境问题及处理情况,落实环境保护主体责任情况作为督察重点,近期要把推进生态文明建设,实施新环保法和防治大气、水体、土壤污染作为重中之重。在确定督察内容时,必须结合相关省、自治区、直辖市经济社会发展的主战场和主干线开展督察工作,重点结合党委、政府的发展定位、功能区划、发展思路、发展规划、发展方式、科学决策、政策措施、重大项目、资金投入、政绩考核、干部评价、追责问责等关键环节,深入了解各级党委、政府贯彻落实环境保护重大决策部署、严格执行国家环境保护法律法规、政策标准和落实环境保护主体责任的情况,是否有牺牲生态环境和发展后劲搞"面子工程"、"政绩工程"等情况。

二、责任追究

根据中央和国务院要求,生态文明建设成效应纳入地方各级人民政府绩效考核,考核结果作为领导班子和领导干部综合考核评价的重要内容,作为干部选拔任用、管理监督的重要依据,实行环保"一票否决制"。2015 年,中共中央办公厅、国务院办公厅发布《党政领导干部生态环境损害责任追究办法(试行)》,对生态环境损害的党政责任追究做出了明确规定。其规定内容主要包括:

1. 明确了环境保护"党政同责"

党政同责最早是在生产安全监督领域实行的,该办法将"党政同责"延伸到环保领域。这是因为,党委是决策机构,政府负责具体执行,如果只追究政府的责任,而不追究具有决策作用的党委的责任,就很难从根本上纠正一些地方重经济、轻环保的发展方向。该办法规定了党政同责,即决策者和执行者对生态环境损害共同承担责任,这样就加大了追责的

力度,可以避免决策者、指挥者无责而让执行者、干事者负责的现象。

2. 细化明确了多种追责情形

该办法一共规定了 25 种追责情形。针对地方党政主要领导确定了 8 种追责情形;针对地方党政分管领导确定了 5 种追责情形;针对政府有关工作部门领导成员确定了 7 种追责情形;针对具有职务影响力的党政领导干部确定了 5 种追责情形。这 25 项追责情形,构成了生态环保责任清单,总体上可以分为"做好应该做的"和"不做不该做的"。所谓"做好应该做的",是指各级党政领导者应该忠实履行法律法规和党内法规所规定的各项生态环境保护职责,确保辖区内的生态环境安全和促进环境治理改善,否则就要被追究责任。例如,对地方党政主要领导人,主要职责是对生态环境保护工作负总责,担负起领导、规划、统筹等工作,对环境质量负责。对党政分管领导人,主要职责是指挥、协调各部门落实生态环境保护工作任务,承担起总指挥的职能。对政府各有关部门领导人,主要职责是依法实施环境监督管理,完成本部门的环境保护工作任务。所谓"不做不该做的",是指各级党政领导者不做违反各种法律法规和党内法规规定的事情,否则也要追究责任。例如,有的领导人干预正常的环境管理工作,插手环境影响评价、主要污染物减排等工作,指使下属做出不合法的审批行为;有的授意或指使下属修改或虚构环境监测或环境统计数据;有的干扰基层正常的环境执法行为,使违法者逃脱处罚;违反者就必须被追责。

3. 构筑了较为完整的追责链条

该办法提出的追责方式分为三个层面:一是情节较轻的采取诫勉谈话、责令公开道歉方式;二是情节较重的,采取组织处理方式(包括调离岗位、引咎辞职、责令辞职、免职、降职等)和给予党纪政纪处分;三是将涉嫌犯罪的对象及时移送司法机关。其中,终身追责是《办法》十分重要的创新突破之一。终身追究就是追溯既往,这样做有几个原因:一是鼓励领导干部树立执政的长远利益观。过去确实存在这样的情况:当任领导主要关心自己主政的即期政绩,不惜牺牲生态环境和资源效率,大搞粗放式的开发建设,只求自己任内GDP 增长快,形象工程搞得多;如果放任这种现象不管,那么其继任者就会延续相同的思路和做法,日积月累,给当地生态环境造成重大伤害。终身追责就是要促使领导干部克服短期利益观,对发展从长计议。二是为了体现公平正义的社会价值观。一个地方出现了严重的生态环境问题,并不一定都是当期执政的领导干部造成的,有的应由前任领导承担责任。有的责任人的失职违责行为在当时因各种原因没有及时发现,在他离开该领导岗位后又被揭露出来,或后来发生的环境污染事故被证明是前任领导的责任,那么这时对前任领导人员进行责任追究是公平合理的,这样能使现任领导干部感受到制度的公平性和严肃性。

三、评价考核

多年的实践经验表明,政绩评价考核的导向是决定政府推进生态文明力度的重要决定因素。一些地方在发展理念上仍然存在"重经济增长、轻生态建设"倾向,在政绩考核中把资源、环境、生态等看作可有可无、可大可小的软指标;有的地方认为生态环境保护投入多、见效慢、效果很难量化,而且政绩考核周期与生态文明建设周期存在明显错位;如果把生态文明建设纳入领导干部政绩考核指标体系并赋予较大权重,就很难充分调动各级领导干部抓发展、干事业的积极性。面对这种局面,必须按照中央要求健全政绩考核制度,建立体现生态文明要求的目标体系、考核办法、奖惩机制,把资源消耗、环境损害、生态效益等指标纳入经济社会发展综合评价体系,提高考核权重,强化指标约束,让生态文明要求成为政绩考核的"硬杠杠",从根本上抑制领导干部片面追求 GDP 的冲动。为此,中共中央办公厅、国务院办公厅研究并印发了《生态文明建设目标评价考核办法》,据此规范开展对省级政府的资源、环境、生态领域保护与建设成效考核。

1.评价考核思路

采取评价与考核相结合的方式,考核重在约束、评价重在引导,各有侧重地推动地方党委和政府落实生态文明建设重点目标任务;突出问题导向、目标导向,在指标设计中提高了生态环境质量、公众满意程度等反映人民群众获得感指标的权重。考核结果将作为各省、区、市党政领导班子和领导干部综合考核评价、干部奖惩任免的重要依据,在结果应用上体现"奖惩并举"。

2.评价考核尺度

一般来讲,生态文明指标评价和考核可包括省、市、县等行政尺度。但由于各地情况存在较大差距,评价指标体系很难做到公平合理;而以全国整体为单元目标评价又会因范围过大而忽略地区特色,且现有的生态文明指标体系与一般意义上的可持续发展指标体系存在重合。因此,确定不同行政级别的生态文明评价尺度,是不同层次生态文明考核评价的基本前提。中办国办联合印发的考核办法,适用于对各省、自治区、直辖市党委和政府生态文明建设目标的评价考核。各省、自治区、直辖市党委和政府可以参照本办法,结合本地区实际,制定针对下一级党委和政府的生态文明建设目标评价考核办法。

3.评价考核频次

评价考核在资源环境生态领域有关专项考核的基础上综合开展,采取评价和考核相结合的方式,实行一年一评价、五年一考核。其中,年度评价按照《绿色发展指标体系》实施,主要评估各地区生态文明建设进展的总体情况,引导各地区落实生态文明建设相关工作,每年开展一次。五年考核按照《生态文明建设考核目标体系》实施,主要考核国民经济和社会发展规划纲要确定的资源环境约束性指标,以及党中央、国务院部署的生态文明建设重大目标任务完成情况,强化省级党委和政府生态文明建设的主体责任,每个五年规划期结束后开展一次。之所以实行五年一考核,一是考核目标主要是"十三五"规划纲要确定的资源环境约束性目标,目标期限为五年,考核时间与目标期限保持一致;二是生态文明建设成效是一个较长的累进过程,以五年为期进行考核,能够更加科学客观地衡量各地区生态文明建设成果;三是考核在五年规划期结束后次年开展,与地方各级党委和政府换届时间比较接近,也有利于考核结果应用。

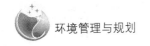

4. 评价考核指标

绿色发展指数体系,包含考核目标体系中的主要目标,增加有关措施性、过程性的指标,包括资源利用、环境治理、环境质量、生态保护、增长质量、绿色生活、公众满意程度等7个方面,共56项评价指标;采用综合指数法测算生成绿色发展指数,衡量地方每年生态文明建设的动态进展。考核目标体系,以"十三五"规划纲要确定的资源环境约束性目标为主,体现少而精、避免目标泛化,使考核工作更加聚焦。在目标设计上,按照涵盖重点领域和目标不重复、可分解、有数据支撑的原则,包括资源利用、生态环境保护、年度评价结果、公众满意程度、生态环境事件等5个方面,共23项考核目标;在目标赋分上,对环境质量等体现人民获得感的目标赋予较高的分值,对约束性、部署性等目标依据其重要程度,分别赋予相应的分值;在目标得分上,体现"奖罚分明"、"适度偏严",对超额完成目标的地区按照超额比例进行加分,对3项约束性目标未完成的地区考核等级直接确定为不合格。指标体系分别见表2-3。

表2-3 生态文明建设考核目标体系

目标类别	目标类分值	序号	子目标名称	子目标分值	目标来源	数据来源
一、资源利用	30	1	单位GDP能量消耗降低★	4	规划纲要	国家统计局、国家发展改革委
		2	单位GDP二氧化碳排放降低★	4	规划纲要	国家发展改革委、国家统计局
		3	非化石能源占一次性消费比重★	4	规划纲要	国家统计局、国家能源局
		4	能源消费总量	3	规划纲要	国家统计局、国家发展改革委
		5	万元GDP用水量下降★	4	规划纲要	水利部、国家统计局
		6	用水总量	3	规划纲要	水利部
		7	耕地保有量★	4	规划纲要	国土资源部
		8	新增建设用地规模★	4	规划纲要	国土资源部
二、生态环境保护	40	9	地级及以上城市空气质量优良天数比率★	5	规划纲要	环境保护部
		10	细颗粒物(PM$_{2.5}$)未达标级及以上城市浓度下降★	5	规划纲要	环境保护部
		11	地表水达到或好于Ⅲ类水体比例	(3)[a] (5)[b]	规划纲要	环境保护部、水利部
		12	近岸海域水质优良(一、二类)比例	(2)[a]	水十条	国家海洋局、环境保护部
		13	地表水劣Ⅴ类水体比例★	5	规划纲要	环境保护部、水利部

续表

目标类别	目标类分值	序号	子目标名称	子目标分值	目标来源	数据来源
二、生态环境保护	40	14	化学需氧量排放总量减少★	2	规划纲要	环境保护部
		15	氨氮排放总量减少★	2	规划纲要	环境保护部
		16	二氧化硫排放总量减少★	2	规划纲要	环境保护部
		17	氨氮化物排放总量减少★	2	规划纲要	环境保护部
		18	森林覆盖率★	4	规划纲要	国家林业局
		19	森林蓄积量★	5	规划纲要	国家林业局
		20	草原综合植被覆盖率	3	规划纲要	农业部
三、年度评价结果	20	21	各地区生态文明建设年度评价的综合情况	20	—	国家统计局、国家发展改革委、环境保护部等有关部门
四、公众满意程度	10	22	居民对本地区生态文明建设、生态环境改善的满意程度	10	—	国家统计局等有关部门
五、生态环境事件	扣分项	23	地区重特大突发环境事件、造成恶劣社会影响的其他环境污染责任事件、严重生态破坏责任事件的发生情况	扣分项	—	环境保护部、国家林业局等有关部门

注:① 标★的为《国民经济和社会发展第十三个五年规划纲要》确定的资源环境约束性目标。

② "资源利用"、"生态环境保护"类目标采用有关部门组织开展专项考核认定的数据,完成的地区有关目标满分,未完成的地区有关目标不得分,超额完成的地区按照超额比例与目标得分的乘积进行加分。

③ "非化石能源占一次能源消费比重"子目标主要考核各地区可再生能源占能源消费总量比重;"能源消费总量"子目标主要考核各地区能源消费增量控制目标的完成情况。

④ "地表水达到或好于Ⅲ类水体比例"、"近岸海域水质优良(Ⅰ、Ⅱ类)比例"子目标分值中括号外右上角标注"a"的,为天津市、河北省、辽宁省、上海市、江苏省、浙江省、福建省、山东省、广东省、广西壮族自治区、海南省等沿海省份分值;括号外右上角标注"b"的,为沿海省份之外省(区、市)分值。

⑤ "年度评价结果"采用"十三五"期间各地区年度绿色发展指数,每年绿色发展指数最高的地区得4分,其他地区得分按排名顺序依次减少0.1分。

⑥ "公众满意程度"指标采用国家统计局组织的居民对本地区生态文明建设、生态环境改善满意程度抽样调查,通过每年调查居民对本地区生态环境质量表示满意和比较满意的人数占调查人数的比例,并将五年的年度调查结果算术平均值乘以该目标分值,得到各省、自治区、直辖市"公众满意程度"分值。

⑦ "生态环境事件"为扣分项,每发生一起重特大突发环境事件、造成恶劣社会影响的其他环境污染责任事件、严重生态破坏责任事件的地区扣5分,该项总扣分不超过20分。具体由环境保护部、国家林业局等部门根据《国务院办公厅关于印发国家突发环境事件应急预案的通知》等有关文件规定进行认定。

⑧ 根据各地区约束性目标完成情况,生态文明建设目标考核对有关地区进行扣分或降档处理:仅1项约束性目标未完成的地区该项考核目标不得分,考核总分不再扣分;2项约束性目标未完成的地区在相关考核目标不得分的基础上,在考核总分中再扣除2项未完成约束性目标的分值;3项(含)以上约束性目标未完成的地区考核等级直接确定为不合格。其他非约束性目标未完成的地区有关目标不得分,考核总分中不再扣分。

 环境管理与规划

表2-4 生态文明建设考核目标体系

一级指标	序号	二级指标	计量单位	指标类型	权数（%）	数据来源
一、资源利用（权数＝29.3%）	1	能源消费总量	万吨标准煤	◆	1.83	国家统计局、国家发展改革委
	2	单位GDP能源消耗降低	%	★	2.75	国家统计局、国家发展改革委
	3	单位GDP二氧化碳排放降低	%	★	2.75	国家发展改革委、国家统计局
	4	非化石能源占一次消费能源比重	%	★	2.75	国家统计局、国家能源局
	5	用水总量	亿立方米	◆	1.83	水利部
	6	万元GDP用水量下降	%	★	2.75	水利部、国家统计局
	7	单位工业增加值用水量降低率	%	◆	1.83	水利部、国家统计局
	8	农业灌溉水有效利用系数	—	◆	1.83	水利部
	9	耕地保有量	亿亩	★	2.75	国土资源部
	10	新增建设用地规模	万亩	★	2.75	国土资源部
	11	单位GDP建设用地面积降低率	%	◆	1.83	国土资源部、国家统计局
	12	资源产出率	万元/吨	◆	1.83	国家统计局、国家发展改革委
	13	一般工业固体废物综合利用率	%	△	0.92	环境保护部、工业和信息化部
	14	农作物秸秆综合利用率	%	△	0.92	农业部
二、环境治理（权数＝16.5%）	15	化学需氧量排放总量减少	%	★	2.75	环境保护部
	16	氨氮排放总量减少	%	★	2.75	环境保护部
	17	二氧化硫排放总量减少	%	★	2.75	环境保护部
	18	氮氧化物排放总量减少	%	★	2.75	环境保护部
	19	危险废物处置利用率	%	△	0.92	环境保护部
	20	生活垃圾无害化处理率	%	◆	1.83	住房城乡建设部
	21	污水集中处理率	%	◆	1.83	住房城乡建设部
	22	环境污染治理投资占GDP比重	%	△	2.75	住房城乡建设部、环境保护部、国家统计局

续表

一级指标	序号	二级指标	计量单位	指标类型	权数（%）	数据来源
三、环境质量（权数＝19.3%）	23	地级及以上城市空气质量优良天数比率	%	★	2.75	环境保护部
	24	细颗粒物（PM$_{2.5}$）未达标级及以上城市浓度下降	%	★	2.75	环境保护部
	25	地表水达到或好于Ⅲ类水体比例	%	★	2.75	环境保护部、水利部
	26	地表水劣Ⅴ类水体比例	%	★	2.75	环境保护部、水利部
	27	重要江河湖泊水功能区水质达标率	%	◆	1.83	水利部
	28	地级及以上城市集中式饮用水水源水质达到或优于Ⅲ类水体比例	%	◆	1.83	环境保护部、水利部
	29	近岸海域水质优良（一、二类）比例	%	◆	1.83	国家海洋局、环境保护部
	30	受污染耕地安全利用率	%	△	2.75	农业部
	31	单位耕地面积化肥使用量	千克/公顷	△	2.75	国家统计局
	32	单位耕地面积农药使用量	千克/公顷	△	2.75	国家统计局
	33	森林覆盖率	%	★	2.75	国家林业局
	34	森林蓄积量	亿立方米	★	2.75	国家林业局
四、生态保护（权数＝16.5%）	35	草原综合植被覆盖度	%	◆	1.83	农业部
	36	自然岸线保有率	%	◆	1.83	国家海洋局
	37	湿地保护率	%	◆	1.83	国家林业局、国家海洋局
	38	陆域自然保护区面积	万公顷	△	0.92	环境保护部、国家林业局
	39	海洋保护区面积	万公顷	△	0.92	国家海洋局
	40	新增水土流失治理面积	万公顷	△	0.92	水利部
	41	可治理沙化土地治理率	%	◆	1.83	国家林业局
	42	新增矿山恢复治理面积	万公顷	△	0.92	国土资源部
五、增长质量（权数＝9.2%）	43	人均GDP增长率	%	◆	1.83	国家统计局
	44	居民人均可支配收入	元/年	◆	1.83	国家统计局
	45	第三产业增加值占GDP比重	%	◆	1.83	国家统计局
	46	战略性新兴产业增加值占GDP比重	%	◆	1.83	国家统计局
	47	研究与试验发展经费支出占GDP比重	%	◆	1.83	国家统计局

一级指标	序号	二级指标	计量单位	指标类型	权数（%）	数据来源
六、绿色生活	48	公共机构人均能耗降低率	%	△	0.92	国管局
	49	绿色产品能耗占有率（高效产品市场占有率）	%	△	0.92	国家发展改革委、工业和信息化部、质检总局
	50	新能源汽车保有量增长率	%	◆	1.83	公安部
	51	绿色出行（城镇每万人口公共交通客运量）	万人次/万人	△	0.92	交通运输部、国家统计局
	52	城镇绿色建筑占新建建筑比重	%	△	0.92	住房城乡建设部
	53	城市建成区绿地率	%	△	0.92	住房城乡建设部
	54	农村自来水普及率	%	◆	1.83	水利部
	55	农村卫生厕所普及率	%	△	0.92	国家卫生计生委
七、公众满意程度	56	公众对生态环境建设质量满意程度	%	—	—	国家统计局

注：① 标★的为《国民经济和社会发展第十三个五年规划纲要》确定的资源环境约束性指标；标◆的为《国民经济和社会发展第十三个五年规划纲要》和《中共中央、国务院关于加快推进生态文明建设的意见》等提出的主要监测评价指标；标△的为其他绿色发展重要监测评价指标。根据其重要程度，按总权数为100%，三类指标的权数之比为3：2：1计算，标★的指标权数为2.75%，标◆的指标权数为1.83%，标△的指标权数为0.92%。6个一级指标的权数分别由其所包含的二级指标权数汇总生成。

② 绿色发展指标体系采用综合指数法进行测算，"十三五"期间，以2015年为基期，结合"十三五"规划纲要和相关部门规划目标，测算全国及分地区绿色发展指数和资源利用指数、环境治理指数、环境质量指数、生态保护指数、增长质量指数、绿色生活指数6个分类指数。绿色发展指数由除"公众满意程度"之外的55个指标个体指数加权平均计算而成。

四、环保模范城市

"环保模范城市"是遵循和实施可持续发展战略并取得成效的典型，是中国环境保护的最高荣誉。

国家环境保护模范城市是原国家环保局根据《国家环境保护"九五"计划和2010年远景目标》提出的，在已具备全国卫生城市、城市环境综合整治定量考核和环保投资达到一定标准的基础上才能有条件创建。国家环境保护模范城市是全国城市科学发展的杰出代表，是国际社会可持续发展城市的优秀典范，是全国在强化城市环境保护工作、推动经济发展方式转变、构建和谐社会等方面发挥了积极示范作用的模范。

第六节　污染集中控制制度

污染集中控制是在特定的范围内,为保护环境所建立的集中治理设施和所采用的管理措施,是强化环境管理的一项重要手段,要求在一定区域,建立集中的污染处理设施,对多个项目的污染源进行集中控制和处理。这样做既可以节省环保投资,提高处理效率,又可采用先进工艺,进行现代化管理,因此有显著的社会、经济、环境效益。污染集中控制,应以改善区域环境质量为目的,依据污染防治规划,以集中治理为主,用最小的代价取得最佳效果。

一、生活污染的集中控制

实行污染集中控制制度,必须以规划为先导,特别表现在城乡规划的总体设计方面。污染集中控制是与城市建设密切相关的,如建设城乡污水处理厂、完善排水管网、垃圾收运及集中处理设施等;同时,城市污染集中控制是一项复杂的系统工程。因此,集中控制污染必须与城市建设同步规划、同步实施、同步发展。

1. 城镇污水处理及再生利用设施

截至 2015 年,全国城镇污水处理能力已达到 2.17 亿立方米/日,城市污水处理率达到 92％,县城污水处理率达到 85％。但同时,污水处理设施建设仍然存在着区域分布不均衡、配套管网建设滞后、建制镇设施明显不足、老旧管网渗漏严重、设施提标改造需求迫切、部分污泥处置存在二次污染隐患、再生水利用率不高、重建设轻管理等突出问题。当前我国城镇污水处理设施建设的任务包括:

完善污水收集管网。加大城镇污水管网建设力度,进一步提高污水收集率。优先解决已建城镇污水处理设施配套管网不足问题,强化黑臭水体沿岸的污水截流、收集,新建污水处理设施的配套管网应同步设计、同步建设、同步投运。除干旱地区外,新建污水管网要采取分流制系统,污水管网收集能力应与污水处理设施处理能力相匹配。强化老旧管网改造,对年久失修、漏损严重、不合格的老旧污水管网、排水口、检查井进行维修改造,减少管道污泥淤积、超载等保证过流能力,改善因管网破损造成大量地下水等外来水进入而影响排水、治污效能发挥,避免污水渗漏导致管道周边地下水及土壤污染等,确保收集的污水水质、水量稳定。加强合流制管网改造,促进雨污分流、清污分流及雨水的资源化利用。

提升污水处理设施能力。优先支持尚无污水集中处理设施的城市、县城建设污水处理设施,加快解决设施布局不均衡问题,着重提高新建城区及建制镇污水处理能力,并通过以城带乡,设施共享等形式,适当向农村地区延伸。对经济发达地区、水体污染严重地区、环境容量较低地区以及国家和地方确定的重点流域地区,应加快设施建设进度,并执行更严格的排放标准。敏感区域(重点湖泊、重点水库及近岸海域汇水区域)的新建城镇污水处理设施,应按照水环境质量改善要求,选择脱氮除磷效果好的工艺技术。建成区水体水质未达到地表水 Ⅳ 类标准的城市,新建污水处理设施出水水质应达到一级 A 排放标

准或再生利用要求。提标改造污水处理设施,敏感区域以及建成区水体水质未达到地表水Ⅳ类标准的城市,现有污水处理设施未达到一级A排放标准的,均为提标改造对象。

重视污泥无害化处理处置。城镇污水处理设施产生的污泥应进行稳定化、无害化处理处置,鼓励资源化利用。现有不达标的污泥处理处置设施应加快完成达标改造。优先解决污泥产生量大、存在二次污染隐患地区的污泥处理处置问题。建制镇污水处理设施产生的污泥可考虑统筹集中处理处置。

推动再生水利用。按照"集中利用为主、分散利用为辅"的原则,因地制宜确定再生水生产设施及配套管网的规模及布局。结合再生水用途,选择成熟合理的再生水生产工艺。鼓励将污水处理厂尾水经人工湿地等生态处理达标后作为生态和景观用水。再生水用于工业、绿地灌溉、城市杂用水时,宜优先选择用水量大、水质要求不高、技术可行、综合成本低、经济和社会效益显著的用水方案。

2. 城市生活垃圾处理设施

截至2015年,全国市级城市和县城生活垃圾无害化处理能力达到75.8万吨/日,比2010年增加30.1万吨/日,生活垃圾无害化处理率达到90.2%。但同时,随着城镇化的快速发展和人民生活水平日益提高,我国城镇生活垃圾清运量仍在快速增长,生活垃圾无害化处理能力和水平仍相对不足,大部分建制镇的生活垃圾难以实现无害化处理,垃圾回收利用率有待提高。未来主要努力方向为:

加快处理设施建设。合理布局生活垃圾处理设施,尚不具备处理能力的设市城市和县城要在2018年前具备无害化处理能力。建制镇产生的生活垃圾就近纳入县级或市级垃圾处理设施集中处理,原则上建制镇不单独建设处理设施(距离县市较远的建制镇可视情况另行考虑)。加快现有设施的改造升级,逐步缩小地区间生活垃圾处理水平差距,加快建立与生活垃圾分类衔接的无害化处理设施。经济发达地区和土地资源短缺、人口基数大的城市,优先采用焚烧处理技术,减少原生垃圾填埋量。建设焚烧处理设施的同时要考虑垃圾焚烧残渣、飞灰处理处置设施的配套。鼓励相邻地区通过区域共建共享等方式建设焚烧残渣、飞灰集中处理处置设施。卫生填埋处理技术作为生活垃圾的最终处置方式,是各地必须具备的保障手段,重点用于填埋焚烧残渣和达到豁免条件的飞灰以及应急使用,剩余库容宜满足该地区10年以上的垃圾焚烧残渣及生活垃圾填埋处理要求。

完善垃圾收运体系。城市建成区应实现生活垃圾全收集,建制镇应建立完善的生活垃圾收运系统,交通便利、经济发达地区要通过以城带乡等多种渠道进一步扩大生活垃圾收集覆盖面,加大收集力度。建立与生活垃圾分类、回收利用和无害化处理等相衔接的收运体系。结合垃圾分类工作的开展,积极构建"互联网+资源回收"新模式,打通生活垃圾回收网络与再生资源回收网络通道,整合回收队伍和设施,实现"两网融合"。

推行生活垃圾分类。结合各地实际,合理确定垃圾分类范围、品种、要求、方法、收运方式,形成统一完整、协同高效的垃圾分类收集、运输、资源化利用和终端处置的全过程管理体系。科学设定垃圾分类类别,鼓励对厨余等易腐垃圾进行单独分类。完善垃圾分类与再生资源回收投放点,建立分类回收与废旧物资回收相结合的管理和运作模式。

二、工业污染的集中控制

工业企业中,"散乱污"污染问题突出表现为企业空间布局的散乱以及自身环境管理水平的低下,这种空间上的散乱和管理上的落后,带来环境治理效率低下、环境监管困难及生态环境风险上升。要加快推进生态环境领域国家治理体系和治理能力现代化,积极优化产业空间布局,破解"散乱污"困局。对于处于城市主城区、居民集中区、自然保护区和饮用水水源保护区等生态环境敏感区的"散乱污"企业,要依据相关法律法规予以关停、搬迁处理。对于可优化发展的"散乱污"企业,要做好相关企业进园区等工作。工业集中布局模式既节省环保投资,提高处理效率,又可采用先进工艺,进行现代化管理,因此有显著的社会、经济、环境效益,有利于城市规划和产业整合。但是,如果对集中处理方式监管不力,会出现集中污染,因此必须进行严格监督,并推行生态工业示范园区建设。

目前,工业园区已经成为我国经济发展的重要形式和主要力量,随着产业生态学、生态工业园区、产业共生等理念和方法引入中国,许多工业园区积极探索和实践生态化发展,中国生态工业园区建设始于 2000 年,已成为解决发展中造成的沉重环境代价的试验田。中国生态工业示范园区发展过程中分为三类:综合类、行业类和静脉类生态工业园区,出台了相应国家标准,并在发展实践中进行了多次完善。现阶段在开展生态工业园区建设中,充分利用、发掘有利于节能减排、环境保护,有利于提高资源能源利用效率、实现绿色发展的实践和做法,以切实推进国家生态工业示范园区发展。中国国家生态工业示范园区发展由政府、市场和企业三个方面共同推进,实践层面可分为企业、产业集群、园区和社会四个层面。企业层面,以企业为主体,通过技术创新和加强环境管理,提高生产效率和资源能源利用效率,减少废弃物产生量。产业集群层面,主要特征是以龙头企业为核心,带动上下游配套企业入驻园区,形成产业链网,以此为依托构建园中园发展模式,提高产业链生产效率。园区层面的重点在于完善基础设施,实现集中供热和热电冷多联供,实施清洁能源和可再生能源替代煤炭,建立集中治污和再生水回用等基础设施,构建产业共生,扩展基础设施在解决区域环境问题中的功能;同时加强源头控制,制定产业准入机制,实施产业链招商,提高企业入区门槛;此外完善科技孵化、海关、金融等公共服务平台,开展开发区整体的环境管理认证及环境影响评价等。

第七节 污染源限期治理制度

限期治理制度,是指对污染危害严重,群众反映强烈的污染区域采取的限定治理时间、治理内容及治理效果的强制性行政措施(李水生,2005)。限期治理制度作为一种末端控制手段,对我国的环境保护起到了积极的作用。但该制度产生于特殊的时代背景,虽然1989 年的《环境保护法》和各环境污染防治单行法对该制度均有所规定,却仍存在诸多缺陷,导致在实践中常常成为企业超标排污的"护身符",从限期治理变为无期治理。随着社会发展背景的变化和我国环境污染形势的日趋严峻,新《环境保护法》取消了限期治理制度,通过执法手段的创新和丰富,运用挂牌督办、区域限批、按日处罚、限产停产等实现末

端控制目的。

一、挂牌督办

据《关于印发〈环境违法案件挂牌督办管理办法〉的通知》（环保部办公厅［2009］117号）文件，挂牌督办是指环境保护部对违反环境保护法律、法规，严重污染环境或造成重大社会影响的环境违法案件办理提出明确要求，公开督促省级环境保护部门办理，并向社会公开办理结果，接受公众监督的一种行政手段。

符合下列条件之一的案件经环境保护部现场核实，有明确的违法主体，环境违法事实清楚、证据充分，可以挂牌督办：

（一）公众反映强烈、影响社会稳定的环境污染或生态破坏案件；

（二）造成重点流域、区域重大污染或环境质量明显恶化的环境违法案件；

（三）威胁公众健康或生态环境安全的重大环境安全隐患案件；

（四）长期不解决或屡查屡犯的环境违法案件；

（五）违反建设项目环保法律法规的重大环境违法案件；

（六）省级以下（不含省级）人民政府出台有悖于环保法律、法规的政策或文件的案件；

（七）其他需要挂牌督办的环境违法案件。

阅读材料：

环境保护部于2015年6月16日通报称，由该部组织完成的2014年度各省区市和8家中央企业主要污染物总量减排核查工作发现，仍有个别企业在污染减排工作中存在突出问题，决定对25家企业实行挂牌督办，责令限期整改。同时，环境保护部对污水处理设施未按要求建设运行的北京通州区次渠污水处理厂、河北保定市溪源污水处理厂等9家企业实行挂牌督办，责令6个月内完成整改任务。

二、区域限批

环评区域限批是督促地方政府和企业依法履行环保责任的手段之一，具体是指如果一家企业或一个城市、地区出现严重的环境违法行为或污染事件，环保部门有权暂停这一企业或这一地区所有新建项目的审批，直至按规定完成整改；或者是指由国务院或省级人民政府环境保护主管部门，针对存在环境影响评价执行率低、"三同时"违法现象严重、未按期完成重点污染物总量削减目标、超过污染物总量控制指标、多次发生特大重大环境污染事故、环境风险隐患突出等严重环境违法的行政区域，所采取的暂停审批除污染防治、循环经济、生态恢复类以外的所有建设项目环境影响评价文件的行政管理措施。环评区域限批措施自2006年12月被首次适用以来，一直被认为是针对地方政府的最严厉的环保强制措施。其最初依据可以追溯到2005年12月国务院作出的《关于落实科学发展观加强环境保护的决定》。新《环保法》颁布前，涉及该措施的规范性法律文件仅有全国人大常委会通过的《水污染防治法》和国务院通过的《规划环境影响评价条例》，这两部法律文件关于环评区域限批措施的适用情形均是"超总量排放"。新《环保法》第44条拓宽了该措施的适用范围:"对超过国家重点污染物排放总量控制指标或者未完成国家确定的环境质量目标的地区,省级以上人民政府环境保护主管部门应当暂停审批其新增重点污染物排放总量的建设项目环境影响评价文件。"也就是说,"未完成国家确定的环境质量目标"情形也被列入区域限批适用范围。为配合新《环保法》扩大环评区域限批适用范围的规定,2015 年 12 月,环境保护部发布《建设项目环境影响评价区域限批管理办法(试行)》,于 2016 年 1 月 1 日正式施行。该办法共 21 条,对环评区域限批措施的适用范围、具体内容和程序、法律责任等作了全面、细致的规定,使该措施有了具体的操作规则。

知识拓展

实施区域限批的六种情形包括:

(一)对在规定期限内未完成国家确定的水环境质量改善目标、大气环境质量改善目标、土壤环境质量考核目标的地区,暂停审批新增排放重点污染物的建设项目环境影响评价文件。

(二)对未完成上一年度国家确定的重点水污染物、大气污染物排放总量控制指标的地区,或者未完成国家确定的重点重金属污染物排放量控制目标的地区,暂停审批新增排放重点污染物的建设项目环境影响评价文件。

(三)对生态破坏严重或者尚未完成生态恢复任务的地区,暂停审批对生态有较大影响的建设项目环境影响评价文件。

(四)对违反主体功能区定位、突破资源环境生态保护红线、超过资源消耗和环境容量承载能力的地区,暂停审批对生态有较大影响的建设项目环境影响评价文件。

(五)对未依法开展环境影响评价即组织实施开发建设规划的地区,暂停审批对生态有较大影响的建设项目环境影响评价文件。

(六)其他法律法规和国务院规定要求实施区域限批的情形。

三、按日计罚

新《环保法》规定,"企业事业单位和其他生产经营者违法排放污染物,受到罚款处罚,被责令改正拒不改正的,依法作出处罚决定的行政机关可以自责令改正之日的次日起,按照原处罚数额按日连续处罚。"对于法律的这一原则规定,与新环保法同步实施的《环境保护主管部门实施按日连续处罚办法》明确提出,对 5 种违法排污行为可实施按日处罚,这 5 种违法行为包括:超过国家或者地方规定的污染物排放标准,或者超过重点污染物排放总量控制指标排放污染物的;通过暗管、渗井、渗坑、灌注或者篡改、伪造监测数据,或者不正常运行防治污染设施等逃避监管的方式排放污染物的;排放法律、法规规定禁止排放的污染物的;违法倾倒危险废物的;其他违法排放污染物行为。

《环保法》修订之前,我国环境保护法律和行政法规对环境违法行为的罚款处罚额度严重低于企业的防治污染成本和违法生产收益,"守法成本高,违法成本低"的现象普遍存在。这导致企业在利润最大化目标的引导下,宁可选择违法,承担相对轻微的法律责任,也不愿履行防治污染的法定义务。为解决这一问题,在总结和借鉴国内外已有经验的基础上,新《环保法》规定了按日连续处罚制度,即按照违法排污行为拒不改正的天数累计每天的处罚额度,违法时间越长,罚款数额越高,从而实现过罚相当,达到督促及时违法行为改正的目的。

四、限产停产

限制生产和停产整治主要针对超标、超总量排污的情形。对于一些长期超标、超总量甚至有毒污染物的排污者,仅靠行政处罚和责令限期改正等行政执法手段,已经无法督促其有效整改。环保部门可以根据严重程度,采取不同程度的限制措施,由轻至重分别是,限制生产、停产整治和停业关闭。

排污者有下列情形之一的,可以责令其采取停产整治措施:① 通过暗管、渗井、渗坑、灌注或者篡改、伪造监测数据,或者不正常运行防治污染设施等逃避监管的方式排放污染物,超过污染物排放标准的;② 非法排放含重金属、持久性有机污染物等严重危害环境、损害人体健康的污染物超过污染物排放标准三倍以上的;③ 超过重点污染物排放总量年度控制指标排放污染物的;④ 被责令限制生产后仍然超过污染物排放标准排放污染物的;⑤ 因突发事件造成污染物排放超过排放标准或者重点污染物排放总量控制指标的;⑥ 法律、法规规定的其他情形。判断要不要实施停产整治,主要有五个要点:一是逃避监管,二是排放特殊物质超标,三是超年总量排污,四是责令限产后仍超标,五是因突发事件超标、超总量排污。特别地,对于责令限产仍未改正的,要升级为停产整治。

限制生产一般不超过三个月;情况复杂的,经本级环境保护主管部门负责人批准,可以延长,但延长期限不得超过三个月。需要说明的是,尽管限制生产一般不超过三个月,但是限制生产的期限具体多长,并非由环保部门决定,而是取决于被限制生产的企业。企业到环保部门报备整改完成情况等有关信息,并向社会公开信息之时,就是环保部门解除决定之时。停产整治的期限,自责令停产整治决定书送达排污者之日起,至停产整治决定解除之日止。停产整治的期限是开放的,决定的解除与否不再依赖环保部门的监督检查,而是完全取决于排污者自身。企业什么时候完成整改,环保部门什么时候解除处罚决定。

第三章　环境管理机构职能

我国现行环境管理体制是统一监督与分级、分部门监督管理相结合的体制。统一监督管理与分级、分部门监督管理相结合的管理体制是由我国环境问题的严重性、综合性以及行政管理的高效率要求决定的。《环境保护法》规定：国务院环境保护主管部门，对全国环境保护工作实施统一监督管理；县级以上地方人民政府环境保护主管部门，对本行政区域环境保护工作实施统一监督管理。县级以上人民政府有关部门和军队环境保护部门，依照有关法律的规定对资源保护和污染防治等环境保护工作实施监督管理。本章主要就分部门监管展开讨论，重点为环境保护主管部门职责与职能。

第一节　环境管理机构的变迁

30 多年来，中国的环境管理机构差不多 10 年左右就变化一次，从最初的环境保护办公室发展到环境保护部。它既表明在政府职能中环境保护工作的地位在不断上升，也意味着中国希望通过强化政府的环境管理职能控制环境问题进一步恶化。

1973 年，国务院召开了第一次全国环境保护会议，审议通过了中国第一个环境保护文件——《关于保护和改善环境的若干规定》，成立了国务院环境保护领导小组及其办公室。这是中国不上编制的临时性的第一个环保机构。

1982 年国务院机构改革，撤销了国务院环境保护领导小组及其办公室，变为城乡建设环境保护部下属的环境保护局。实践中，与各部门和地方的工作协调十分困难。

1984 年，国务院大力清理撤销非常设机构，但还是作为一个"特例"，决定成立国务院环境保护委员会（不上编制）。

1988 年，国务院再次机构改革，国家环境保护局脱离建设部，成为直属国务院管理的副部级单位，这是一次具有质变的调整。

1998 年，在国务院撤销了十多个工业管理部门的情况下，国家环保局升格为国家环保总局，成为国务院直属的正部级单位，完成了一次历史性转变。国务院"三定"方案明确其职能定位为执法监督，职能领域包括污染防治、生态保护、核安全监管。

2008 年，十一届人大一次会议批准《国务院机构改革方案》，组建中华人民共和国环境保护部，不再保留国家环境保护总局。环境保护部的主要职责是，拟订并组织实施环境保护规划、政策和标准，组织编制环境功能区划，监督管理环境污染防治，协调解决重大环境问题等。这表明，环境保护部今后的职能配置将朝着统筹协调、宏观调控、监督执法和公共服务四个方向强化——参与国家的宏观决策已成其核心职能。

请思考:
　　国家环保总局与环境保护部的差别在哪里?
　　国家环保总局改名为环境保护部的背景是什么?

第二节　环境保护部机构与职能

环境保护部机构主要由四部分组成,分别是部机关、派出机构、直属单位、社会团体等。

一、部机关

根据第十一届全国人民代表大会第一次会议批准的国务院机构改革方案和《国务院关于机构设置的通知》(国发[2008]11号),环境保护部设14个内设机构:

办公厅:负责文电、会务、机要、档案等机关日常运转工作;承担信息、安全、保密、信访、政务公开等工作。

规划财务司:组织编制环境功能区划、环境保护规划;协调、审核环境保护专项规划;承担机关、直属单位财务、国有资产管理、内部审计工作。

政策法规司:拟订环境保护政策;承担涉及环境保护的其他政策的制定工作;起草法律法规草案和规章;承担机关有关规范性文件的合法性审核工作;承担机关行政复议、行政应诉等工作。

行政体制与人事司:承担机关和派出机构、直属单位的人事、机构编制工作;承担环境保护系统领导干部双重管理的有关工作;承担环境保护行政体制改革的有关工作。

科技标准司:承担环境保护科技工作;承担国家环境标准、环境基准和技术规范的拟订工作;参与指导和推动循环经济与环保产业发展。

污染物排放总量控制司:拟订主要污染物排放总量控制和排污许可证制度并实施;提出总量控制计划;考核总量减排情况;承担环境统计和污染源普查工作。

环境影响评价司:承担规划环境影响评价、政策环境影响评价、项目环境影响评价工作;监督管理环境影响评价机构资质和相关职业资格;对超过污染物总量控制指标、生态破坏严重或者尚未完成生态恢复任务的地区,承担暂停审批除污染减排和生态恢复项目外所有建设项目的环境影响评价文件的工作。

环境监测司:组织开展环境监测;调查评估全国环境质量状况并进行预测预警;承担国家环境监测网和全国环境信息网的有关工作。

污染防治司:拟订和组织实施水体、大气、土壤、噪声、光、恶臭、固体废物、化学品、机动车的污染防治法规和规章;组织实施排污申报登记、跨省界河流断面水质考核等环境管理制度;拟订有关污染防治规划并对实施情况进行监督。

自然生态保护司(生物多样性保护办公室、国家生物安全管理办公室):组织编制生态保护规划;提出新建的各类国家级自然保护区审批建议,对国家级自然保护区的保护工作进行监督;组织开展生物多样性保护、生物遗传资源、农村生态环境保护工作;开展全国生态状况评估;指导生态示范创建与生态农业建设;承担国家生物安全管理办公室的工作。

核安全管理司(辐射安全管理司):承担核安全、辐射安全、放射性废物管理工作,承担法律法规草案的起草工作,拟订有关政策;承担核事故、辐射环境事故应急工作;对核设施安全、放射源安全和电磁辐射、核技术应用、伴有放射性矿产资源开发利用中的污染防治实行监督管理;承担有关国际条约实施工作。

环境监察局:监督环境保护规划、政策、法规、标准的执行;组织拟订重特大突发环境事件和生态破坏事件的应急预案,指导、协调调查处理工作;协调解决有关跨区域环境污染纠纷;组织实施建设项目环境保护"三同时"制度。

国际合作司:研究提出国际环境合作中有关问题的建议;承办有关环境保护国际条约的履约工作;参与处理涉外的环境保护事务;承担与环境保护国际组织联系事务;承担外事工作。

宣传教育司:研究拟订并组织实施环境保护宣传教育纲要;组织开展生态文明建设和环境友好型社会建设的宣传教育工作;承担部新闻审核和发布。

2015年2月,中编办批复环境保护部不再保留污染防治司、污染物排放总量控制司,设置水环境管理司、大气环境管理司、土壤环境管理司。为此,环境保护部制定了内部机构调整实施方案,并于2016年3月启动。环境保护部三个"要素司"的成立和污防、总量两个司的取消并不是简单的合并重构,背后体现了当前中国环境治理思路的重大转变,即从总量控制向环境质量改善转型。

新"三司"的设立是伴随着治污形势变化提出的,面对雾霾问题不断突出,水污染事件、土壤污染事件不断涌现,污染物排放总量控制司和污染防治司出现内部职责和业务关系交叉,按原有的新、老污染源划分进行排放达标综合管理的手段越来越"力不从心"。在这种情况下,针对水、大气、土壤环境介质进行专项管理,给环保工作提供了新的"抓手"。"三司"是按照环境要素进行设置,以环境质量改善为总目标,以水、大气、土壤三个有明确质量要求的环境介质管理为核心业务,理顺内部职责和业务关系,提高工作效率,更好履行环境保护的各项管理职能,使中国的环境管理向系统化、科学化、精细化迈出了实质性的一步(尤蕾,2016)。

二、派出机构

自20世纪90年代以来,中国部分城市在完善城市环境管理体制方面做出了一些有益探索,国家监察、地方监管、单位自查的环境管理体制得到强化。其中,区域、流域环境保护派出机构的设置是对原有环境执法监督方式的创新和突破,有效弥补了日常监管不力和专项检查时效性差的不足,能够在完善环境保护管理体制,深化环境执法监督管理改革中发挥重要作用。在国家层面,环境保护部设区域环境保护督查中心,表3-1为各督查中心的具体划分及其负责区域。

表 3 - 1 环境保护部外派机构及其负责区域

外派机构	负责区域
华北环境保护督查中心	北京、天津、河北、山西、内蒙古自治区、河南
华东环境保护督查中心	上海、江苏、浙江、安徽、福建、江西、山东
华南环境保护督查中心	湖北、湖南、广东、广西、海南
西北环境保护督查中心	陕西、甘肃、青海、宁夏、新疆
西南环境保护督查中心	重庆、四川、贵州、云南、西藏自治区
东北环境保护督查中心	辽宁、吉林、黑龙江

作为环境保护部外派的区域督查机构,督查中心被认为是打破环境问题地方保护主义、加固国家与地方环保监察体制"链条"的有力环节,督查人员则被称为"环保钦差"。各区域环保督查中心是环境保护部直属事业单位,为执法监督的派出机构,受环境保护部委托,承担各区域环保督查工作,由环境保护部环境监察局负责联系与指导。

近年来,中央多次提出开展区域流域环保机构改革试点,《生态文明体制改革总体方案》提出"开展按流域设置环境监管和行政执法机构试点";《国民经济和社会发展第十三个五年规划纲要》提出"探索建立跨地区环保机构,推行全流域、跨区域联防联控和城乡协同治理模式"。这是在区域督查中心模式的基础上继续创新管理模式。从根本上说,探索进行跨地区环保机构试点的主要原因,是国家提出的许多重大环保理念如生态文明、绿色发展等,在地方上缺少强有力的体制来贯彻执行。中央的环保要求很高、下发的文件很多、环保法的规定也很严,但在具体执行落实中总有差距,很大的原因就是缺少一个中间环节,把中央关于环境保护的国家意志落实到地方实践中去。目前来看,区域环保机构是环保体制中的一个短板,建立跨地区环保机构是落实环保目标的一个关键性保障措施。

地方落实环保责任,最重要的途径是改变当地的经济社会发展方式、产业结构、产业布局等,而不是简单的配置一些污染治理设施,而中央环保机构远离地方的具体管理事务,很难控制地方的经济发展方式、产业布局等。中央环保机构只有数百人,面对三十多个省市自治区,实际上没有足够的能力对地方进行环保控制。环境保护部现在已经建立了六个区域环保督查中心,发挥了很大的作用,它们及时把地方的环保情况反映到中央环保机构,然后通过执法、督察等手段推动地方履行环保职责。但这些督查中心只是中央环保机构监督执法职能上的派出机构,地位比较弱,没有管理职能,所以它们还不能算是真正的区域环保机构。

建立跨地区环保机构的目的有两点:一是强化中央的环保事权和调控能力,通过建立跨地区环保机构把中央的国家意志更好地实施下去。二是监督并帮助地方政府履行环境保护法律责任,增强其执行能力。因此区域环保机构不仅是监督,也有帮助职能,这是区域环保机构的基本定位,通过它把中央的目标和地方的行动连接起来,把过去相对比较虚置的中央环保职能落到实处,树立权威。

长期来,我国环保管理体制有比较强的地方性和分散性,人员由地方任命,财政也来源于地方。这一体制在实践中容易导致地方保护主义,对地方政府及其相关部门的监督责任难以落实,也不利于统筹解决跨区域、跨流域环境问题。比如一些地方政府重发展、轻环保,发展硬、环保软;有些地方政府的地方保护主义严重,干预环保监测监察执法;环保责任不落实,往往地方政府的责任成为地方环境保护部门的责任。这些问题的存在,严重损害了环境监管的统一性、权威性和有效性,阻碍了国家环境治理体系和治理能力的现代化。

第三节　环保部门人事任免

一、选任制

选任制是指通过选举产生的方式来确定任用对象的任用方式。选任制公务员,是指按照法律和有关章程规定选举担任公务员职务的公务员,包括国家政府主席、国务院正副总理、各省(自治区、直辖市)政府正副省长(正副主席、市长)、各地级市政府正副市长、各县(县级市、区)政府正副县长(正副市长、区长)、各乡政府正副乡长,都分别由各级人民代表大会选举产生。各级政府组成部门的行政正职都是政府首长提名,由各级人民代表大会常委会通过并任命。

例如,十二届全国人大常委会第十三次会议 27 日下午经表决通过,决定免去周生贤的环境保护部部长职务,任命陈吉宁为环境保护部部长。2013 年 1 月 18 日广西壮族自治区第十一届人民代表大会常务委员会第三十二次会议通过决定任命檀庆瑞为广西壮族自治区环境保护厅厅长,免去梁斌的广西壮族自治区环境保护厅厅长职务。南宁市环保局局长是由南宁市市长提名,各级人民代表大会常委会通过并任命。

二、委任制

委任制是指由任免机关在其任免权限范围内,直接确定并委派某人担任一定职务而产生的公务员。中国公务员中的非政府组成人员主要是委任制的公务员。目前,中国公务员的任用以委任制为主。包括各级政府组成部门副职、各级政府直属机构负责人、各级政府直属事业单位负责人等一般都是政府直接任命,这就是委任制。

例如,2016 年 3 月 15 日国务院任命黄润秋为环境保护部副部长,免去吴晓青的环境保护部副部长职务。环境保护部党组 2014 年 6 月 17 日研究决定岳建华任华南环境保护督查中心主任、党组书记(试用期一年),免去其华南环境科学研究所所长、党委副书记职务。

三、聘任制

聘任制是指用人单位通过契约确定与人员关系的一种任用方式,又称聘用合同制,是相对委任制而言的。一般的做法是由用人单位采取招聘或竞聘的方法,经过资格审查和全面考核后,由用人单位与确定的聘任人选签订聘书,明确双方的权利义务关系和受聘人员职责、待遇、聘任期等。主要指一些专业技术较强的事业单位(如医院、学校)等,国有企

业负责人等一般都是由政府聘任,聘任期满,解除聘任关系。例如,2015 年 1 月 4 日中国工程院院士、中国环境科学研究院院长孟伟受聘清华大学双聘教授。

四、考任制

考任制是指用人单位或主管部门根据工作需要,公布范围条件,根据统一标准经过公开考试,识别、选拔领导干部的制度。中国已实行国家公务员考试制度,例如毕业生可以通过公务员考试进入环保部门进行工作。

第四节　环保机构相应的行政级别

中国行政级别采用五级划分:国家级、省部级、司厅局级、县处级、乡镇科级,各级分正副职。

全国人大、国务院、全国政协各部委正职干部(如环保部部长、人大环资委主任)属于省部级正职;全国人大、国务院各部委副职干部(如环境保护部副部长、总工程师、人大环资委副主任)属于省部级副职。

省级下属单位,国务院部委各司,各省、自治区、直辖市、新疆生产建设兵团厅局正职干部(如西北环境保护督查中心主任、环境保护部大气环境管理司司长、上海市环保局局长、广西壮族自治区环保厅厅长)都属于厅局级正职。以上部门副职干部属于厅局级副职。

市各单位局长(如贵阳市环保局局长),国务院部委各司所属处室正职干部(如环境保护部科技标准司环境标准管理处处长),各省、自治区、直辖市、新疆生产建设兵团厅局所属处室正职干部(如广西环保厅办公室主任),副省级市所属各局处室及区县各局正职干部(如南京市环保局政策法规处处长、南京市玄武区环保局局长),地级市(新疆兵团各师)所属各局正职干部(如广西桂林市环保局局长)都属于县处级正职。以上部门副职干部属于县处级副职。

县、县级市下属各局(如广西北流市环保局局长)、地级市局下属各处(如广西柳州市环保局规划与监测科科长)都属于乡科级正职。以上部门副职干部属于乡科级副职。

> 环境管理机构与排污企业的行政级别大小往往对环境管理工作带来诸多桎梏,行政级别低的地方环保部门难以对付行政级别高的当地排污重点大户。比如央企国企是环境管理中的中国特色问题,请思考:
> 1. 南宁市环境局局长是通过委任制产生,当某一污染项目为市长项目时,环保局该如何处理?这说明了中国环保部门人事任免存在哪些问题?
> 2. 对于当地一家污染严重,严重违法而固执不纠正的央企需要强制关停的,当地环保部门是否有权关停?这样的事情又该如何处理?

第四章　环境管理体制改革

第一节　中国环境管理现行体制特点

一、环境管理机构设置与行政区划高度同构性

环境管理体制中环境管理机构的设置与行政区划、层级设置一一对应,追求"上下对口,左右一致",呈现高度同构性。纵向上,环境管理机构按照政府组织从中央到地方的四个层次上下都对口设立,即中央、省(区、市)、市、县;横向上,环境管理机构的设置与现有各级行政区划幅度一致,即在 31 个省(区、市)、333 个地市、2862 个县都组建了环境保护厅、局。需要说明的是,针对环境问题的地域性特点而言,这样的环境管理机构设置难以回应现实的环境管理需要。尤其,目前环境管理实践中特别突出的区域、流域环境治理问题,对严格依照行政区划和科层体制设立的环境管理体制提出了创新的要求,处理好跨区域、流域环境问题是必须解决的难题。

二、环境管理权力配置同质化、部门化

环境管理机构的设置决定了其权力的配置结构,环境管理权配置主要表现为纵向结构和横向结构。纵向表现为中央与地方环境行政管理机关之间的控权与分权关系,横向表现为同级环境行政管理机关与其他相关职能部门之间、环境行政管理机关内部各部门之间的协调与平衡关系。通过前文对中央、地方各级环境行政管理机关的环境管理职权所做大致比对,可以发现其权力内容及行使基本是上下"条条对应",呈现高度同质特征。横向上,环境管理权在不同职能部门之间的具体分配,形成典型的"块块"权力结构,呈现出激烈的部门化权力争夺。

三、地方环境管理机构实行双重管理

中央环境管理机构与地方环境管理机构以及地方各级人民政府之间的环境管理职能划分不很清晰,一般而言,认为上级环境管理机构与下级环境管理机构之间不存在行政隶属关系,不是领导与被领导、监督与被监督的关系,只是指导与被指导的业务关系。地方环境管理机关受地方人民政府的管理和领导,其财政预算列入地方政府预算;地方各级环境管理机关实行双重管理体制,以地方人民政府管理为主,上级环境管理机关按照有关规定和权限积极配合,协助地方人民政府工作。

四、统管部门与分管部门的执法地位平等

统管部门与分管部门之间不存在行政上的隶属关系,在行政执法上都是代表国家依法行使执法权,其法律地位是平等的,没有领导与被领导、监督与被监督的关系;它们都属于环境管理机构,在环境保护的目标和性质上是一致的,只是在环境保护监督管理的分工方面不同,或者说监督管理对象和范围存在差异。但从环境保护实践看,依《环境保护法》规定,在制订环境保护规划和制订检测规范方法需要会同相关职能部门时,环境保护行政主管部门负责牵头主持;对其他环境管理机构从事环境监督管理活动出现的分歧,环境保护行政主管部门负责协调解决。

第二节　国外环境管理体制

一、统一管理

为了要对环境问题进行统一的管理,一些国家在分散管理模式的基础上建立了单一管理的模式。在单一管理的模式下,政府为了有效地消除环境污染,成立了专门的环境保护机构,该环境保护机构只负责管理环境,这种机构不管是在规模上、能力上还是在强度上都远远地弱于其他与经济发展有关的机构,在单一管理下的环境保护机构因为只负责管理环境与经济发展是相分离的,所以这两种不同的职能部门间的发展速度是永远不会同步的(武敏,2009)。

瑞士,环境管理趋向于集中的一种管理模式,始终是联邦环境、交通、能源通讯部,包括联邦环境局和国家森林局。挪威,1994年为环境部,包括自然管理局、国家污染控制局和文化遗产局,2014年变更为自然和环境部。希腊,环境、计划和公共工程部,而在2014年环境保护部门已独立出来,名称为环境、能源和气候变化部。冰岛,2014年,环境和自然资源部、渔业和农业部,将气候、能源和资源方面进行整合,归到统一的一个部门来管理。加拿大,1994年,有关环境与保护的机构共有环境部、公园管理局、自然资源部和核安全委员会,而在2014年,却已经整合成了环境部和核安全委员会。捷克,1994年设立环境部、矿业局和国家核安全办公室以监管环境保护,而在2014年,有关环境保护的职能却已由环境部统一行使。波兰,1994年,已经设立环境部、环境监察总局、能源管理总局,而在2014年却已统一归到环境部当中。爱沙尼亚,1994年爱沙尼亚的相关机构为环境部和环境监察局,而在2014年却已合并为环境部。瑞典,1994年,已经设立国家环境保护局、核能监察局、国家森林局、国家植物多样性局、国家水供应和污水监管机构等,而在2014年却已合并为一个机构,即气候与环境部。德国,1994年的相关机构为联邦环境、自然保护和核安全部,联邦食品、农业和林业部;而在2014年,除了维持联邦食品、农业和林业部的机构名称不变以外,还将建设职能合并到联邦环境、自然保护和核安全部,更名为联邦环境、自然保护、建设和核安全部。除此之外,还有西班牙、意大利、荷兰和拉脱维亚等国家,环境保护相关的部门也都进行整合,将环境、领土、海洋、自然资源等整合到大的环境保护部里面来,一起来管辖。这是趋向于集中的改革的一个可行方案。

二、精细化管理

精细化管理主要适用于环境问题还不太严重的一些国家。在环境管理体制上采用分散管理的国家,其环境管理权由国家中不同的部门来分别行使。就管理机构来说,一个部门既要管理环境又要对其他事务进行管理,协调起来比较容易,但它也有一定的不足,因为管理机关既有业务上的目标又有环境上的目标,在两者发生冲突时往往会牺牲环境利益而追求经济利益。也有部分国家,是将原来比较集中的管理,进行分散细化到一些部门来。比如美国、法国和英国,把原来在大的环境保护部管辖的核安全问题,单独列出来,成立一个核安全委员会或者一个部门。日本 1994 年的机构名称为环境厅(包括气候变化)、农林水产省和厚生劳动省;而在 2014 年,除了环境厅早已改名为环境省之外,农林水产省和厚生劳动省的名称没有改变,却单独成立核安全监管委员会。日本设立环境厅甚至环境省后,仍在十几个省厅中设立了具有一定职权的环境保护机构,比如在厚生省设有环境卫生局、在通产省设立土地公害局、在运输省设立安全公害课等。除此之外,像韩国、立陶宛、爱尔兰等国家也是将环保部门进行进一步精细化管理。

三、启示

1. 强化中央环境管理权力集中

从前述的部分典型国家环境管理体制演变过程和特征分析看,除了新加坡从一开始在体制、职责和功能上相对稳定外,其他发达国家都基本上有一个清晰的轨迹。这就是在环境管理专门机构成立之前,由于国家中央层面未能清晰认识到环境问题的严重性、长远性、潜在性,其对环境问题的管理职责基本上是采取的分散管理模式,主要分布在水利、资源管理、社会事业、健康等部门。到 20 世纪 70 年代左右,发达国家先后纷纷成立专门的环保管理机构,将以往分散的环境执法权力归并到专门机构中进行管理,其他部门起到辅助协调的功能。例如,1970 年美国总统把分散于农业部、健康教育和福利部(即现在的健康与保健部)、内政部及原子能委员会、联邦放射物管理委员会、环境质量委员会等部门的环境保护职能集中在一起,归环保局行使。经过 30 年的发展,美国环保局的职能逐渐加强。目前,美国环保局规模庞大,独立执法,权威很高。再如,韩国在 1994 年的政府机构改革中,增强了环境部的职能和权利,把建设部给水和废水处理局、健康和社会事务部饮用水管理处和国家健康研究所的水质监督部门都划归到环境部。为加强水质和流域的管理,韩国环境部于 1995 年成立了水质管理局环境调研处和仁川地区环境管理办公室,1998 年又把国家事务部的自然公园处划归到环境部,这是发达国家环境管理机构的第一次质的飞跃。这种权力集中的另一个特征就是各国普遍采取了提高环境主管部门的行政级别和在内阁中的地位。环境主管部门的行政长官一般都成为内阁成员,环境主管部门行政长官从以往在内阁中可有可无转变为核心内阁成员。这种转变本身就提高了环境管理机构的权威性和环境执法的地位,这种环境管理机构作为国家机器的重要组成部分无论是在发达国家还是发展中国家都必然对环境管理产生巨大的推动作用。虽然世界各国在这种转变的时间上并不完全同步,但有一个共同的现象就是环境保护机构行政级别的

升格,环境主管部门负责人的地位提升。对典型国家环境管理机构的统计分析中多数国家的环境保护机构是部级单位。例如,日本从1970年的环境厅到2001年升格为环境省,行政长官成为内阁成员;韩国1973年的健康和社会事务部卫生局设立污染防治处,1977年污染防治处升格为健康和社会事务部的司局级机构,称环境管理局,1980年设立独立的环境管理局,该局是一个相对独立的副部级中央机构,归口健康和社会事务部,1990年1月韩国环境保护主管部门升格为环境部,环境部是直属总理的机构;另外,澳大利亚也于1975年正式命名为环境部;法国环境部成立于1971年;1986年瑞典环境部成立;1990年保加利亚环境保护机构变为环境部。

2. 注重地方环境管理分权

发达国家在环境管理体制改革过程中除了加强中央环境管理部门的集中和机构的权威性外,另一个特征就是注重地方环境管理机构在环境职权上的分权。这一转变对于各国在强有力地控制环境恶化趋势,有效治理环境问题起到了重要作用,其机构的管辖范围和环境行政职权范围也不断扩宽,机构人员编制也不断扩大,尤其是当意识到环境污染问题涉及到相当复杂的技术时还大量扩增了在研究机构的编制和人员。但在这个发展过程中,尤其是一些经济较发达的大国,随着机构和人员的不断扩大也出现了在管理上的低效率现象。到20世纪90年代前后,这些国家开始高度重视公众、地方政府、民间环保组织以及企业实体在环保事业中的能动作用,在环境管理体制上开始从中央权力集中向地方政府、组织和机构重心下移的权力分散改革。这种权力分散改革的一个重要表现就是加强对地方环境保护机构的管理,这是国外环境管理体制改革和变迁过程中又一特色。国外环境保护主管机构逐渐将更多的环境管理职责交由州(省)地方政府或环境保护机构行使,或者在各地区设置直属于中央环境主管部门的地区分支机构,这样一方面调动了地方环境保护机构的积极性,另一方面也提高了环境保护主管机构的办事效率。例如,美国环保局EPA在全国共设有10个大区的区域性分支机构,加强对地方环境保护机构的管理。一个区负责若干个州,如第4个区负责的区域是美国南方的8个州。同时,美国每个州都设有环保部门,并根据本州的法律在联邦的框架下可以制定更为严格的环境保护法律法规和标准体系。但这种的权力分散与权威的中央环境管理机构成立之前的权力分散已经有了本质区别,分散下移的权力是为了更有利于推进环境保护效率的提高,更有利于调动全民的环保行动,更有利于发挥地方环境管理部门的主观能动性,而且自始至终都是在中央环保机构统一指导和监督下进行。因此,这种权力下移和分散实质上又形成了在发达国家环境管理体制改革的一次质的突变。这种第二次质变具有两个优点:一是环境保护更多的职能和行动通过民众、民间组织和地方政府来具体承担,提高了公众的参与性和监督能力,由以往环境保护被动保护转变为主动和全民关注的局面。二是对于中央环境管理部门而言,可以更多地从宏观层面对地方政府和组织进行监督、管理,可以从更高层面和视野着手制定国家中长期环境发展规划,为国家行政元首或最高立法机构提供环境法律法规等立法的提议。更重要的是,21世纪以来,由于全球环境问题尤其是全球气候变化等问题,中央层面的环境管理机构可以将更多的人力、物力和精力集中在这些问题上。

3. 构建高效环境管理协调机制

目前,各国建立环境主管部门与其他部门之间的协调交流机制已经成为各国环境管理体制改革和发展的一个趋势和主流。尽管这种机制在各国还没有形成一种统一模式和固定平台,但随着全球环境问题的凸显,各国对环境问题的深度重视,这种交流协调机制必然在今后的环境管理体制改革中起到重要支撑作用。就目前而言,这种协调交流机制主要有两种模式:一是由中央政府元首直接负责牵头形成的环境管理相关部门的协调机制;二是由环境管理主管部门行政负责人牵头的各部门之间的协调机制。这些协调机制的形成发展也有其自身的历史背景:一是因为环境问题的广泛性、国际性、综合性和复杂性等特点决定了要想高效地进行环境管理必须设置跨部门、高规格的环境管理协调机构。二是环境管理主管部门在中央政府或内阁中本身仅仅为一个部委局,不管国家或法律赋予它多大权限和地位,都很难使环境主管部门独立推进环境的可持续发展。三是因为环境问题本身从产生到发展都不是孤立形成和发展的,它本身都是与资源开发、经济增长相生相长的,而环境和经济这对矛盾体先天性注定了部门之间不可调和和尖锐的矛盾。四是在环境主管部门从成立开始,其涉及的职责范围不断扩张和增多,尤其是全球环境问题逐渐成为各国高度重视的议题之后,环保主管部门就必须与其他部门如外交部门等保持紧密的联系。在这样的背景下,如果没有一个良性的以环保主管部门为主、各部委之间的协调共商机制或平台,上述问题很难得到较好解决,至少在工作效率上会大打折扣;而且国外的许多实践也已经证明这种跨部门、高规格环境管理协调机构的设置对环境保护事务的有效开展起着不可估量的作用。

环境管理的协调机制有固定模式和非固定模式两类。例如美国国家环境质量委员会(CEQ)是根据《美国环境政策法》而设置的,是属于固定模式的环境协调机制。CEQ 设在美国总统办公室下,原则上是总统环境政策方面的顾问,也是制定环境政策的主体。其成员一般由 3 名在该领域学术造诣高、具有权威性的专家学者组成,一方面负责为总统提供环境管理宏观管理政策建议,制定有关长远环境计划;同时还代表总统负责协调各部门之间有关环境问题的管理。澳大利亚和新西兰环境与自然保护委员会由各管辖部门的部长组成,是国家和部级各部门间主要实施环境协调合作的机构,为交流信息和经验以及发展合作政策提供场所。国家环境保护委员会是法人机构,有权通过投票就国家环境保护事务设立国家法规、办法,如空气质量标准(但不包括生物多样性保护问题)。此外,除了各国建立有国家部委局之间的环境协调合作机构外,一般还设有跨区域的环境管理机构。这种跨区域环境协调机构一般由固定机构和人员组成,直接代表中央或各级政府进行环境管理的协调、合作和管理,尤其是对于一些自然管理、跨境、跨区域的环境管理非常有效,例如流域水资源管理、酸雨问题、跨境自然保护区、国家公园、生物多样性保护等,不受行政辖区界线的限制。跨区域的环境管理机构大致有两种类型:一是以美国、俄罗斯等为代表的分区环境管理机构;二是以法国、加拿大等为代表的流域环境管理机构。应该说,跨区域性环境协调管理机制对于我国自然地理多样、河流众多、国土面积广阔、环境污染类型复杂等特征而言具有很好的借鉴意义。另外,许多欧盟各成员国在展开环境政策一体化方面做出了较为成功的经验。例如奥地利、德国和葡萄牙,通常建立特设的和具体问题的工作小组或委员会,这在欧洲也越来越普遍。一些国家还在公共机构或部门之间建立更长期的环境政策一体化协调或沟通网络。

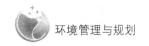

環境管理与規划

第三节　环境保护管理大部制改革

　　大部制是一种新型的环境管理体制,它是用相对比较少的政府组成部门来覆盖尽可能多的政府职能的一种管理体制,要求实现行政权三分(行政权三分是指对行政的决策权、执行权和监督权三分,对行政权是否三分、能否三分、如何三分,学界讨论比较激烈,并未形成统一的能够有说服力的争论结果)。其特点是扩大或者是整合一个部所管理业务职责的范围,把多种内容有紧密联系的事务交由一个部门管辖,最大限度地避免政府部门职能交叉、多头管理(刘志勇,2014)。

　　环境管理大部制改革是当前中国环境治理尤其是环境体制改革的焦点内容。大部制改革的提出,是针对当前我国环境保护横向上综合协调能力不强的问题。自20世纪80年代始,我国政府大力倡导结构化、专业化的公共管理机制,在此背景下,农业、林业、国土资源等多个部门先后被吸收到环境管理工作中,并最终形成多部门共同参与的环境管理工作格局。目前,我国环境管理职能被分割为三大块:污染防治职能分散在环保、海洋、港务监督、渔政、公安、交通等部门;资源保护职能分散在矿产、林业、农业、水利等部门;综合调控管理职能分散在环保、发改委、财政、工信、国土等部门。这种条块状的管理体制,虽强化了特定领域环境问题的管理,但却人为分割了本应由环境管理部门统一行使的职权,且与统一的环境生态系统存在结构性矛盾,使监管责任难以落实。中国环境与发展国际合作委员会(国合会)(2006)指出,法律规定环境保护部门只对本辖区的环保工作实施统一监管,土地、矿产、林业等部门按照资源要素分别对资源保护实施监督管理,这导致按照要素分割的管理和执法主体林立、权责分散、效率低下。世界银行(2010)认为,现行体制导致了部门之间的利益冲突和职责交叉,法律赋予环境保护部门的统一监管职责受到严重削弱。亚洲开发银行(2012)分析了除环境保护部以外12个部门的环境管理职能,认为虽然环境保护部的主要职责是"协调和解决重大环境问题"并相应获得了监督及协调跨部门的环境问题的权力,但由于未能完全解决众多具有环境职能的部门之间职责划分不明确的问题,其在环境问题上的协调能力依然薄弱。除了部门之间的职能交叉之外,世界银行(2010)还认为环境保护部内部也还存在诸如职能交叉(如污防司和总量司多项职责交叉)、职能空缺(如无司局负责地质环境)、职能分散(如排污申报、收费、许可由不同司局负责)、信息分享和管理困难等组织设置的问题。

　　环境管理大部制改革希望把原来分散在发展与改革部门、水利部门、农业部门等部门的核安全管理、水资源保护、土壤资源保护等环境管理职能,按照整体生态保护的紧密联系程度及职能整合的逐步推进需要,最大限度地交由环境主管部门管理(王清军,2010)。目前的大部制改革有三种整合方案:方案一,成立大的环境与资源部,除了要管环境污染的防控问题,还需要管生态保护、自然资源可持续利用的管理和保护,但是牵扯到的部门太多,阻力太大。方案二,把环境与生态的工作整合起来,归为环境部,把生态保护的工作全部纳到环境保护的管理工作范围,变成大的环境部。比如,自然保护区的审批工作和湿地保护的工作,原来都属于林业部门管理,可以将林业部门当中自然保护区的审批工作和

· 62 ·

湿地保护工作归到环境部来管;水利部的水土保持问题,国土部有关耕地、基本农田、地质环境和矿产开发管理,农业部的渔业和农垦工作,海洋局的海洋环保问题以及属于发改委的气候和环资,都归到环境部。方案三,在原来环境保护部的基础上,再强化一些生态保护的功能,比如只将林业部中牵扯到生态保护的部门归到环境保护部,其他的不变,但是改革前进的步伐也会略显得小。

从我国现实国情看,一步到位、统合诸多部委职责从而形成"超级大部"的想法,既不科学,也不现实。2008年之前的相关研究对于生态环境保护体制的建议倾向于两个方面:一是设立环境大部制,扩大现有环境保护部门的职权范围,将其他部委与环境资源相关的职责并入环境保护部,提高环境保护部的宏观调控能力,确保政府将环境问题纳入制定发展政策的各个方面,这主要来自于世界银行(2001)、亚洲开发银行(2007)和经合组织(2006)报告的建议;二是将当时的国家环境保护总局直接升格为环境保护部。国合会(2006)的报告指出:"建议将国家环保总局升为国务院组成部门,成立环境保护部",美国能源基金会(2006)和美国自然资源保护委员会(2007)也有类似的建议。当时的改革方案采用了后者,将国家环境保护总局升格为环境保护部,但部门间的权责交叉和重叠问题仍未解决。我国《生态文明体制改革总体方案》提出"建立和完善严格监管所有污染物排放的环境保护管理制度,将分散在各部门的环境保护职责调整到一个部门,逐步实行城乡环境保护工作由一个部门进行统一监管和行政执法的体制"。未来一个时期,真正"大部制"将是我国环保改革的主攻方向。

2018年3月13日,第十三届全国人民代表大会第一次会议审议国务院机构改革方案中提出组建生态环境部和自然资源部,不再保留环境保护部、国土资源部、国家海洋局以及国家测绘地理信息局。

生态环境部将环境保护部的职责,国家发展和改革委员会的应对气候变化和减排职责,国土资源部的监督防止地下水污染职责,水利部的编制水功能区划、排污口设置管理、流域水环境保护职责,农业部的监督指导农业面源污染治理职责,国家海洋局的海洋环境保护职责,国务院南水北调工程建设委员会办公室的南水北调工程项目区环境保护职责统一管理。整合分散的生态环境保护职责,统一行使生态和城乡各类污染排放监管与行政执法职责,加强环境污染治理,保障国家生态安全,建设美丽中国。

自然资源部将国土资源部的职责,国家发展和改革委员会的组织编制主体功能区规划职责,住房和城乡建设部的城乡规划管理职责,水利部的水资源调查和确权登记管理职责,农业部的草原资源调查和确权登记管理职责,国家林业局的森林、湿地等资源调查和确权登记管理职责,国家海洋局的职责,国家测绘地理信息局的职责统一。着力解决自然资源所有者不到位,空间规划重叠等问题,实现山水林田湖草整体保护,系统修复以及综合治理。

第四节 垂直管理制度改革

垂直管理是我国政府管理中的一大特色,而且在行政体制改革中作为中央对地方进行调控的重要手段有不断被强化的趋势。我国目前比较重要的政府职能部门,主要包括履行经济管理和市场监管职能的部门,如海关、工商、税务、烟草、交通的中央或者省级以下机关多数实行垂直管理。垂直管理和分级管理(即属地化管理)是相对而言的。采用属地化管理机制的政府职能部门通常实行地方政府和上级同类型部门的"双重领导",上级主管部门负责管理业务"事权",地方政府负责管理"人、财、物",且纳入同级纪检部门和人大监督。政府职能部门实行垂直管理,就意味着脱离地方政府管理序列,不受地方政府监督机制约束,直接由省级或者中央主管部门统筹管理"人、财、物、事",垂直管理具有管控能力强、问题处理灵活高效的特征。当前我国开展的省以下环保机构监测监察执法垂直管理改革,目的就是建立条块结合、各司其职、权责明确、保障有力、权威高效的地方环保管理体制,确保环境监测监察执法的独立性、权威性、有效性。

省以下环保机构监测监察执法垂直管理改革主要针对以下几方面:一是市、县环保部门职能上收。市、县两级环保部门的环境监察职能将由省级环保部门统一行使,通过向市或跨市县区域派驻等形式实施环境监察。现有的市级环境监测机构将调整为省级环保部门驻市环境监测机构,由省级环保部门直接管理,人员和工作经费均由省级承担。二是取消属地管理。市级环保局将改变之前的属地管理,实行以省级环保厅(局)为主的双重管理,虽然仍为市级政府工作部门,但主要领导均由省级环保厅(局)提名、审批和任免;而县级环保局将直接调整为市级环保局的派出分局,由市级环保局直接管理,其人财物及领导班子成员均由市级环保局直管。三是强化地方政府的环境保护责任。进一步强化地方各级党委和政府环境保护主体责任、党委和政府主要领导成员主要责任,完善领导干部目标责任考核制度,把生态环境质量状况作为党政领导班子考核评价的重要内容。

简言之,垂直管理制度改革之后,环境监测执法将呈现省级部门权力扩大、市县执法重心下移、人事任免权力调整、地方环保责任增强等重大变化。垂直管理制度改革涉及基层环保机构体制、机构、人员的变革,以及监测、监察、执法、许可等制度的重构,是对地方环境保护管理体制进行的一项完整性、协同性、综合性的基础变革。改革后,环境管理、环境监测、环境执法、环境监察等四项事权在统一之下分置,具体为:① 在环境管理事权方面,将县级环保部门现有的环境保护许可等职能上交市级环保部门,在市级环保部门授权范围内承担部分环境保护许可具体工作。这意味着,县级环境保护部门承担的环境影响评价、许可证颁发等涉及项目审批的环境行政许可工作,将上收至市级环保部门。这种上收事权的改革,会预防一些小、散污染企业上马。② 在环境监测事权方面,省级和各市县的生态环境质量监测、调查评价和考核工作由省级环保部门统一负责,实行生态环境质量省级监测、考核。现有市级环境监测机构调整为省级环保部门驻市环境监测机构,由省级环保部门直接管理,人员和工作经费由省级承担;领导班子成员由省级环保厅(局)任免。这项改革可以保证环境监测工作不受市县人民政府行政力量的干扰,保证监测数据的真实性,更可以保证以监测数据为基础实现的自然资产离任审计制度、生态文明建设目标责任制度和环境保护督察制度的落实。③ 在环境执法事权方面,环境执法重心向市县下移,把县级环保局调整为市级环保局的派出机构,由市级环保局直接管理;市级环保局统一管理、统一指挥本行政区域内县级环境执法力量,由市级承担人员和工作经费;县级环保部门强化现场环境执法,实施现场检查、行政处罚、行政强制,强化属地环境执法,有利于县级环境保护部门扬长避短,集中力量开展执法。为防止执法人员腐败,建议借鉴北京市昌平区安全生产监管执法分队的经验,建立县级环境保护执法人员区域轮岗制度。④在环境监察事权方面,将市县两级环保部门的环境监察职能上收,由省级环保部门统一行使,通过向市或跨市县区域派驻等形式实施环境监察。监察结果,包括市县党委和政府的环境保护履职情况,由省级环保部门向省级党委和政府报告,使省级环保部门获得了开展环保统一监管的权力。

第五节　资源环境离任审计

创新性地开展资源环境离任审计工作,有利于防止自然资源过度消耗、浪费甚至破坏,对于促进转变经济发展方式、推动资源节约型和环境友好型社会建设、推进国家治理现代化具有重要意义。对领导干部进行自然资源资产离任审计,是对领导干部经济责任审计的拓展和延伸,为落实领导干部政绩考核和生态责任考核提供重要参考依据,有利于领导干部贯彻落实"保护生态环境就是保护和发展生产力"这一理念,有利于领导干部更好地履行自然资源资产决策和管理职责。

资源环境离任审计的核心工作是自然资源资产负债表的编制和应用。一般理解,所谓资产负债表又称为财务状况表,反映一个企业在一定时期(日历年度或财务年度)内的资产、负债及其相互关系的会计报表或分析表。资产负债表所针对的主要是企业,反映企业的资产、负债及其平衡变化情况。显然,资产大于负债产生盈余(又称企业或业主权益),负债大于资产则产生赤字,又称资产赤字或净负债。前者有利于企业的可持续发展,后者则不利于企业的经营与发展。自然资源资产负债表,基本上可以套用上面的解释,即反映一个国家或地区在一定时期内的自然资源资产的增加和减少及其平衡关系的分析表格。通常情况下,自然资源资产负债表适用的是国家或地区,反映的是该国家或地区年度内、规划期内、政府届内或领导干部任期内的自然资源资产的变化及使用等情况。显然,自然资源资产数量增加、质量改善或价值增值,表明该国家或地区自然资源资产增加或增值,有利于国家或地区的可持续发展,反之亦然。联合国统计署等国际机构发布的《环境经济综合核算体系——核心框架》(2012修订版),将自然资源资产负债表分为矿产和能源资源资产账户、土地资源资产账户、土壤资源资产账户、木材资源资产账户、水生资源资产账户、其他生物资源资产账户、水资源资产账户等7个资源资产账户或资产负债表。由国家统计局牵头制定的《编制自然资源资产负债表试点方案》,结合我国自然资源资产管理中的问题和工作基础,明确现阶段我国自然资源资产负债表主要由土地资源资产负债表、林木资源资产负债表和水资源资产负债表构成,部分试点地区可结合当地实际探索编制矿产资源资产负债表。显然,从内容上看我国自然资源资产负债表还不全面。

所谓资源环境审计,是国家审计机关及其授予机构,依照国家相关法律法规、审计准则、会计理论、专业规程、技术标准等,对政府、企事业单位等行为主体的资源环境相关活动及其效果、社会经济活动的资源环境效果等,进行审查、监督、评价及追溯的活动。领导干部自然资源资产离任审计,是自然资源资产审计的一种特定形式:一是将审计对象明确限定为"领导干部",这是抓住了自然资源资产的责任主体。自然资源资产的主要责任在

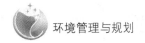

各级党委政府,关键在各级党委政府主要领导。二是将审计时间明确限定为"离任"。这是由自然资源资产变化的长期性、累积性特点所决定的,也与干部离任审计的总体要求是一致的。

自然资源资产审计,其要点至少包括三个方面,即审计内容、审计责任界定、审计结果运用。其中,关于审计内容,从理论上讲,应对自然资源资产本身的变化情况进行审计,同时亦应对各级党委政府及其主要领导在自然资源资产保值增值方面的主观努力进行审计。审计责任界定,确实是个难题,一个地区的自然资源基础及其变化是受多重因素的影响,既有人为因素,也有自然因素;既有任期内因素,亦有历史因素;既有领导干部因素,也有普通干部群众因素。

延伸阅读

第五章 大气环境管理

中国的大气环境问题,实质上是管理问题,即大气环境管理问题。大气环境管理主要是管控气体废弃物,即废气,也称空气污染物或者大气污染物等。从 1948 年美国多诺拉烟雾事件到 1952 年伦敦烟雾事件,可见,大气环境污染及其管理是一个长期存在的问题。目前世界范围内的气体废弃物排放和大气环境污染仍然是一项最主要的环境问题,特别是在一些发展中国家的城市,大气污染更加普遍,成为这些城市环境管理的重要内容。气体废弃物管理和大气环境污染控制涉及的领域非常广泛,目前还没有形成气体废弃物管理的统一理念。一般而言,气体废弃物管理,或称为大气环境污染管理主要包括以下一些重要领域(叶文虎,2013):一是清洁能源使用,包括煤炭、石油等常规能源的清洁利用,开发利用新能源和可再生能源,发展各项节能技术;二是发展绿色交通和机动车尾气控制;三是末端治理技术和大气环境自净能力利用。

第一节 大气环境管理的管控对象和目标

中国政府对于大气环境质量问题非常重视,20 世纪 70 年代启动大气污染防治工作以来,中国的大气环境管理控制史即大气污染防治历程,大体可以分为以下五个阶段,在不同的历史时期有不同的管控对象和目标(郝吉明,2014)。

表 5-1 不同时期主要大气污染物和污染源管控对象表

时期/阶段	主要管控的大气污染物	主要管控的大气污染源
1970—1990 年	悬浮颗粒物	工业点源
1990—2000 年	二氧化硫和悬浮颗粒物	燃煤型污染源
2000—2010 年	二氧化硫、氮氧化物、PM_{10}	机动车船污染源
2010—2015 年	二氧化硫、氮氧化物、PM_{10}、$PM_{2.5}$、O_3	废气、尘和恶臭污染源
2015—2020 年	二氧化硫、氮氧化物、PM_{10}、$PM_{2.5}$、VOC_S	汽车尾气等流动污染源、VOC_S 排放源

总的来说,中国大气污染物的控制是一个从点源控制到集中控制(亦是从单一污染物控制到多污染物控制)、从关注酸雨到关注灰霾问题、从总量控制到浓度控制、从控制工业排放到控煤与控车的过程。

第二节　大气环境管理的现状

近年来,通过实施一系列的大气环境管理措施,中国的大气环境质量有所改善,但总体上仍不容乐观,大气污染形势依然严峻(郝吉明,2012)。

一、霾问题日益突出

由世界银行数据可知,$PM_{2.5}$污染主要集中在亚洲大部分地区,中国尤其严重,其次是北非地区(白春礼,2014)。中国随着工业化进程的大步迈进,近20年间$PM_{2.5}$数值提升了26%,到2013年,年平均浓度已到达54.3 $\mu g/m^3$,为世界最高值(图5-1)。

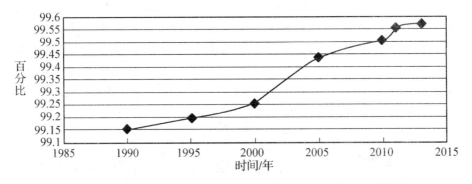

图5-1　中国$PM_{2.5}$1985—2015年来的浓度超出WHO标准的天数百分比

2015年,全国338个地级以上城市全部开展空气质量新标准监测。监测标准包括细颗粒物($PM_{2.5}$)、可吸入颗粒物(PM_{10})、二氧化硫、二氧化氮、一氧化碳、臭氧8小时浓度限值监测指标。据2015中国环境状况公报显示,338个城市达标天数比例在19.2%—100%之间,平均为76.7%;平均超标天数比例为23.3%,其中轻度污染天数比例为15.9%,中度污染为4.2%,重度污染为2.5%,严重污染为0.7%,全国仅仅6个城市没有雾霾,达标天数比例为100%(微信,中国大气网)。根据《2016年第一季度中国362座城市PM2.5浓度排名》,全国参加排名的362个城市中,竟然没有一个城市达到世界卫生组织设定的$PM_{2.5}$空气质量准则值(年平均浓度10 $\mu g/m^3$)。

二、酸雨问题依然严峻

据《2016中国环境状况公报》,全国474个监测降水的城市(区、县)中,酸雨频率平均值为12.7%,出现酸雨的城市比例为38.8%。全国降水pH年均值范围在4.1(湖南株洲)—8.1(新疆库尔勒)之间。其中,酸雨(降水pH年均值低于5.6)、较重酸雨(降水pH年均值低于5.0)和重酸雨(降水pH年均值低于4.5)的城市比例分别为19.8%、6.8%和0.8%,酸雨区面积约69万平方千米,占国土面积的7.2%,比2015年下降0.4个百分点;其中,较重酸雨区和重酸雨区面积占国土面积的比例分别为1.0%和0.03%。酸雨污染主要分布在长江以南—云贵高原以东地区,主要包括浙江、上海、江西、福建的大部分地

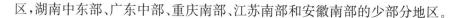

区,湖南中东部、广东中部、重庆南部、江苏南部和安徽南部的少部分地区。

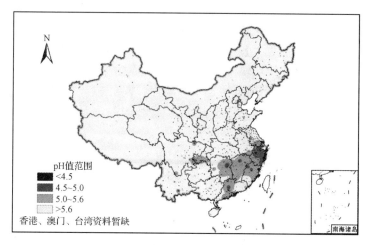

pH值范围
■ <4.5
■ 4.5~5.0
5.0~5.6
>5.6

香港、澳门、台湾资料暂缺

南海诸岛

图 5 - 2　2015 年全国降水 pH 年均值等值线分布示意图

三、VOCS 管控艰难

挥发性有机化合物是指各种人类活动和生物代谢排放到大气中的挥发性有机化合物的总称,是导致灰霾天气形成的原因之一,也是大气污染防治中需要重点防控的部分。VOCS 是形成 $PM_{2.5}$ 和 O_3 的关键前体物,是复合型大气污染的重要诱因。目前中国城市大气中的 VOC_s 浓度已经达到较高水平(柴发合,2006),且中国 VOCs 管理起步晚,相关的政策法规还未完善,给管制工作造成很大的难度。

第三节　中国大气环境管理的主要制度和措施

一、大气环境管理主要的法律法规、标准和政策

新中国成立以来,在环境法制的建设上就很注重有关大气污染的防治,最早在 1956 年就出台了《关于防止厂矿企业硅尘危害的决定》。自 20 世纪 70 年代以来,我国大气污染的相关部门也不断加强大气环境保护力度,颁布了很多大气污染防治的法律法规,也采取了一些以消除烟尘保护大气环境为目的的防治措施,这也是我国具有环保意义的大气污染防治行动。这些行动主要包括陆续颁布了《工业企业设计卫生标准》和《工业"三废"排放试行标准》,在我国实施改革开放以后,又试行了我国的《环境保护法》,该法中规定了一些基本性和纲领性的问题。1987 年我国制定了《大气污染防治法》,2000 年,我国《大气污染防治法》总量控制制度做出了修订,不仅明确了总量控制的制度取向,还进一步将"两控区"作为我国实施总量控制制度的重点区域,规定了总量控制制度的配套措施,如排污许可证制度等。2011 年 9 月,《重点区域大气污染联防联控"十二五"规划》(征求意见稿)要求,排污许可证应明确允许排放污染物的名称、种类、数量等,未取得排放许可证的企业

不得排放污染物。2013年,国家环境保护部发布了《轻型汽车污染物排放限值及测量方法(中国第Ⅴ阶段)》(国Ⅴ标准)二次征求意见稿,其中首次将细颗粒物($PM_{2.5}$)纳入污染物控制项目,加严了氮氧化物等污染物的限值。2013年,在国务院制定的《大气污染防治行动计划》中已经明确表示,未来五年内,我国大气污染防治总投资的预算约1.7万亿元。

按照法律层次的高低排列来说,我国现行大气污染防治的法律体系主要如下:首先是国家的根本大法《宪法》,其次是环境保护基本法律《环境法》,然后是各项能源单行法律,以及有关环境与资源保护的单行性法规、行政法规和国务院等部门出台的行政规章中针对于温室气体减量排放的法律规范。

二、大气相关标准的管理

1. 大气环境质量标准

《环境空气质量标准》是规定环境空气中的主要污染物在一定的时间和空间范围内所容许的含量,一般用每立方米空气中污染物在一小时、一日、一年内平均有多少毫克或微克来表示。标准的意义首先反映的是人群和生态系统对环境质量的综合要求,如新标准中增加了细颗粒物($PM_{2.5}$)和臭氧(O_3)8小时浓度限值监测指标,以使环境空气质量评价结果更加接近民众的切身感受。作为质量标准,各国的标准中对于二氧化硫等典型污染物浓度的限值相差不大,正如人的血压正常指标值全世界基本一样。其次,在保障人体健康的前提下,标准也在一定程度上反映了社会为控制污染危害,在技术上实现的可能性和经济上可承担的能力,如环境限值在不同的功能区和不同的社会发展阶段对不同污染物的要求有所区别。因此,环境质量标准在标准体系中处于最上层的位置,它既是大气环境保护的目标值,也是评价环境质量好坏的准绳,是修订污染物排放标准、划定大气污染物排放总量控制区、确定重点污染控制区、修订污染防治规划、开展污染物区域联防联控等其他环境管理的依据。中国大气环境质量新老标准比较见表5-2。

表5-2 大气环境新老标准比较表

1982年标准	规定了TSP、飘尘、SO_2、NO_x、O_3浓度限制和监测方法;首次将大气环境质量区划划分为三类。
1996年标准 GB3095—1996	增加了PM_{10}、NO_2、Pb、苯并芘、氟化物等指标,删除了飘尘指标,规定了监测有效性的标准。
2000年标准	删除NO_x指标;放宽了NO_2二级标准限值;放宽了一级标准小时平均浓度限值和二级标准小时平均浓度限值;还规定了API的计算方法。
2012年标准 GB3095—2012	增设了$PM_{2.5}$平均浓度限值和O_3 8小时平均浓度限值;收紧了PM_{10}等污染物的浓度限值;收严了监测数据统计的有效性规定;"三类区"变"二类区"。

与国际相比,新《标准》总体偏严,主要体现在标准中项目的数量与限值两个方面。表5-3是我国与部分国家的大气环境质量标准中的污染物项目比较。从表中可以看出,我国新标准中规定的污染物种类较多。

表5-3　国内外环境空气质量标准中污染物项目

国家/地区	环境质量标准中污染物项目
中国	SO_2、NO_2、CO、O_3、PM_{10}、$PM_{2.5}$、TSP、NO_x、Pb、$B[a]P$;另在(资料性附录中:Cd、Hg、As、Cr^{+6}、F)
美国	SO_2、NO_2、CO、O_3、$PM_{2.5}$、PM_{10}、Pb
欧盟	SO_2、NO_2、CO、O_3、PM_{10}、$PM_{2.5}$、Pb、C_6H_6、$B[a]P$、As、Cd、Ni、NO_x
澳大利亚	SO_2、NO_2、CO、O_3、PM_{10}、$PM_{2.5}$、Pb
中国台湾	SO_2、NO_2、CO、O_3、PM_{10}、TSP、Pb
日本	SO_2、NO_2、CO、O_3、PM_{10}、C_6H_6、光化学氧化剂、三氯乙烯、四氯乙烯、二氯甲烷、$B[a]P$、$PM_{2.5}$
印度	SO_2、NO_2、CO、O_3、PM_{10}、$PM_{2.5}$、Pb、NH_3、C_6H_6、$B[a]P$、As、Ni
泰国	SO_2、NO_2、CO、O_3、PM_{10}、TSP、Pb

再从主要污染物项目的限值来看,一部分污染物的浓度限值为世界最严,一部分稍宽,但总体水平偏严。如二氧化硫的一级标准在国际上最严,二级标准处于中等偏严水平。对PM_{10},我国一级标准日均浓度限值与欧盟、英国持平,比美国、韩国、日本严格,二级标准比其他国家或地区基本持稍高。对于$PM_{2.5}$,国际上年均浓度限值为15—40 $\mu g/m^3$,我国一级标准为15 $\mu g/m^3$,二级标准为35 $\mu g/m^3$;日均浓度限值国际上为25—65 $\mu g/m^3$,我国一级标准为35 $\mu g/m^3$,二级标准为75 $\mu g/m^3$。

大气标准延伸

2. 大气污染物排放标准

大气污染物排放标准是根据环境质量标准、污染控制技术和经济条件,对排入环境有害物质和产生危害的各种因素所做的限制性规定,是对大气污染源进行控制的标准,它直接影响到中国大气环境质量目标的实现。中国的大气污染物排放标准自1973年公布第一个环境排放标准《工业"三废"排放试行标准》以来,经历了1985年前后各行业制定排放标准(第一阶段),1996年前后的标准整顿、清理和制修订(第二阶段),以及2000年以后的制修订快速发展(第三阶段)三个重要阶段。第二阶段排放标准均与环境质量标准的三类功能区相对应,执行分类分级标准;第三阶段排放标准对重点行业规定了大气污染物特别排放限值和企业厂界的排放限值,不再与环境空气质量功能区相对应。与空气质量功能区挂钩,旨在体现"高功能区高保护、低功能区低保护"思路,充分利用有限的资源最大化保护环境,同时可简化环境管理工作,能够满足当时环境管理的需要。

从2001年至今,中国固定源大气污染物排放标准体系有了长足的发展。环境保护部加快完善大气污染物排放标准体系,发布了火电、炼焦、钢铁、水泥、石油炼制、石油化工等重点行业35项大气污染物排放标准,继续加强对颗粒物、二氧化硫、氮氧化物等污染物排放控制。截至目前,现行国家大气污染物排放标准达到75项,控制项目达到120项,行业型、通用型排放标准和移动源排放标准控制的颗粒物、二氧化硫、氮氧化物均占全国总排放量的95%以上。

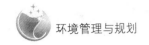

三、大气环境容量管理和总量控制

1. 大气环境容量

有效地解决大气污染问题,就必须详细掌握区域大气污染源分布和排放情况,结合区域内建设和经济发展状况、污染现状和气象条件等因素,通过适合的大气扩散模型进行扩散模拟,建立起大气污染源排放与区域大气污染的输入响应关系,掌握区域大气环境容量,进行大气污染源的合理消减和最优化分布,建立空气质量达标的途径和方法,实现污染物排放总量控制。

大气环境容量是指在特定区域内、一定气象条件、一定自然边界条件以及一定的排放源结构条件下,在满足该区域及城市大气环境质量目标前提下所允许的大气污染物最大排放量。目前常用的大气环境容量估算方法主要有箱模型法(或 A—P 值法)、模拟法、线性规划法等(针对大尺度区域的大气环境容量综合估算方法)。其中,箱模型法在城市、工业集聚区等地区得到了较多应用,主要适用于尺度较小的区域;模拟法在大气环境容量评估工作中得到了广泛的应用,相比箱模型法,其输入要求高、计算量大;在容量的区域配置方面,模拟法一般采用等比例或平方比例削减技术,不具有区域优化特性;线性规划法可以像模拟法一样较细致地反映"排放源—受体"的响应关系,同时可以在区域上对环境容量进行优化配置,因此得到了十分广泛的应用,但该方法由于受到线性响应关系的制约,一般不能处理非线性过程显著的二次污染问题。大气环境容量评价的污染因子主要包括 SO_2、NO_x、可吸入颗粒物 PM_{10},近年来细颗粒物 $PM_{2.5}$ 也逐步纳入计算范畴。

2. 总量控制

总量控制是以控制一定时段内一定区域内排污单位排放污染物总量为核心的环境管理方法体系。总量控制是一种比较科学的污染控制制度,它是在浓度控制对经济的增长和变化缺乏灵活性,执行标准中忽视经济效益的现实中应运而生的。总量控制绝不仅仅是一种将总量削减指标简单地分配到污染源的技术方法,而是将区域定量管理和经济学的观点引入到环境保护中的综合考虑。

我国大气污染物总量控制起步于 2006 年起实施的国家"十一五"规划,期间只控制一种污染——二氧化硫;到"十二五"规划,又增加一种污染物,即同时控制二氧化硫与氮氧化物;"十三五"规划将进行总量控制的大气污染物又增加了区域性的"重点地区重点行业挥发性有机物"。经评估,过去 10 年间,已经纳入总量控制的二氧化硫、氮氧化物,已达到峰值并开始呈现逐步下降的趋势,总量控制政策取得了明显效果。国务院发展研究中心资源与环境政策研究所的相关研究显示,挥发性有机化合物排放预计在 2020 年左右达到峰值,亟须总量政策落地。

目前,环境保护主管部门将二氧化硫、氮氧化物等排放是否符合总量控制要求作为建设项目环境影响评价审批和重点行业发放排污许可证的前置条件。

四、两控区

两控区是指酸雨控制区或者二氧化硫污染控制区的简称。旧版《大气污染防治法》规定,根据气象、地形、土壤等自然条件,可以将已经产生、可能产生酸雨的地区或者其他二氧化硫污染严重的地区,划定为酸雨控制区或者二氧化硫污染控制区,即"两控区"。一般来说,降雨 pH≤4.5 的,可以划定为酸雨控制区;近三年来环境空气二氧化硫年平均浓度超过国家二级标准的,可以划定为二氧化硫污染控制区。根据上述基本条件,划定"两控区"的总面积约为 109 万平方千米,占国土面积 11.4%,其中酸雨控制区面积约为 80 万平方千米,占国土面积 8.4%,二氧化硫污染控制区面积约为 29 万平方千米,占国土面积 3%。

《国务院关于环境保护若干问题的决定》和《国家环境保护"九五"计划和 2010 年远景目标》提出了"两控区"分阶段的控制目标,即到 2010 年使酸雨和二氧化硫污染状况明显好转,具体为:到 2010 年,"两控区"内二氧化硫排放量控制在 2000 年排放水平之内;"两控区"内所有城市环境空气二氧化硫浓度都达到国家环境质量标准;酸雨控制区降水 pH≤4.5 地区的面积明显减少。为实现"两控区"2010 年污染控制目标,在执行已有的环境管理法律、法规和政策的基础上,还应进一步实施更有利于控制二氧化硫污染的政策与措施。加大两控区酸雨和二氧化硫污染防治力度,限产或关停高硫煤矿,加快发展动力煤洗选加工,降低城市燃料含硫量;淘汰高能耗、重污染的锅炉、窑炉及各类生产工艺和设备;控制火电厂二氧化硫排放,加快建设一批火电厂脱硫设施,新建、扩建和改建火电机组必须同步安装脱硫装置或采取其他脱硫措施。

由于"未达标区和两控区实行总量控制"的现行规定与"全国范围总量控制"的客观形势需要已不相适应,新版大气法已删除"两控区"的有关规定。

五、大气排放权交易

引入市场机制,通过排放权交易来控制大气污染物的排放总量,已经成为解决环境污染问题努力尝试的一个方向。所谓排放权交易,是指在污染物排放总量指标确定的前提下,利用市场机制,建立合法的污染物排放权利即排污权,并允许这种权利可以像商品那样被买卖,以此来进行污染物的总量控制,最终达到减少污染物排放量,保护环境的目的。

1. 碳排放权交易

中国排污权理论的研究始于 20 世纪 80 年代,国内的碳排放权交易理论发展还不够成熟,在国家环保总局统一组织下进行的排污权交试点工作于 20 世纪 90 年代才开始,目前已在七省市——北京市、天津市、上海市、重庆市、广东省、湖北省、深圳市启动碳交易试点。

具体流程:① 环境管理部门依据某区域的环境质量目标评估该区域的大气污染物环境容量,推算出二氧化碳最大的允许排放量;② 将二氧化碳的最大的允许排放量划分成若干碳排放权;③ 环境管理部门采用公开拍卖、定价出售或无偿配给等方法将碳排放权分配给市场的参与者,市场的参与者参与交易;④ 建立制度、法规对碳排放权交易进行监督、管理。

建设碳交易市场,是协同治理大气污染的有效措施。碳排放权交易的实施减缓了全球气候变暖的速度,改善了人类赖以生存的生态环境,从长期看也促进了该政策实施地经济的发展。中国作为温室气体排放大户,建立碳交易体系,积极开展碳排放交

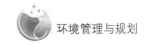

易试点,旨在通过市场机制调节温室气体排放总量,实现节能减排,同时控制大气中污染物的排放。

2. 二氧化硫排放权交易

中国是二氧化硫排放大国,多年来二氧化硫排放总量居高不下,为争取以最小的成本实现二氧化硫总量控制目标,中国开始采用二氧化硫排放权交易。以污染物总量控制为基础,为各排污企业分配二氧化硫排污配额,该配额可在排污企业之间进行买卖交易,企业拥有的配额是该企业排污量的上限。此法是用低减排成本使企业承担减排工作,以最低成本实现国家总量控制目标(姜超,2011)。

六、大气污染联防联控机制

大气污染的特点决定了需要区域内各省市间协调行动。然而我国实行严格的属地行政区划管理,省级与直辖市之间,地级市与地级市之间,并不存在行政隶属关系,由此就产生了谁来指挥和统一规划问题,这就需要建立一种在行政级别之上的协调组织机构,即联防联控行政主体。众多国内外的成功经验表明,要解决区域大气污染管理问题,大气污染的治理需要打破局部治理的牢笼,建立区域大气污染的联防联控机制(张欣炘,2015)。早在 2010 年,国务院办公厅就下发了由环境保护部等九部委牵头的《关于推进大气污染联防联控工作改善区域空气质量的指导意见》,提出到 2015 年,建立大气污染联防联控机制,形成区域大气环境管理的法规、标准和政策体系。新修订的《环保法》第二十条规定:"国家建立跨行政区域的重点区域、流域环境污染和生态破坏联合防治协调机制,实行统一规划、统一标准、统一监测、统一防治的措施。"

按照现行国家政策,大气污染联防联控的重点区域是京津冀、长三角和珠三角地区,在辽宁中部、山东半岛、武汉及其周边、长株潭、成渝、台湾海峡西岸等区域要积极推进大气污染联防联控工作。联防联控的重点行业包括火电、钢铁、有色、石化、水泥、化工,重点企业是对区域空气质量影响较大的企业,需解决的重点问题是酸雨、灰霾和光化学烟雾污染等。

大气污染联防联控的重点工作为:一是构建联合监测与评价体系。已有的大气监测站点基本上是区域内各个城市独立设立的,整体上未必科学合理。因此,需要规定区域内统一的监测与评价标准、监测点设置分布,统一取样标准,监测结果评价等。二是信息通告与报告制度。为减少信息不充分、不对称、不及时对区域大气污染治理的消极影响,需要建立信息通告制度,并以立法形式予以确定,从实体与程序两方面明文规定:实体方面,应明确由各省市政府就本辖区内的大气治理情况向区域联席委员会提交报告;程序方面,应规定信息通告的具体时间,包括常规情况及突发情况、提交的方式和形式要求、报告的形成过程。三是执法监管与监督法律措施。以政策制定和发布为主要功能的大气污染治理联席委员会同时也应该是环境执法监督机构,其执法监管主要包括两方面:一是对相关政府部门的雾霾治理行为进行监管,二是对相关企业的排污行为进行执法检查。

第四节　大气污染源管理

一、大气污染源解析

空气质量与污染源排放的关系十分复杂,污染源与空气质量的关系即"源—受体"关系一直是环境科学研究的关键科学问题,是环境管理和环境决策关注的核心问题。大气污染源解析技术是区分和识别大气污染的复杂来源并定量分析其源贡献率的一种科学的方法,它是确定各种排放源与环境空气质量之间响应关系的桥梁,是控制和治理大气污染的一个十分重要而又非常复杂的课题。

我国率先开展的是大气颗粒物来源解析工作。大气颗粒物来源解析涉及多种技术方法、模型选择、样品采集与分析、化学成分谱的科学构建、模拟运算以及解析结果评估与应用等,必须强化技术要求和科学规范,环境保护部于 2013 年发布了《大气颗粒物来源解析技术指南(试行)》。目前大气颗粒物来源解析技术方法主要包括源清单法、源模型法和受体模型法,其适用性见表 5－4。

表 5－4　主要大气颗粒物来源解析技术方法的适用性

方法	优势和局限性	必备条件	可达目标
源清单法	方法简单、易操作,定性或半定量识别有组织污染源	收集统计基准年研究区域各污染源污染物排放量	得到排放源清单及重点排放区域和重点排放源的污染物排放量
源模型法	定量识别污染的本地和区域来源,可预测;解析源强未知的源类尤其是颗粒物开放源贡献困难	建立与源模型要求相适应的高时间和高空间分辨率的排放源清单、气象要素场	定量解析本地和区域各类源的贡献;针对具有可靠排放源清单的点源,定量给出贡献值与分担率;对于面源和线源,定量解析各源类的贡献
受体模型法	可有效解析开放源贡献;定量解析污染源类,不依赖详细的源强信息和气象场;不可预测	采集颗粒物样品,分析颗粒物化学组成	定量解析各污染源类,尤其是源清单难以确定的各颗粒物开放源类的贡献值与分担率,识别主要排放源类的来向
源模型与受体模型联用	定量解析污染源的贡献;工作量大,成本高	建立高分辨率的排放源清单和气象要素场;采集颗粒物样品	定量给出污染源贡献值与分担率,定量解析出本地和区域各类源的贡献

一般来说,解析常态污染下颗粒物的来源,为制定长期颗粒物污染防治方案提供支撑,建议使用受体模型;细颗粒物($PM_{2.5}$)污染突出的城市或区域,建议受体模型和源模型联用。解析重污染天气下颗粒物污染的来源,为颗粒物重污染应急响应决策提供支撑,建议受体模型和源模型联用;同时基于在线高时间分辨率的监测和模拟技术,开展快速源识别。评估颗粒物污染的长期变化趋势和控制效果,建议使用受体模型。评估多污染物协同控制的环境

效益,建议使用源模型。对于大气污染防治工作基础较好的重点区域,如京津冀地区等,建议在动态更新污染源清单的基础上,采用源模型和受体模型联用解析本地和区域的颗粒物来源;其他城市或区域根据自身条件,以受体模型为基础开展颗粒物来源解析工作,并逐步建立颗粒物源成分谱、详细的动态源排放清单和模型联用的方法体系。

二、主要行业固定源管理

大气固定源主要是指燃煤、燃油、燃气的锅炉和工业窑炉以及石油化工、冶金、建材等生产过程中产生的废气通过排气筒向空中排放的污染源。

现阶段我国大气固定源的管理重点是能源行业,重中之重是燃煤污染防治。2014 年国家发改委、环境保护部和国家能源局联合印发的《能源行业加强大气污染防治工作方案》列举了能源行业大气污染防治的主要政策。一是加大火电、石化和燃煤锅炉污染治理力度。所有燃煤电厂全部安装脱硫设施,除循环流化床锅炉以外的燃煤机组均应安装脱硝设施,现有燃煤机组进行除尘升级改造。提高石化行业清洁生产水平,催化裂化装置安装脱硫设施,加强挥发性有机物排放控制和管理。全面推进民用清洁燃煤供应和燃煤设施清洁改造,建设区域煤炭优质化配送中心,逐步减少京津冀地区民用散煤利用量。二是加强能源消费总量控制。在保障经济社会发展合理用能需求的前提下,控制能源消费过快增长,推行"一挂双控"(与经济增长挂钩,能源消费总量和单位国内生产总值能耗双控制)措施。结合能源消费总量控制的要求,制定国家煤炭消费总量中长期控制目标,制定耗煤项目煤炭减量替代管理办法,到 2017 年,煤炭占一次能源消费总量的比重降低到65%以下,京津冀、长三角、珠三角等区域新建项目禁止配套建设自备燃煤电站。三是保障清洁能源供应。在具备水资源、环境容量和生态承载力的煤炭富集地区建设大型煤电基地,加快重点输电通道建设,加大向重点区域送电规模,缓解人口稠密地区大气污染防治压力。制定出台成品油质量升级行动计划,大力推进国内已有炼厂升级改造,根据市场需求加快新项目建设,理顺成品油价格。增加常规天然气生产,加快开发煤层气、页岩气等非常规天然气,推进煤制气产业科学有序发展。安全高效推进核电建设,有效利用可再生能源。2015 年,国家开始全面实施燃煤电厂超低排放和节能改造工作,其主要目标是,到 2020 年,全国所有具备改造条件的燃煤电厂力争实现超低排放(即在基准氧含量 6%条件下,烟尘、二氧化硫、氮氧化物排放浓度分别不高于 10 $\mu g/m^3$、35 $\mu g/m^3$、50 $\mu g/m^3$),全国有条件的新建燃煤发电机组达到超低排放水平。超低排放是环保史上的重大技术突破,也是我国能源污染防治的重大政策创新,总体效益突出。

大气固定源污染治理的其他重点行业包括钢铁行业、建材行业、采矿业等。

钢铁行业的废气具有排放量大、污染因子多、污染面广、烟气阵发性强、无组织排放多等特点,包括原料场、烧结(球团)、炼铁、炼钢、轧钢和铁合金等工序。国家政策不支持建设独立的炼铁厂、炼钢厂和热轧厂,不鼓励建设独立的烧结厂和配套建设燃煤自备电厂(符合国家电力产业政策的机组除外)。钢铁工业应推行以清洁生产为核心,以低碳节能为重点,以高效污染防治技术为支撑的综合防治技术路线。注重源头削减,过程控制,对余热余能、废水与固体废物实施资源利用,采用具有多种污染物净化效果的排放控制技术。

水泥行业产生的大气污染物主要是粉尘、二氧化硫、氮氧化物等,与雾霾、光化学烟雾、酸雨等污染现象紧密相关。水泥行业应优化产业结构与布局,淘汰能效低、排放强度高的落后工艺,削减区域污染物排放量;采用清洁生产工艺技术与装备,配套完善污染治理设施,加强运行管理,实现污染物长期稳定达标排放;有效利用石灰石、粘土、煤炭、电力等资源和能源,对生产过程产生的废渣、余热等进行回收利用;生产设施运行过程中应确保环境安全。

三、流动源管理

1. 机动车

当前,我国移动源污染问题日益突出,已成为空气污染的重要来源,特别是北京和上海等特大型城市以及东部人口密集区,移动源对细颗粒物(PM$_{2.5}$)浓度的贡献高达20%—40%。在极端不利的条件下,贡献率甚至会达到50%以上。同时,由于机动车大多行驶在人口密集区域,尾气排放直接威胁群众健康。据测算,未来五年我国还将新增机动车1亿多辆,工程机械160多万辆,农业机械柴油总动力1.5亿多千瓦,车用汽柴油1亿至1.5亿吨,带来的大气环境压力巨大。

为有效控制移动源污染,需要从移动源管理、车用能源和城市规划等角度,制定针对"油—车—路"的综合对策,减少污染物排放量。机动车尾气排放是大气污染移动源管理的主要职能,其他属于交通运输和城市管理范畴。目前,我国已初步建立机动车环境管理新体系,实施了新生产机动车环保信息公开、环保达标监管、在用机动车环保检验、黄标车和老旧车加速淘汰等一系列环境管理制度,相关法律、法规、标准体系不断完善,监管能力逐步加强。国家"十三五"规划提出:深入实施污染防治行动计划,构建机动车船和燃料油环保达标监管体系。

自20世纪80年代以来,我国在吸取了发达国家的成功经验后,逐步制定了一系列的汽车排放标准,对汽油车先实行"怠速法",再实行曲轴箱排放和燃油蒸发控制。2000年起,我国实施第一阶段机动车排放标准,经过15年发展,目前全国实施第四阶段排放标准,重点区域已经实施了第五阶段排放标准,环保车型比例不断提高,2000年国Ⅰ及国Ⅰ前排放标准车辆占主导地位,到2014年发展到国Ⅲ及以上排放标准的车辆已经占到保有量的75%。但与国外先进水平相比仍有差距,如欧洲已执行欧Ⅵ排放标准,美国的Tier2排放标准更严于欧洲排放标准。根据油品升级进程,我国采用分区域实施轻型车国Ⅴ标准的方案来实施《轻型汽车污染物排放限值及测量方法(第五阶段)》(GB18352.5—2013)。规定自2016年4月1日起,东部11省市所有进口、销售和注册登记的轻型汽油车、轻型柴油客车须符合国Ⅴ标准要求;全国自2017年1月1日起和2018年1月1日起,对所有制造、进口、销售和注册登记的轻型汽油车、轻型柴油车分别推行。2016年,环境保护部发布《轻型汽车污染物排放限值及测量方法(中国第六阶段)》(GB18352.6—2016),决定自2020年起,开始试验推行国Ⅵ排放标准。

与此同时,我国近年来逐步重视交通运输方式革新对减少污染的影响。如根据京津冀及周边地区大气污染防治工作方案,天津港不再接收公路运输煤炭,大幅提升区域内铁路货运比例,加快推进港铁联运煤炭,大幅降低柴油车辆长途运输煤炭造成的大气污染,禁止环渤海港口接收柴油货车运输的集疏港煤炭。据研究,京津冀地区年货运量的

84.4%依靠公路运输,津冀港口群超过 10 亿吨的货物吞吐量有 70%以上依靠公路完成集疏运,天津、唐山等大型港口铁路集疏运比例仅为 20%左右。港口周边公路柴油货车高度密集,机动车运输造成的尾气污染和扬尘污染问题突出,而铁路集疏运有运送能力大、污染排放小的优势。通过上述措施,可降低沿线区域 PM$_{2.5}$ 年均值 1—2 $\mu g/m^3$,如将一次排放颗粒物和二次生成污染物等综合考虑,则可降低沿线区域年均值近 2—4 $\mu g/m^3$。

2. 港口船舶

航运污染已逐渐成为治理空气污染的重点。深圳环境科学研究院的测算显示,一艘燃油含硫量 3.5%的中大型集装箱船,以 70%最大功率的负荷 24 小时航行,其一天排放的 PM$_{2.5}$ 相当于 21 万辆国四重货车。2013 年全国船舶二氧化硫排放量约占全国排放总量的 8.4%,氮氧化物排放量占 11.3%。受船舶污染影响最大的是港口城市,其次是江河沿岸城市,根据上海 2012 年的研究结果,船舶排放产生的二氧化硫(SO_2)、氮氧化物(NO_x)和细颗粒物(PM$_{2.5}$)分别占到上海市排放总量的 12.4%、11.6%以及 5.6%。在中国香港,船舶废气排放是可吸入颗粒物(PM$_{10}$)、NO_x 和 SO_2 的最大排放源,其中前两者占到约 30%,SO_2 则达到 50%。

由于认识局限和技术手段所限,船舶尾气污染控制在我国起初并未受重视。世界十大港口中,我国内地港口占据八席,船舶燃油平均含硫率却高达 2.8%—3.5%,部分高达 4.5%,且多未进行有效尾气处理,带来的空气危害不容忽视。

排放标准控制是主要手段。国际上,船舶从航行区域上可划分为国际远洋航行船舶和国内航行船舶,需满足不同的标准和管理要求。对于国际远洋航行船舶,我国作为国际海事组织(IMO)A 类理事国,往来的远洋船舶统一执行国际公约。另外,为了减少远洋船舶的排放,国际公约规定各国政府可以向 IMO 申请设立排放控制区(ECA)。在 ECA,远洋船舶的污染控制要严于国际公约,进入该区域的远洋船舶需切换至低硫燃油并具备符合要求的后处理设施。对于国内航行船舶(包括了内河船、沿海船、江海直达船、海峡(渡)船和各类渔船等),由各国自行立法监督管理。欧美各国均对国内船舶规定了严于国际公约的排放标准。2016 年,我国发布了《船舶发动机排气污染物排放限值及测量方法(中国第一、二阶段)》(GB15097—2016),对颗粒物(PM)、氮氧化物(NO_x)、碳氢化合物(HC)和一氧化碳(CO)等污染物排放限值做出了规定。新标准是我国首次发布船舶大气污染物排放控制国家标准,标准将分为第一阶段和第二阶段两个阶段实施。第一阶段相当于汽车发动机和非道路发动机的第二阶段排放控制水平,与我国船机排放现状相比,PM 排放将削减 70%左右,NO_x 排放将削减 20%以上;第二阶段相当于车机和非道路排放的第三阶段控制水平,PM 和 NO_x 将在第一阶段基础上,分别进一步降低 40%和 20%。和发达国家相比,第一阶段和目前欧洲实施的标准相当,第二阶段和美国第三阶段实施的标准相当。

四、城市扬尘管理

扬尘,是指地表松散物质在自然力或人力作用下进入到环境空气中形成的一定粒径范围的空气颗粒物。扬尘的形成有两个必备条件:一是尘源,二是动力。地表的一切松散物质都是扬尘潜在的直接来源,其种类广泛而复杂,例如路面、硬地面、屋顶等上面的积尘,裸露地面及山体、干涸的河谷、农田等的表层松散颗粒物,未密闭的各种原料堆、废物堆等都是潜在的直接扬尘源。形成扬尘的动力包括自然力和人力:自然力最主要的形式是风力;人力的形式则相当广泛,包括挖掘、填埋、运输、拆迁、粉碎、搅拌等活动形式。城市是人类活动密集的区域,如果不控制尘源或对人类活动加以规范,城市扬尘将是重要空气颗粒物来源。

扬尘根据其主要来源,可以分为以下几种主要类型:① 土壤风沙尘。土壤尘指直接来源于裸露地表(如农田、裸露山体、滩涂、干涸的河谷、未硬化或绿化的空地等)的颗粒物。对于城市地区而言,除了本地及周边地区的风沙尘外,长距离传输的沙尘暴也是不容忽视的尘源。我国沙尘暴发生的频率和强度很高,不但严重影响北方大部分城市,有时甚至会波及华南的部分城市,已成为春季的重要源类。② 道路扬尘。道路扬尘是道路上的积尘在一定的动力条件(风力、机动车碾压或人群活动)的作用下,一次或多次扬起并混合,进入环境空气中形成不同粒度分布的颗粒物。③ 施工扬尘。施工扬尘指在城市市政建设、建筑物建造与拆迁、设备安装工程及装修工程等施工场所和施工过程中产生的扬尘。我国正处于城市建设的高峰时期,建筑、拆迁、道路施工及堆料、运输遗洒等施工过程产生的建筑尘,已成为城市重要的扬尘源。建设施工及建筑材料运输过程中所造成的扬尘污染,主要与施工过程中的管理有关。④ 堆场扬尘。堆场扬尘是指各种工业料堆(如煤堆、沙石堆以及矿石堆等)、建筑料堆(如砂石、水泥、石灰等)、工业固体废弃物(如冶炼渣、化工渣、燃煤灰渣、废矿石、尾矿和其他工业固体废物)、建筑渣土及垃圾、生活垃圾等由于堆积和装卸操作以及风蚀作用等造成的扬尘。虽然这一类扬尘源类对受体的贡献很难量化,但造成明显的局部扬尘污染已是不争的事实。

城市扬尘污染防治是一项需多部门协同、全社会参与的综合性工作。应遵循因地制宜的原则,根据当地气候条件、生态环境建设规划、经济发展水平、城市环境管理需求等实际情况,由城市环境保护行政主管部门会同城市建设行政主管部门制定本地扬尘污染防治规划或规定。不同扬尘来源有不同的具体监管措施:

施工扬尘防治。工程建设单位应向当地环境保护行政主管部门提供施工扬尘防治实施方案,并提请排污申报。土建工地、市政高架、道路施工、管线铺设等应设置围挡、围栏或防溢座。土方工程遇干燥、易起尘工程作业时,应辅以洒水压尘,尽量缩短起尘操作时间,遇到四级或四级以上大风天气,应停止土方作业,同时作业处覆以防尘网。施工工程中产生的弃土、弃料及其他建筑垃圾应及时清运,若在工地内堆置超过一周的,应采取规定措施,等等。

土壤扬尘防治。裸地绿化应按照《城市绿化条例》及本地绿化管理条例相关规定执行。对学校操场、运动场、厂区裸地、单位及家庭庭院、居住小区等不进行绿化处理的裸地,应实施生态型硬化、透水性铺装等措施,既尽量避免裸土地面的存在,又不阻碍地表降水对地下水的补给作用。

道路扬尘防治。道路两侧和中间分隔带应进行草、灌木、乔木相结合立体绿化,采取绿化和硬化相结合的防尘措施。路肩及道路中间分隔带绿化时,其内土面应低于路侧围砌,减少风蚀和水蚀作用。未铺装道路应根据实际情况进行铺装、硬化或定期施洒抑制剂

以保持道路积尘处于低负荷状态。尽量避免道路开挖,需要开挖道路的施工应按照有关规定执行。在不影响施工质量的情况下,应分段封闭施工,前一次施工结束后,及时恢复道路原貌。城市道路清扫与清洗作业应按照《城市市容和环境卫生管理条例》及当地市容和环境卫生管理条例中规定的等级和标准执行。实施高效清洁的清扫作业方式,提高机械化作业面积。

堆场扬尘防治。对于煤炭、煤矸石、矿石、建筑材料、水泥白灰、生产原料、泥土、粉煤灰等料堆,应利用仓库、储藏罐、封闭或半封闭堆场等形式,避免作业起尘和风蚀起尘。对于装卸作业频繁的原料堆,应在密闭车间中进行;对于少量的搅拌、粉碎、筛分等作业活动,应在密闭条件下进行。对易产生扬尘的物料堆、渣土堆、废渣、建材等,应采用防尘网和防尘布覆盖,必要时进行喷淋、固化处理。临时性废弃物堆、物料堆、散货堆场,应设置高于废弃物堆的围挡、防风网、挡风屏等;长期存在的废弃物堆,可构筑围墙或挖坑填埋。

五、施工工地扬尘管理

建筑施工活动引起的扬尘是我国城市空气颗粒物污染的重要来源。我国城市正处于大规模的施工建设时期,施工扬尘成为这些城市大气 PM_{10} 的主要来源。施工对大气环境造成的危害,既包括施工工地内部各类施工、运输等环节造成的一次扬尘,也包括因施工运输车辆的车轮车身带泥以及材料遗撒对道路造成污染,然后由施工车辆特别是社会车辆引起的二次交通扬尘。目前,国际上对建筑施工扬尘的研究主要集中在排放因子方面,自 20 世纪 70 年代至今,已经研究得到许多经验排放因子,但国内到目前为止还没有对建筑施工扬尘开展较为系统的研究。目前,在颗粒物来源解析研究中,通常利用建筑水泥来代表建筑施工扬尘,或者在建筑工地随机采取路面或地面的积尘作为建筑尘的源样品。但建筑施工过程较为复杂,扬尘排放成分也多种多样,实际排放颗粒物的化学组成特点也并不清楚。此外,对于建筑施工扬尘污染一直以来缺乏切实可行的监控指标。

进入空气中的扬尘导致空气中颗粒物浓度增高,严重影响环境质量和人体健康,其危害性表现在以下几个方面:① 空气中颗粒物含量高导致空气能见度下降。太阳光被颗粒物散射,对大气能见度和气候造成影响,空气中的细小颗粒物还会引起光化学烟雾、酸雨、气候变暖等环境问题;② 空气中颗粒物含对人体健康产生危害。粒径较小的可吸入颗粒物,可通过鼻腔和咽喉进入肺部,引起人体肺功能的改变和神经系统的疾病,若颗粒物经再次凝结形成的有机物和有毒有害物质被人体吸入体内,将造成更为严重的危害;③ 空气中颗粒物造成的其他危害。每年需要数亿计的费用对落在建筑物外表上的颗粒物进行的清洗和更换。同时,颗粒物可通过固有的腐蚀性或吸附在其表面的腐蚀性化学物质的作用,对物体产生直接的化学破坏。

建筑施工工地扬尘污染日益加重,政府应采取积极的措施加以应对。施工扬尘污染可通过以下方式进行整治:健全责任考核机制,继续实行部门包保、企业自制、政府考核、失职问责的考核办法,做到责任到部门、到企业,形成向下联动、部门联防联控、齐抓共管的工作机制;加大督查力度,建立长效工作机制,采取行政、经济、法律等手段,确保治理成果持续长效;充分发挥人大的监督作用,市人大常委会要加强对《大气污染防治法》的执法检查,进一步督促政府贯彻落实大气污染防治法。

六、消耗臭氧层物质管理

从 1985 年通过《保护臭氧层维也纳公约》和 1987 年通过《关于消耗臭氧层物质的蒙特利尔议定书》以来,人类采取联合行动保护臭氧层已有 30 年的历史。这两个臭氧层保护法律文书是迄今为止最为成功的多边环境协议,已实现普遍会员制,即所有联合国成员国都加入了这两个法律文书并严格执行。全氯氟烃、哈龙、四氯化碳和甲基氯仿是 4 种主要消耗臭氧层物质。到 2010 年 1 月 1 日,继发达国家 10 年前率先淘汰之后,发展中国家也全部淘汰了这 4 种物质。

中国先后于 1989 年、1991 年、2003 年加入了《保护臭氧层维也纳公约》《关于消耗臭氧层物质的蒙特利尔议定书》伦敦修正案和哥本哈根修正案,并积极推动相关工作。中国比《蒙特利尔议定书》规定的期限提前两年半于 2007 年 7 月淘汰了全氯氟烃和哈龙,并于 2010 年 1 月 1 日淘汰了四氯化碳和甲基氯仿。《大气污染防治法》规定"国家鼓励、支持消耗臭氧层物质替代品的生产和使用,逐步减少直至停止消耗臭氧层物质的生产和使用。国家对消耗臭氧层物质的生产、使用、进出口实行总量控制和配额管理"。据此制定的《消耗臭氧层物质管理条例》做出进一步详细规定,组织实施行业消耗臭氧层物质淘汰计划,严格控制消耗臭氧层物质生产的新建、改建和扩建项目,按照总体计划分行业制定淘汰清单,明确淘汰停用产品具体时限;推动环境友好替代技术的开发应用,大力发展兼顾臭氧层保护和应对气候变化,符合节能安全要求的消耗臭氧层物质替代品研发和应用,出台《重点 HCFC 替代技术推荐名录》;继续加强国际履约和环境合作。

2016 年,在卢旺达首都基加利举行的《关于消耗臭氧层物质的蒙特利尔议定书》第 28 次缔约方大会达成协议,在《蒙特利尔议定书》下逐渐减少超级温室气体——HFCs(氢氟碳化物,因其 CO_2 当量较高被列为极强的温室气体)。《蒙特利尔议定书》修正案针对所有发达国家和发展中国家冻结和减少氢氟碳化物的生产和使用制定了 3 个不同的时间表。发达国家同意 2019 年前开始进行氢氟碳化物的第一轮减排。发达国家承诺通过蒙特利尔议定书多边基金进一步捐资。中国、巴西、南非、阿根廷及 100 多个其他发展中国家承诺在 2024 年前停止氢氟碳化物的生产和使用,并在其后进一步减排。印度、海湾国家和巴基斯坦也同意将减排氢氟碳化物,但减排会以相对较慢的速度开展。下一步,中国将继续大力推动绿色低碳替代技术的开发和应用,加大技术创新和推广力度,修订完善替代品标准法规,并通过产业政策、政府绿色采购、绿色产品认证、舆论宣传引导等方式鼓励和支持绿色低碳替代技术的研发和推广。

七、挥发性有机化合物的管理

挥发性有机化合物(VOCs)具有光化学活性,排放到大气中是形成细颗粒物($PM_{2.5}$)和臭氧的重要前体物质,对环境空气质量造成较大影响。除影响环境质量外,一些行业排放的 VOCs 含有三苯类、卤代烃类、硝基苯类、苯胺类等物质,对人体健康具有较大的危害(表 5-5)。此外,部分 VOCs 具有异味,会给周边居民生活造成一定程度影响。VOCs 排放源非常复杂,环境保护部曾组织有关科研院所估算重点行业排放 VOCs 占人为源的比重(表 5-6),其中工业源排放量占比最高达 55.5%,加快重点工业行业 VOCs 削减是

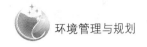

工作的关键。

表 5-5　常见的工业 VOCs 污染物分类

污染物种类	主要代表物
烃类	苯、甲苯、二甲苯、正己烷、石脑油、环己烷、甲基环己烷、二氧杂环己烷、稀释剂、汽油等
卤代烃	三氯乙烯、全氯乙烯、三氯乙烷、二氯甲烷、三氯苯、二氯乙烷、三氯甲烷、四氯化碳等
醛酮类	甲醛、乙醛、丙烯醛、糠醛、丙酮、甲乙酮(MEK)、甲基异丁基甲酮(MIBK)、环己酮等
酯类	醋酸乙酯、醋酸丁酯、油酸乙酯等
醚类	甲醚、乙醚、甲乙醚、四氢呋喃(THF)等
醇类	甲醇、乙醇、异丙醇、正丁醇、异丁醇等
聚合用单体	氯乙烯、丙烯酸、苯乙烯、醋酸乙烯等
酰胺类	二甲基甲酰胺(DMF)、二甲基乙酰胺等
腈(氰)类	氢氰酸、丙烯腈等

表 5-6　重点行业排放 VOCs 占人为源的比重

类型	人为源		比例(%)	
工业源	石化	石油化工、石油精炼	6.9	55.5
	储运	油品储运	7.6	
	化工	有机化学原料	1.1	
		合成材料	2.2	
		化学原料药制造	0.9	
		塑料制品制造	1.6	
	表面涂装	交通运输设备制造与维修	2.4	
		金属制品制造、通用设备及专用设备制造,电器机械及器材、仪器仪表、文化办公、机械制造	5.2	
		通讯设备、计算机及其他电子设备	1.3	
		家具制造	3.1	
	溶剂使用	印刷和包装印刷	13.4	
		皮革、毛皮、羽毛(绒)制造	2.8	
		纺织印染	2.8	
		食品饮料制造	1.9	
		木材加工	1.2	
		黑色和有色金属冶炼	1.1	

续表

类型	人为源	比例	
生活源	建筑装饰	6.5	19.6
	餐饮油烟	3.4	
	生物质燃烧	9.7	
移动源	机动车	21.5	21.5
其他		3.4	3.4

现阶段,我国挥发性有机化合物污染治理的主要途径包括:一是对重点行业和重点污染源开展调研、摸底工作。逐步将VOCs排放纳入环境统计体系,建立VOCs排放统计方法、开展摸底调查,开展重点行业重点污染源的VOCs调查与监测,制定重点行业VOCs排放系数。二是改进VOCs控制管理。在国家挥发性有机污染控制技术政策的基础上,制定重点行业控制的技术指南,鼓励采取源头治理方法,鼓励企业采用清洁生产技术,减少污染、进行资源综合利用。采用源头控制和末端治理相结合的措施,减少生产和生活过程中VOCs污染的排放。构建相关行业VOCs排放标准、清洁生产评价和治理工程技术规范的体系;制定涂料、油墨、胶黏剂、建筑板材、家具、干洗等含有机溶剂产品的环境标志产品认证标准。建立国家对VOCs的分级管理和重点行业有机溶剂使用申报制度;建立含有机溶剂产品销售使用准入制度,建立VOCs污染排放收费制度。三是开展重点工业行业VOCs污染减排与治理。控制新增排放,加快淘汰落后工艺。重点推进石化行业、表面涂装行业(汽车、船舶、集装箱、电子产品、家具制造、装备制造等)和溶剂使用行业(包装印刷、纺织印染、皮革加工、制鞋、板材生产等)的VOCs的污染控制,严格控制VOCs新增排放量,对固定源排放,提高VOCs排放类项目准入门槛,对于一些落后的产能和工艺,要加快淘汰和更新的步伐。

第五节 中国大气环境管理制度的问题和对策

一、大气环境管理制度现状存在的主要问题

2030年以前中国社会经济持续发展面临大气环境问题的双重约束:霾约束——初步解决空气污染问题;碳约束——履行气候公约问题。

(1)排放标准的控制指标单一。从2001年至今,中国固定源大气污染物排放标准体系有了长足的发展。但是,中国目前整个大气污染物排放标准体系仅仅控制了57种污染物,从污染物控制项目上说,远远不能满足当前环境管理的需要。排放标准的控制指标单一,以浓度指标为主考虑到监测简便易行,目前排放标准多是以浓度为控制指标。地方大气污染物排放标准制定工作还有待加强,地方大气污染物排放标准是国家大气污染物排放排标准的补充与完善,在地方大气环境管理中发挥着重要作用。

(2)中国大气环境污染严重,近几年表现较为突出的是大众所关心的雾霾问题。

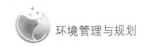

即 $PM_{2.5}$ 和 VOCs 排放问题,底数不清,排放特征不明。中国虽已经对 PM2.5 的来源解析有了相关的文案规定,但目前中国 VOCs 排放源清单的编制仍在起步阶段,基础参数和信息仍不完善。此外政策标准不完善以及管理与技术方案模糊,在重点行业开展的治理行动试点尚处于摸索阶段,缺乏基于科学研究成果的系统方针(如不能针对本地污染特征制定 VOC_s 与 NO_x 的协同控制方案),且针对众多小而散的 VOCs 排放源还未进行有效的管理。

(3)全球气候问题,即碳约束问题。中国是煤炭大国也是排放温室气体大国,虽然中国是发展中国家,但作为缔约国之一,有责任也有义务在碳减排问题上多做努力。目前,气候变暖已成为国际社会亟须解决的的重大问题,中国的碳排放问题依然严峻。

二、国内外大气环境管理制度的成功经验和借鉴

鉴于发达国家更早于中国经历了污染和控制污染的过程,通过比较与总结成功经验,为中国大气污染物控制和管理提供借鉴(云雅如,2012)。

表 5-7　国内外大气环境管理制度的成功经验和借鉴

国家	主要大气污染物	管理措施
美国	臭氧和光化学烟雾	分区管理
欧盟	几乎涵盖所有欧洲国家和所有污染源种类	清单式管理
日本	硫氧化物	温室气体排放权交易
英国	雾霾	排污权交易

三、中国大气环境管理制度的改革

大气污染是指大气中一些物质的含量达到有害的程度以至破坏生态系统和人类正常生存和发展的条件,对人或物造成危害的现象。目前,全球性大气污染问题主要表现在温室效应、酸雨和臭氧层遭到破坏三个方面。中国大气污染状况也十分严重,主要呈现为城市大气环境中总悬浮颗粒物浓度普遍超标;二氧化硫污染保持在较高水平;机动车尾气污染物排放总量迅速增加;氮氧化物污染呈加重趋势;全国形成华中、西南、华东、华南多个酸雨区,以华中酸雨区为重。

预防和控制空气污染是政府不可推卸的历史使命,不仅关系人民的切身利益,更加关乎政府的公信力。政府作为主要的治理主体在治理大气污染中有着不可或缺的作用。国家统计局于 2015 年 2 月发布了《2014 年国民经济和社会发展统计公报》,数据显示,在被检测的共 161 个统计城市中,依照《环境空气质量标准》(GB3095—2012),空气质量达标的城市数占比不到 10%,而未达标的城市数占比则高达 90.1%。在严峻的大气污染形势面前,政府的治理策略改进变得尤为紧迫。基于当前大气污染防治面临的严峻局面,在 2014 年各地发布的政府工作报告中,省级政府基本都重点提及大气污染治理的相关事项。2015 年,全国所有省、自治区、直辖市也均将大气治理内容纳入到政府工作报告中,并明确规定了改善空气质量的各项目标,有的甚至量化为具体的数字。如何推进大气污

染治理的规范化、法制化、长效化？如何在国外环境治理的借鉴中，既吸收成功经验，又结合自身实际？这些都是大气污染治理制度改革的重要部分，政府需要解决的问题。因此全面整合现有的大气污染治理的国内外资源，对创新我国政府的大气污染治理政策具有深远的现实意义。

新中国建立之初，党和国家就已经认识到环境保护重要的现实意义。1972 年 6 月，我国政府就积极参加了在斯德哥尔摩举办的第一届联合国人类环境会议，并踊跃参与到国际环境保护相关议题的讨论中。改革开放以来，随着经济的迅速发展，环境问题也日益凸显，党和政府开始积极推进环境治理，加强环境法制建设，出台了《环境保护法》。转折期为 1992 年至 2001 年。随着联合国环境与发展大会确定了 21 世纪环境保护议程，在可持续发展重要理念指导下，我国国家环保总局也适时出台了《环境与发展十大对策》，明确提出并要求在今后的经济发展过程中注重贯彻实施"可持续发展战略"，并出台了全球范围内第一部国家级别的《21 世纪议程》，特别指出将可持续发展的伟大战略纳入到国家现代发展的重要战略中。2002 年至今，经过长期的理论研究和社会实践积淀，我国已经形成了较为成熟的环境保护立法和实践经验。

国外治理大气污染主要有政府主导模式、社会协同模式和公众参与模式三类。政府主导模式是政府在大气污染治理中为主导地位。各国根据国家大气污染实际状况，不断调整治理大气污染的战略和对策，并探索合理的治理方式，形成了一系列的经验体系，这些国际经验对我国大气污染治理的改革有着重要的启示作用。

1. 美国大气污染治理政策与举措

美国于 1955 年制定了第一部空气污染治理的法律《空气污染控制法》，并在执行的过程中不断根据实际情况对空气污染治理立法进行补充和完善，形成了一系列完整的法律体系。当发现 $PM_{2.5}$ 有害时，美国立即在《清洁空气法》对其作出了补充规定。美国在强制执行大气污染治理的一系列法律法规的同时，十分重视以市场经济运作规律为基础的经济手段，将行政控制型的环境政策与环境经济政策紧密结合。美国通过市场信号的改变对污染者的行为进行引导，改变污染者的行为方式，使污染者承担起保护和改善空气质量的责任。美国在 1976 年就开始试行排污许可证制度。1990 年开始，美国正式将许可证制度和排污权交易计划列入 CAA 修正案，大力执行，这种以市场为基础的制度和措施很大程度上降低了污染控制成本，并取得了很好的环境经济效果。美国的跨区域大气监管是一个很有特色的举措，采取区域联动，不仅在州内、各个州之间进行联动管理，而且与邻国加拿大、墨西哥共同成立相应的大气监管机构，即进行北美自由贸易区的环境合作，解决了区域的大气污染问题。

2. 德国大气污染治理政策与举措

作为工业化程度较高的国家，德国却很少出现雾霾天气，其大城市能见度也很高。这与其能源结构的调整有十分紧密的联系，太阳能、风能、生物能等新能源的利用随处可见。2010 年 9 月 28 日，德国政府推出"能源方案"的长期战略，这个战略制定了细致的目标和具体举措，对提高德国绿色能源所占的比例，促进新能源代替传统能源有很重要的意义。德国在制定标准的过程中十分注重调查，实事求是，标准一旦制定便立法严格执行,环保举措和能源结构的调整相互促进。德国政府重视行业协会的作用,将目标下达到各行业,通过行业协会执行对企业的经济补贴与政策扶持,取得了很好的效果。同时,德国积极开展城市的绿化,将绿化规划纳入城市规划的一部分。政府从 20 世纪 60 年代开始就十分重视对大气污染物的治理。德国几乎所有的汽车尾气排放都达到了欧洲 Ⅲ 号标准。德国环保基金会在大气污染治理的过程中也发挥了重要的作用,为环保技术的革新起到了很好的资助作用。环境责任保险制度也是德国一个很好的举措,德国致力于加强发绿色保险的作用,加强相关的法制建设,强化公众环保意识,将强制性的保险与任意性保险相结合,根据实施情况不断扩大政府的支持力度与承保范围,注重环保人才的培养。

3. 日本大气污染治理政策与举措

日本相当重视环境立法,环境立法体系较为完善,且执法力度不断强化,并根据实际情况对法律内容进行调适。完备的污染控制法律体系为日本大气污染治理提供了重要依据和支撑。日本在大气污染排放标准中规定了排放总量与浓度的指标,并在《大气污染防治法》中规定地方制订的排放标准要严于国家的排放标准,对固定源和移动源的空气污染物都进行了严格的规定。日本的国家环境厅由总理大臣直接领导,从行政角度加强对环境的治理和保护。日本在基础设施、工业、交通等方面大力采用环保先进技术,以控制大气污染。屋顶绿化是日本很有特色的一个举措,日本政府规定新楼必须有绿化,并硬性规定绿化面积应占楼层面积的百分之二十以上。东京以清洁燃料代替煤炭。日本在国内设置上千个大气污染监测点以及几十个流动监测站,为大气污染的预测和治理提供了重要依据。

通过对美国、德国、日本和治理政策经验的归纳总结,可以看出这些国家治理大气污染形成了很多法律制度和好的做法,这些做法既有共性,也有各自的一些特色之处,取得了很好的成效。借鉴于国外发达国家的大气环境管理经验,我国的大气环境管理可以做如下改革:

(1)针对区域性污染问题,实行分区管理。结合现行的污染联防联控,对不同区域的大气污染物污染源进行有效管理。同时加强区域一体化的大气污染监测网络和空气质量预测预报能力建设。

(2)借鉴清单式管理。结合我国现行的大气污染源解析,对我国大气污染物排列清单,如动态污染源清单,建立清单管理流程(数据采集、清单编制、数据整合、数据质量回顾、清单报告以及清单回顾和改进等步骤),根据我国的大气环境管理需求,建立适宜我国大气污染情况的排放清单。

(3)强化大气污染物排放权交易。如碳排放权交易和二氧化硫排放权交易,加强在实行排放权交易过程中,市场与调控管理部门之间的协调衔接问题的管理和优化。

(4)强化责任问责。克服单一行政命令实施手段,将企业纳入污染物控制主体中,完善排污许可证制度和排污收费制度,并将这些经济手段充分引入到总量控制体系中。通过实施主管领导问责制的方式,促使企业改进污染治理设施,并保证治污设施的稳定运行。

（5）建立全民参与机制。发达国家和发展中国家由于政治、经济、制度等条件的不一致，治理大气污染所得到的支持也不一致。菲律宾最具特色的短信举报制度对发展中国家有很好的借鉴作用。由于相关的制度和资源支撑较少，发动全民力量成为一个最有效的选择。通过提升公众的环境保护意识和参与意识，鼓励民间环保社团的参与、监督和行动，一举两得，既实现了有限监督，也促进预防，有力地促进了大气污染治理。我国应加强对公民的环保教育，促进公民的环境保护意识，通过公民的参与和行动，以较小的行政成本实现较高的环境保护效益。

第六章　水环境管理

第一节　水环境管理对象和目标

一、水环境管理对象

《中华人民共和国水污染防治法》明确,"水污染是指水体因某种物质的介入而导致其化学、物理、生物或放射性等方面特性的改变,从而影响水的有效利用,危害人体健康或破坏生态环境,造成水质恶化的现象。"通常用水质指标来表示水质的好坏和水体被污染的程度。水质指标通常可分为物理性指标、化学性指标和生物性指标三类,常见的水质指标包括:温度、色度、浊度、电导率、固体含量、pH、硬度、生化需氧量(BOD)、化学需氧量(COD)、总有机碳(TOC)、溶解氧(DO)、大肠杆菌数、氟化物、氰化物、砷、汞、铬、硝酸盐等。

水环境包括地表水环境管理、地下水环境管理和海洋环境管理三个方面。虽然全球水循环作为一个整体具有紧密的相互关联,但由于自然条件和本底特征不同,管理方式、管理体制和管理难度也有较大差异,故往往分别进行讨论。

二、水环境管理目标

长期以来,水环境污染一直是全国环境安全中最突出的问题。总体上看,我国正面临着前所未有的由污染带来的水安全问题。从有关部门反映的情况看,我国水环境总体形势依然十分严峻,许多水域的环境容量仍然超载;虽然大江大河水环境质量持续改善,但仍有近十分之一的地表水因控断面水质低于五类,不少流经城镇的河流沟渠黑臭,一些饮用水水源存在安全隐患,一些地区城镇居民饮用水污染问题时有发生。水污染、水资源短缺、水生态破坏三大水问题并存,构成了我国长期、复杂、多样的综合性水危机状况,最突出的问题是水污染。

按照问题导向,国务院发布的《水污染防治行动计划》提出的目标是,到 2020 年,全国水环境质量得到阶段性改善,污染严重水体较大幅度减少,饮用水安全保障水平持续提升,地下水超采得到严格控制,地下水污染加剧趋势得到初步遏制,近岸海域环境质量稳中趋好,京津冀、长三角、珠三角等区域水生态环境状况有所好转。到 2030 年,力争全国水环境质量总体改善,水生态系统功能初步恢复。到 21 世纪中叶,生态环境质量全面改善,生态系统实现良性循环。

第二节　地表水环境管理

地表水(surface water),是指陆地表面上动态水和静态水的总称,亦称"陆地水",包括各种液态的和固态的水体,主要有河流、湖泊、沼泽、冰川、冰盖等。地表水是人类生活用水的重要来源之一,也是各国水资源的主要组成部分。

一、我国地表水环境现状

根据环境保护部发布的《2016 中国环境状况公报》,2016 年全国 1940 个国考断面中,Ⅰ类 47 个,占 2.4%;Ⅱ类 728 个,占 37.5%;Ⅲ类 541 个,占 27.9%;Ⅳ类 325 个,占 16.8%;Ⅴ类 133 个,占 6.9%;劣Ⅴ类 166 个,占 8.6%。

1. 流域水质

长江、黄河、珠江、松花江、淮河、海河、辽河等七大流域和浙闽片河流、西北诸河、西南诸河中,浙闽片河流、西北诸河和西南诸河水质为优,长江和珠江流域水质良好,黄河、松花江、淮河和辽河流域为轻度污染,海河流域为重度污染。主要污染指标为化学需氧量、总磷和五日生化需氧量,断面超标率分别为 17.6%、15.1%和 14.2%。

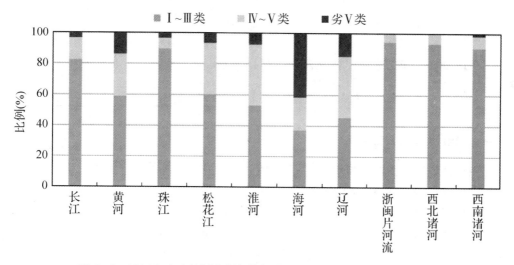

图 6-1　2016 年七大流域和浙闽片河流、西北诸河、西南诸河水质状况

2. 湖泊水质

112 个重要湖泊(水库)中,Ⅰ类水质的湖泊(水库)8 个,占 7.1%;Ⅱ类 28 个,占 25.0%;Ⅲ类 38 个,占 33.9%;Ⅳ类 23 个,占 20.5%;Ⅴ类 6 个,占 5.4%;劣Ⅴ类 9 个,占 8.0%。主要污染指标为总磷、化学需氧量和高锰酸盐指数。108 个监测营养状态的湖泊(水库)中,贫营养的 10 个,中营养的 73 个,轻度富营养的 20 个,中度富营养的 5 个。

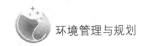

环境管理与规划

表 6 - 1　2016 年重要湖泊(水库)水质状况

水质类别	三湖	重要湖泊	重要水库
Ⅰ类、Ⅱ类	—	梁子湖、香山湖、班公错、花亭湖、邛海、拓林湖、赛里木湖、抚仙湖、泸沽湖	崂山水库、瀛湖、解放村水库、云蒙湖、山美水库、白龟山水库、大伙房水库、白莲河水库、党河水库、密云水库、双塔水库、石门水库、里石门水库、大隆水库、怀柔水库、丹江口水库、隔海岩水库、黄龙滩水库、太平湖、大广坝水库、松涛水库、长潭水库、千岛湖、海南镇水库、漳河水库、东江水库、新丰江水库
Ⅲ类	—	南漪湖、小兴凯湖、高邮湖、兴凯湖、焦岗湖、西湖、南四湖、升金湖、色林错、东平湖、瓦埠湖、骆马湖、斧头湖、衡水湖、菜子湖、武昌湖、镜泊湖、洱海、万峰湖、阳宗海、羊卓雍错	鹤地水库、玉滩水库、董铺水库、尔王庄水库、峡山水库、红崖山水库、磨盘山水库、小浪底水库、昭平山水库、王瑶水库、富水水库、南湾水库、高州水库、龙山峡水库、鲈鱼山水库、铜山源水库、鸭子荡水库
Ⅳ类	太湖、巢湖	白马湖、龙感湖、阳澄湖、东钱湖、洞庭湖、鄱阳湖、黄大湖、百花湖、红枫湖、仙女湖、洪湖、博斯腾湖、高唐湖	于桥水库、三门峡水库、松花湖、鲁班水库、莲花水库、察尔森水库、龙岩滩水库、水丰湖
Ⅴ类	滇池	杞麓湖、淀山湖、白洋淀、洪泽湖、乌梁素海	—
劣Ⅴ类	—	异龙湖、呼伦湖、星云湖、沙湖、大通湖、程海、乌伦古湖、纳木错、艾比湖(后四个湖泊为天然背景值较高所致)	—

二、地表水环境管控目标

环境管理模式与经济发展水平、公众环境意识和监督管理能力等因素密切相关,通常有三种模式:第一种是以环境污染控制为目标导向,以实施严格的排放标准和总量控制为标志;第二种是以环境质量改善为目标导向,以严格的环境质量标准和目标为标志;第三种是以环境风险防控为目标导向,以风险预警、预测和应对为主要标志,关注人体健康和生态安全。目前我国正处于第一种模式向第二种模式转型的时期,地表水环境管理基本属于从以污染控制为目标导向转向污染控制与质量改善兼顾的模式。"十一五"和"十二五"期间,我国地表水环境管理以总量控制为主要手段,属于目标总量控制而非容量总量控制,一些重污染地区虽然完成了总量减排目标,但由于污染物排放量远超环境容量,水体水质没有明显改善。"十三五"地表水环境管理目标开始面向新形势,以水环境质量改善为核心,建立以控制单元为基础的水环境质量目标管理单元。

根据《水污染防治计划》,到 2020 年,长江、黄河、珠江、松花江、淮河、海河、辽河等七大重点流域水质优良(达到或优于Ⅲ类)比例总体达到 70% 以上,地级及以上城市建成区黑臭水体均控制在 10% 以内,地级及以上城市集中式饮用水水源水质达到或优于Ⅲ类比例总体高于 93%,全国地下水质量极差的比例控制在 15% 左右,近岸海域水质优良(一、二类)比例达到 70% 左右。京津冀区域丧失使用功能(劣于 V 类)的水体断面比例下降 15% 左右,长三角、珠三角区域力争消除丧失使用功能的水体。到 2030 年,全国七大重点流域水质优良比例总体达到 75% 以上,城市建成区黑臭水体总体得到消除,城市集中式饮用水水源水质达到或优于Ⅲ类比例总体为 95% 左右。

依据地表水水域环境功能和保护目标,我国地表水水质按功能高低依次划分为五类:Ⅰ类主要适用于源头水、国家自然保护区;Ⅱ类主要适用于集中式生活饮用水地表水源地一级保护区、珍稀水生生物栖息地、鱼虾类产场、仔稚幼鱼的索饵场等;Ⅲ类主要适用于集中式生活饮用水地表水源地二级保护区、鱼虾类越冬场、洄游通道、水产养殖区等渔业水域及游泳区;Ⅳ类主要适用于一般工业用水区及人体非直接接触的娱乐用水区;Ⅴ类主要适用于农业用水区及一般景观要求水域。对应地表水上述五类水域功能,将地表水环境质量标准基本项目标准值分为五类,不同功能类别分别执行相应类别的标准值。水域功能类别高的标准值严于水域功能类别低的标准值。同一水域兼有多类使用功能的执行最高功能类别。

三、水污染源管控对象

1. 污染源的分类

污染源按污染成因可分为天然污染源和人为污染源;按污染物种类可分为物理性、化学性和生物性污染源;按分布和排放特性可分为点源(来自于工矿企业、城市或社区的集中排放,其污染物的种类和数量与点源本身的性质密切相关)、面源(流域集水区和汇水盆地,污染通过地表径流进入天然水体的途径,其主要污染物有氮、磷、农药和有机物等)、扩散源和内源。

一些主要的水体污染物及其来源见表 6-2。

表 6-2　部分水体主要的污染物及其来源

种类	污染物及其来源
水体颗粒物	指纳米以上的胶体、矿物微粒、生物残体颗粒。胶体包括硅胶体、重金属的水合氧化物、腐殖酸、蛋白质、多糖、类脂等;矿物颗粒包括碳酸钙晶体、硅铝酸盐、黏土等。水体颗粒物在水体中呈悬浮状态,影响水体的感观和透明程度,影响水体中的光合作用。
浮游生物	浮游动物、浮游植物和微生物。主要浮游动物有枝角目、太阳虫目、腰鞭毛虫目、轮虫等;主要浮游植物有绿藻、蓝藻、硅藻、裸藻、隐藻、金藻等;主要微生物有变形虫类、细菌、病毒等。水体污染时,浮游生物可改变水体感观性状、恶化水质(赤潮和水华),传播疾病。
溶解物质	包括溶解金属化合物、小分子有机物,如有机酸、氨基酸、糖类、油脂等天然有机物,多氯联苯、有机磷农药、有机氯农药等,也包括溶解在水中的气体化合物,如 CO、CO_2、H_2S、NH_3、Cl_2 等。
耗氧有机物	指有机酸、氨基酸、糖类、油脂等有机物质,在有氧条件下分解时需要大量氧气,导致水体溶解氧耗竭,主要来自生活污水和某些工业废水。

续表

种类	污染物及其来源
难降解有机污染物	也称持久性有机污染物（POPs），主要包括卤代有机物、有机磷化合物、有机胺化合物、有机金属化合物及多环芳烃等。多为亲脂性化合物，难以自然降解，易在生物体内蓄积，且多具有较强的致癌、致畸、致突变作用。
重金属污染物	指汞、铅、铬、镉、砷等有显著生物毒性的非必需金属元素，及过量存在的铜、锌、钼、钴等必需元素。具有长期存留，导致多种不可逆的毒性作用。
物理污染因素	影响水体温度、电导率、氧化还原电位、色度、能见度等物理性的因素，由热污水、酸性废水、高含盐废水、色素、无机悬浮物等。
放射性污染物	天然放射性核素有 40K、238U、226Ra、14C 和氚；核试验通过大气沉降、核电站的废水废气废渣产生的 90Sr、137Cs 等。
石油类污染物	主要来自石油开采、运输过程的泄露、排放和事故及炼油和石化含油废水排放。
病原体	包括病菌、病毒、寄生虫，主要来自生活污水、医院废水，以及屠宰、制革、生物制品等行业。

2. 国控水污染源的确定

按照规定，国控水污染源由环境保护部筛选确定，省级、市级参照环境保护部的筛选标准确定省控及市控污染源名单。确定方法是，以上年度环境统计数据库为基础，工业企业分别按照废水排放量、化学需氧量和氨氮年排放量大小排序，筛选出累计占工业排放量65％的企业；分别按照化学需氧量和氨氮年产生量大小排序，筛选出累计占工业化学需氧量或氨氮产生量50％的企业；合并筛选出的 5 类企业名单取并集，形成废水国控源基础名单。在此基础上，补充纳入具有造纸制浆工序的造纸及纸制品业、有印染工序的纺织业、皮革毛皮羽毛（绒）及其制品业、氮肥制造业中的大型企业。对于污水厂，以上年度环境统计数据库为基础，设计处理能力大于或等于 5 000 吨/日的城镇污水处理厂和设计处理能力大于或等于 2 000 吨/日的工业废水集中处理厂纳入污水处理厂国控源基础名单。

国控水污染源是水环境管理和监测的重中之重。各级环境保护主管部门对国控水污染源监督性监测及信息公开工作实施统一组织、协调、指导、监督和考核。环境保护主管部门所属的环境监测机构实施污染源监督性监测工作，负责收集、填报、传输和核对辖区内的污染源监督性监测数据，编制监测信息、监测报告等。

四、水功能区划

1. 水功能区及其划分

水功能区划指根据流域或区域的水资源条件与水环境状况，考虑水资源开发利用现状和经济社会发展对水量和水质的需求，在相应水域内划定的具有特定功能的区域。水功能区划是水资源开发利用和保护的重要依据。2011 年，国务院批复《全国重要江河湖泊水功能区划（2011—2030 年）》并在全国施行，2002 年 10 月，修订后的《中华人民共和国水法》进一步明确了水功能区的法律地位。

水功能区划的原则包括：① 坚持可持续发展的原则。区划以促进经济社会与水资源、水生态系统的协调发展为目的,与水资源综合规划、流域综合规划、国家主体功能区规划、经济社会发展规划相结合,根据水资源和水环境承载能力及水生态系统保护要求,确定水域主体功能;对未来经济社会发展有所前瞻和预见,保障当代和后代赖以生存的水资源。② 统筹兼顾和突出重点相结合的原则。区划以流域为单元,统筹兼顾上下游、左右岸、近远期水资源及水生态保护目标与经济社会发展需求,区划体系和区划指标既考虑普遍性,又兼顾不同水资源区特点。对城镇集中饮用水源和具有特殊保护要求的水域,划为保护区或饮用水源区并提出重点保护要求,保障饮用水安全。③ 水质、水量、水生态并重的原则。区划充分考虑各水资源分区的水资源开发利用和社会经济发展状况、水污染及水环境、水生态等现状,以及经济社会发展对水资源的水质、水量、水生态保护的需求。部分仅对水量有需求的功能,例如航运、水力发电等不单独划水功能区。④ 尊重水域自然属性的原则。区划尊重水域自然属性,充分考虑水域原有的基本特点、所在区域自然环境、水资源及水生态的基本特点。对于特定水域如东北、西北地区,在执行区划水质目标时还要考虑河湖水域天然背景值偏高的影响。

　　水功能区划采用两级体系。一级区划分为保护、保留区、开发利用区、缓冲区四类,旨在从宏观上调整水资源开发利用与保护的关系,主要协调地区间用水关系,同时考虑区域可持续发展对水资源的需求;二级区划将一级区划中的开发利用区细化为饮用水源区、工业用水区、农业用水区、渔业用水区、景观娱乐用水区、过渡区、排污控制区七类,主要协调不同用水行业间的关系。

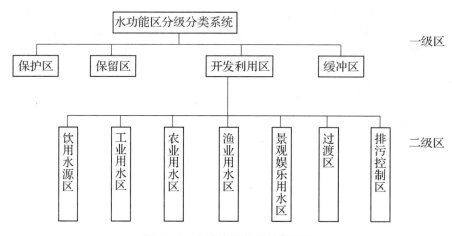

图 6 - 2　水功能区分级分类系统

（1）一级区的划分

保护区:指对水资源保护、自然生态系统及珍稀濒危物种的保护有重要意义的水域。源头水保护区可划在重要河流上游的第一个城镇或第一个水文站以上未受人类开发利用的河段,也可根据流域综合利用规划中划分的源头河段或习惯规定的源头河段划定。跨流域、跨省及省内大型调水工程水源地应将其水域划为保护区。保护区内根据水质现状执行《地表水环境质量标准》(GB3838—2002)Ⅰ—Ⅱ类水质标准或维持水质现状。

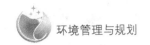

缓冲区:指为协调省际间以及水污染矛盾突出的地区间用水关系,为满足功能区水质要求而划定的水域。缓冲区范围可根据水体的自净能力确定。依据上游排污影响下游水质的程度,缓冲区长度的比例划分可为省界上游占三分之二,省界下游占三分之一,以减轻上游排污对下游的影响。在潮汐河段,缓冲区长度的比例划分可按上下游各占一半划定。根据实际需要执行相关水质标准或按现状控制。

开发利用区:主要指具有满足工农业生产、城镇生活、渔业和游乐等多种需水要求的水域。水质标准:按二级区划分类分别执行相应的水质标准。

保留区:指目前开发利用程度不高,为今后开发利用预留的水域。该区内应维持现状不受破坏。水质标准按现状水质类别控制。

(2) 二级区的划分

饮用水源区:指城镇生活用水集中供水的水域。水质标准根据水质现状执行《地表水环境质量标准》(GB3838—2002)Ⅱ—Ⅲ类水质标准。

工业用水区:指为满足城镇工业用水需要的水域。水质标准执行《地表水环境质量标准》(GB3838—2002)Ⅳ类标准。

农业用水区:指为满足农业灌溉用水需要的水域。水质标准:执行《地表水环境质量标准》(GB3838—2002)Ⅴ类标准。

渔业用水区:指具有鱼、虾、蟹、贝类产卵场、索饵场、越冬场及洄游通道功能的水域,养殖鱼、虾、蟹、贝、藻类等水生动植物的水域。水质标准执行《渔业水质标准》(GB11607—89)并参照《地表水环境质量标准》(GB3838—2002)Ⅱ—Ⅲ类标准。

景观娱乐用水区:指以满足景观、疗养、度假和娱乐需要为目的的江河湖库等水域。水质标准执行《景观娱乐用水水质标准》(GB12941—91)并参照《地表水环境质量标准》(GB3838—2002)Ⅲ—Ⅳ类标准。

过渡区:指为使水质要求有差异的相邻功能区顺利衔接而划定的区域。水质标准:按出流断面水质达到相邻功能区的水质要求选择相应的水质控制标准。

排污控制区:指生活、生产废水排污口比较集中的水域,所接纳的污废水应对水环境无重大不利影响。水质标准:按出流断面水质达到相邻功能区的水质要求选择相应的水质控制标准。

2. 水功能区管理

对水功能区实行保护和监督管理,应当根据其功能定位和分级分类要求,统筹水量、水质、水生态,严格管理和控制涉水活动,促进经济社会发展与水资源水环境承载能力相协调。根据《中华人民共和国水法》和《水功能区监督管理办法》等规定,国家实行水功能区限制纳污制度和水功能区开发强度限制制度,县级以上地方人民政府应当加强水功能区限制纳污红线管理,严格控制对水量水质产生重大影响的开发行为,严格控制入河湖排污口设置和污染物排放总量,保障水功能区水质达标和水生态安全,维护水域功能和生态服务功能。根据水功能区定位,保护区和饮用水源区内禁止设置排污口或进行不利于饮用水源和自然生态保护的活动。保留区内不得进行对水资源水质和水量有较大影响的开发利用活动。缓冲区和过渡区内开发利用水资源不得影响相邻水功能区使用功能。

五、水环境区域补偿

水环境区域补偿是针对损害水环境的行为建立的经济补偿制度,当跨界断面水质超过考核标准,造成污染的上游区县政府应对下游区县进行补偿。学界对环境区域补偿尚未形成统一认识,但都认同是不同地区间的一种经济补偿。有学者认为区域生态补偿是按照行政区域的划分和公平合理的一般性原则对受益地区与受损地区、开发地区与保护地区进行的生态补偿。有学者则认为生态补偿作为一个区域对另一个区域的补偿,不是一个具体企业对另一个企业和少数受害者的赔偿,而是区域之间一种财政方面的民事给付。这种补偿包括两种情形:一是污染区域对受害区域的补偿;二是上游改善生态环境使下游获益而应得到的补偿。水环境区域补偿机制实质上是一种区域间的利益协调机制。通过水环境区域补偿机制的动态运行,确认各行政区域的合法利益,协调各区域的环境利益并促进相邻区域的水环境保护合作,从而实现区域间的环境正义和整体环境利益的最大化。

目前,国内已有江苏省、北京市等实行了水环境区域补偿制度。补偿金主要有两种核算方法:一是根据补偿因子实际水质浓度超过水质标准的倍数,或浓度范围来划分扣缴档次,即超标浓度法,集中在北方省份如河北、辽宁、山西、陕西。二是按污染物超标排放总量进行计算,即超标总量法,集中在南方省份如江苏、湖北和湖南。超标浓度法无法直接与水质功能类别挂钩,超标总量法多用于有天然径流、水量充沛的南方省市。目前流域补偿的经济核算方法包括支付意愿法、生态价值法、恢复成本法、经济损失价值法等,但对于多个行政区域的跨界断面补偿,由于各行政区域直接成本投入、间接成本投入存在巨大不同,对每个区县都计算各自的经济成本和经济损失的不确定性大,没有稳定的时效性,不能建立统一的补偿或赔偿标准。即使以其中的一项制定补偿标准,也难以和变化的管理需求对接,不符合实际。因此目前国内在多个行政区域的跨界断面补偿上多以经济核算作为参考,不以经济成本作为制定补偿标准的决定因素。而是主要结合政府财政支付能力,根据管理需求,以总扣缴规模反推得到补偿标准。

以江苏省为例,该省印发实施了《江苏省水环境区域补偿实施办法(试行)》。水环境区域补偿依据省确定(或认定)的跨市、县河流交界断面、直接入海入湖入江入河断面、出省断面,以及国家重点考核断面、集中式饮用水源地的水质目标及年度监测考核结果组织实施。根据"谁达标、谁受益,谁超标、谁补偿"的原则,经监测考核和确认,实行"双向补偿",即对水质未达标的市、县予以处罚,对水质受上游影响的市、县予以补偿,对水质达标的市、县予以奖补。

六、入河排污口管理

入河排污口管理作为水功能区限制纳污红线管理的核心工作,是控制污染物入河总量的重要手段,也是保护水资源、改善水环境、促进水资源可持续利用的一项重要措施。《中华人民共和国水法》《中华人民共和国水污染防治法》《中华人民共和国河道管理条例》都规定了在江河、湖泊新建、改建排污口或者扩大入河排污口,应当经过有管辖权的水行政主管部门或者流域管理机构的同意,确立了入河排污口设置审批制度的法律地位。

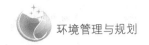

就具体分工而言,国务院水行政主管部门负责全国入河排污口监督管理的组织和指导工作,县级以上地方人民政府水行政主管部门和流域管理机构按照权限负责入河排污口设置和使用的监督管理工作,入河排污口设置应按规定同时办理环境影响报告书(表)审批手续。

入河排污口应符合"一明显,二合理,三便于"的要求,即环保标志明显;排污口设置合理,排污去向合理;便于采集样品、便于监测计算、便于公众参与监督管理。凡在城镇集中式生活用水地表水源一、二级保护区、国家和省划定的自然保护区和风景名胜区内的水体、重要渔业水体、其他有特殊经济文化价值的水体保护区,不得新建排污口。在生活饮用水地表水源一级保护区内已设置的排污,限期拆除。城镇集中式生活饮用水地表水源准保护区、一般经济渔业水域和风景游览区内的水体等重点保护水域,从严控制新建排污口。

七、饮用水水源管理

饮用水是人类生存的基本需求,饮用水安全问题直接关系到广大人民群众的健康,饮用水水源管理一直是我国水环境管理工作的重中之重。为加强饮用水水源安全保障,我国建立了十分严格的饮用水水源保护区制度。

1. 饮用水水源保护区划分

饮用水水源保护区分为地表水饮用水源保护区和地下水饮用水源保护区,此处只讨论最常见的地表水饮用水源保护。按照《饮用水水源保护区划分技术规范》(HJ/T338—2007),集中式饮用水水源地(包括备用的和规划的)都应设置饮用水水源保护区;饮用水水源保护区一般划分为一级保护区和二级保护区,必要时可增设准保护区。在水环境功能区和水功能区划分中,应将饮用水水源保护区的设置和划分放在最优先位置;跨地区的河流、湖泊、水库、输水渠道,其上游地区不得影响下游地区饮用水水源保护区对水质的要求,并保证下游有合理水量。

划定的水源保护区范围,应防止水源地附近人类活动对水源的直接污染;应足以使所选定的主要污染物在向取水点(或开采井、井群)输移(或运移)过程中,衰减到所期望的浓度水平;在正常情况下保证取水水质达到规定要求;一旦出现污染水源的突发情况,有采取紧急补救措施的时间和缓冲地带。对于一般河流水源地,一级保护区水域长度为取水口上游不小于 1 000 m,下游不小于 100 m 范围内的河道水域,陆域沿岸长度不小于相应的一级保护区水域长度,陆域沿岸纵深与河岸的水平距离不小于 50 m;同时,一级保护区陆域沿岸纵深不得小于饮用水水源卫生防护规定的范围。二级保护区长度从一级保护区的上游边界向上游(包括汇入的上游支流)延伸不得小于 2 000 m,下游侧外边界距一级保护区边界不得小于 200 m,二级保护区陆域沿岸长度不小于二级保护区水域河长,沿岸纵深范围不小于 1 000 m,具体可依据自然地理、环境特征和环境管理需要确定。对于流域面积小于 100 km² 的小型流域,二级保护区可以是整个集水范围。湖泊、水库饮用水水源保护区依据所在湖泊、水库规模的大小,并按照技术规范予以确定,其中,小型水库和单一供水功能的湖泊、水库应将正常水位线以下的全部水域面积划为一级保护区,大中型湖泊、水库采用模型分析方法确定。

2. 饮用水水源水质要求

地表水饮用水源一级保护区的水质基本项目限值不得低于 GB3838—2002 中的 Ⅱ 类标准,且补充项目和特定项目应满足该标准规定的限值要求。地表水饮用水源二级保护区的水质基本项目限值不得低于 GB3838—2002 中的 Ⅲ 类标准,并保证流入一级保护区的水质满足一级保护区水质标准的要求。准保护区的水质标准应保证流入二级保护区的水质满足二级保护区水质标准的要求。

3. 饮用水水源管理政策

一是开展饮用水水源规范化建设。依法清理饮用水水源保护区内违法建筑和排污口。坚决取缔饮用水水源一级保护区内所有与供水设施和水源保护无关的建设项目,禁止网箱养殖、旅游、餐饮等可能污染饮用水源水体的活动;坚决取缔二级保护区内所有违法建设项目,采取严格措施,防止网箱养殖、旅游等活动污染饮用水源水体。二是防范环境风险。加强对可能影响饮水安全的制药、化工、造纸、冶炼等重点行业、重点污染源的监督管理,建立风险源名录,从源头控制隐患,加强饮用水源保护区、准保护区内及上游地区油类和危险化学品运载、装卸和储存设施的监管,督促其完善防溢流、防渗漏、防污染措施。三是建立备用水源或应急水源。城市单一的水源供给形式使城市供水安全性和保证率降低,遇到突发事故,城市居民生活和生产用水可能中断。根据《水污染防治行动计划》,全国单一水源供水的地级及以上城市应于 2020 年底前基本完成备用水源或应急水源建设。四是加强分散式和农村饮用水水源地保护。以供水人口多、环境敏感的水源以及农村饮水安全工程规划支持建设的水源为重点,由地方人民政府按规定制定工作计划,按期完成农村饮用水水源保护区或保护范围划定工作。对供水人口在 1 000 人以上的集中式饮用水水源,按照《水污染防治法》《水法》等法律法规要求,参照《饮用水水源保护区划分技术规范》,科学编码并划定水源保护区;日供水 1 000 吨或服务人口 10 000 人以上的水源,应于 2016 年底前完成保护区划定工作。对供水人口小于 1 000 人的饮用水水源,参照《分散式饮用水水源地环境保护指南(试行)》(以下简称《分散式指南》),划定保护范围。

阅读材料

饮用水源地所禁止的事项:

(1)禁止设置排污口。

(2)禁止在饮用水水源一级保护区内新建、改建、扩建与供水设施和保护水源无关的建设项目;已建成的与供水设施和保护水源无关的建设项目,由县级以上人民政府责令拆除或者关闭。

(3)禁止在饮用水水源一级保护区内从事网箱养殖、旅游、游泳、垂钓或者其他可能污染饮用水水体的活动。

(4)禁止在饮用水水源二级保护区内新建、改建、扩建排放污染物的建设项目;已建成的排放污染物的建设项目,由县级以上人民政府责令拆除或者关闭。在饮用水水源二级保护区内从事网箱养殖、旅游等活动的,应当按照规定采取措施,防止污染饮用水水体。

(5)禁止在饮用水水源准保护区内新建、扩建对水体污染严重的建设项目;改建建设项目,不得增加排污量。

八、良好湖泊水环境管理

自"九五"以来,国家对污染严重的太湖、巢湖、滇池开展了大规模的治理工作,初步遏制了"三湖"水质恶化的趋势,但"三湖"治理效果并未达到理想状态。为保护湖泊生态环境,避免众多湖泊再走"先污染、后治理"的老路,经国务院同意,自 2011 年开始,财政部和环境保护部支持水面面积在 50 km² 及以上、具有饮用水水源功能或重要生态功能、现状水质或目标水质好于Ⅲ类(含Ⅲ类)的湖泊开展生态环境保护工作。开展水质较好湖泊生态环境保护,折射出国家湖泊治理的思路有所调整,即既要治劣、更要保优,此举有利于扭转过去污染越重越能得到重视、越能得到国家财政支持的"逆政策效应"。

随着水质较好湖泊流域人口增长和经济发展,特别是近年来湖泊流域中养殖业、旅游业、采矿业以及沿湖工业和城镇化的不断发展,保护"一湖清水"压力越来越大,部分湖泊有富营养化风险,部分湖泊出现湖面萎缩现象,部分湖泊水质不达标,湖泊生态环境监管能力薄弱,控源减排的任务十分艰巨。为强化对良好湖泊管理的顶层设计,2013 年,环境保护部、国家发展改革委、财政部联合印发了《水质较好湖泊生态环境保护总体规划(2013—2020 年)》。

根据自然环境的差异性和湖泊环境整治的区域特色,将我国湖泊划分为 5 个自然分布区域,即东北湖区、东部湖区、云贵湖区、蒙新湖区和青藏湖区。针对各湖区的自然地理特征和主要生态功能,分别提出湖泊生态环境保护策略。

(1)东北湖区地处温带湿润、半湿润季风气候区。分布于平原地区的湖泊具有水浅、面积小、湖盆坡降平缓等特点,湖泊成因与近期地壳下沉、地势低洼、排水不畅等因素有关;分布于山区的湖泊成因多与火山活动相关。主要问题是东北平原地区土壤肥沃,农业发达,农田退水对湖泊富营养化影响较大。部分山区矿山开发存在生态破坏现象。

(2)东部湖区濒临海洋,地处东亚季风气候带,气候温暖湿润,年降水量丰沛,水源补给充足。区内湖泊海拔低、湖盆浅平,主要分布于长江及淮河中下游、黄河及海河下游和大运河沿岸。大多为构造运动或与河流演变有关的构造湖或河迹湖。主要问题是因位于我国经济活动最活跃的区域之一,社会经济快速发展和强烈的经济活动导致湖泊水体富营养化和水质污染日趋加重。

(3)云贵湖区地处亚热带西南季风气候区,湖泊主要分布在断裂带或重要水系的分水岭地带,多为构造湖和淡水湖,湖深而水澈,终年不结冰,年水位变幅不大,换水周期长,生态系统脆弱,特有物种多。主要问题是区内湖泊流域连通性差,换水周期长,生态脆弱,易发生水体富营养化,遭受破坏后恢复和治理难度大。

(4)蒙新湖区位于北部内蒙古至新疆间的内陆地区,气候干旱,降水稀少。湖区内湖水补给量少且蒸发量大,极易浓缩形成闭流类的咸水湖或盐湖。区内河流多是彼此独立的内陆盆地水系。蒙新湖区的湖泊多为野生动物的重要栖息地,具有区域生态环境调节和生物多样性保护等重要生态功能,对西部生态安全发挥着重要作用。主要问题是湖泊湖面萎缩,水质盐化、沼泽化现象严重,区内工农业快速发展导致工农业用水量大幅增加,污染防治压力不断加大,湖泊水环境形势严峻。

(5)青藏湖区位于高海拔地区,湖泊数量多、面积大,气候严寒,降水稀少;区内湖泊多分布在一些和山脉平行的山间盆地或巨型谷地中,湖盆陡峭,湖水较深,湖水主要靠高山融水补给,湖泊水位变幅较小,以咸水湖和盐湖为主,湖泊生物物种独特。青藏高原湖泊水资源丰富,其独特的生境孕育了丰富的生物资源,是重要的生物资源富集区域。由于青藏湖区多为藏教文化圣地,一些湖泊被尊为"圣湖",区内人口稀少,湖区以农牧业为主,人类活动对湖泊干扰较小。全球气候变化和水资源开发是影响青藏湖区湖泊生态环境的主要因素。

从政策侧重点看,规划由过去重点关注富营养化等水质变化,向关注整个流域生态系统健康转变,对水体营养程度变化、湖水咸化、生物多样性变化等生态环境问题予以全面关注;从保护范围看,由过去重点关注东部湖区等发达地区的湖泊或城市内湖,向全国五大湖区广覆盖转变,对西部等偏远地区的湖泊也给予应有重视;从保护资金看,水质较好湖泊生态环境保护项目资金主要由地方为主,中央财政资金予以适当补助,以引导各地积极拓宽融资渠道、创新投融资机制。

九、面源污染控制

面源污染(Diffused Pollution,DP),也称非点源污染(Non-point Source Pollution,NPS),是指溶解和固体的污染物从非特定地点,在降水或融雪的冲刷作用下,通过径流过程而汇入受纳水体(包括河流、湖库和海湾等)并引起有机污染、水体富营养化或有毒有害等其他形式的污染。面源污染自20世纪70年代被提出和证实以来,对水体污染所占比重随着对点源污染的大力治理呈上升趋势。面源污染的主要来源有城市中的地表径流、含有农药化肥的农田排水、农村畜禽养殖废水、农村生活污染、水土流失等,农业农村面源是面源污染的最主要组成部分。

随着农村经济的不断发展,农村面源污染危害日益严重,甚至成为制约农村经济发展的因素。农村面源污染主要来源于农业化肥、农药、地膜等不合理使用,畜牧业养殖及农村生产和生活用水等。

为加快农村环境治理步伐,解决突出的农村环境问题,2010年中央和国务院发布了关于农村环境整治工作的有关要求,国家财务部,环境保护部不断深化农村环境综合整治"以奖促治"政策,将连片整治作为农村环境综合整治的主要方式和中央农村环保资金的重点支持方向,并把2011—2013年作为农村环境连片整治的示范期,经过为期两年的农村环境连片整治,使农村环境质量得到有效改善。

农村环境连片整治工作针对农村生活垃圾、畜禽养殖污染等提供了控制措施。例如,畜禽养殖密集区域或养殖专业村,应优先采取"养殖入区(园)"的集约化养殖方式,采用"厌氧处理+还田"、"堆肥+废水处理"和生物发酵床等技术模式,对粪便和废水资源化利用或处理。农村环境连片整治有效地改善农村环境污染问题。农村生活垃圾连片处理项目中提到,建有区域性生活垃圾堆肥厂、垃圾焚烧发电厂的地区,需优先开展垃圾分类,配套建设生活垃圾分类、收集、贮存和转运设施,进行资源化利用。交通不便、布局分散、经济欠发达的村庄,适宜采用生活垃圾分类资源化利用的技术模式,有机垃圾与秸秆、稻草等农业生产废弃物混合堆肥或气化,实现资源化利用,其余垃圾定时收集、清运,转运至垃圾处理设施进行无害化处理。城镇化水平较高、经济较发达、人口规模大、交通便利的村

庄,适宜利用城镇生活垃圾处理系统,实现城乡生活垃圾一体化收集、转运和处理处置。生活垃圾产生量较大时,应因地制宜建设区域性垃圾转运和压缩设施。农村环境连片整治工作的开展是农村环境改善的有效方式,取得了进展性的效果。

1. 农业面源污染控制

农业面源污染控制的主要途径是"一控两减三基本"。"一控",即严格控制农业用水总量,大力发展节水农业,按照农业部政策要求,到 2020 年全国确保农业灌溉用水量保持在 3 720 亿立方米,农田灌溉水有效利用系数达到 0.55;"两减",即减少化肥和农药使用量,实施化肥、农药零增长行动,确保测土配方施肥技术覆盖率达 90% 以上,农作物病虫害绿色防控覆盖率达 30% 以上,肥料、农药利用率均达到 40% 以上,全国主要农作物化肥、农药使用量实现零增长;"三基本",即畜禽粪便、农作物秸秆、农膜基本资源化利用,大力推进农业废弃物的回收利用,确保规模畜禽养殖场(小区)配套建设废弃物处理设施比例达 75% 以上,秸秆综合利用率达 85% 以上,农膜回收率达 80% 以上。

(1)大力发展节水农业。确立水资源开发利用控制红线、用水效率控制红线和水功能区限制纳污红线。严格控制入河湖排污总量,加强灌溉水质监测与管理,确保农业灌溉用水达到农田灌溉水质标准,严禁未经处理的工业和城市污水直接灌溉农田。实施"华北节水压采、西北节水增效、东北节水增粮、南方节水减排"战略,加快农业高效节水体系建设。加强节水灌溉工程建设和节水改造,推广保护性耕作、农艺节水保墒、水肥一体化、喷灌、滴灌等技术,改进耕作方式,在水资源问题严重地区,适当调整种植结构,选育耐旱新品种。

(2)实施化肥和农药零增长行动。扩大测土配方施肥在设施农业及蔬菜、果树、茶叶等园艺作物上的应用,推进新型肥料产品研发与推广,集成推广种肥同播、化肥深施等高效施肥技术,不断提高肥料利用率,积极探索有机养分资源利用有效模式,鼓励开展秸秆还田、种植绿肥、增施有机肥,合理调整施肥结构,引导农民积极施用农家肥。建设自动化、智能化田间监测网点,构建病虫监测预警体系,因地制宜集成推广适合不同作物的技术模式,扩大低毒生物农药补贴项目实施范围,加速生物农药、高效低毒低残留农药推广应用,逐步淘汰高毒农药。

(3)推进养殖污染防治。按照农牧结合、种养平衡的原则,科学规划布局畜禽养殖。推行标准化规模养殖,配套建设粪便污水贮存、处理、利用设施,改进设施养殖工艺,鼓励和支持散养密集区实行畜禽粪污分户收集、集中处理。在种养密度较高的地区和新农村集中区因地制宜建设规模化沼气工程,同时支持多种模式发展规模化生物天然气工程。因地制宜推广畜禽粪污综合利用技术模式,规范和引导畜禽养殖场做好养殖废弃物资源化利用。加强水产健康养殖示范场建设,推广工厂化循环水养殖、池塘生态循环水养殖及大水面网箱养殖底排污等养殖技术。

(4)着力解决农田残膜污染。加快地膜标准修订,严格规定地膜厚度和拉伸强度,严禁生产和使用厚度 0.01 mm 以下地膜,从源头保证农田残膜可回收。加大旱作农业技术补助资金支持,对加厚地膜使用、回收加工利用给予补贴。开展农田残膜回收区域性示范,扶持地膜回收网点和废旧地膜加工能力建设,逐步健全回收加工网络,创新地膜回收与再利用机制。加快生态友好型可降解地膜及地膜残留捡拾与加工机械的研发,建立健全可降解地膜评估评价体系。

（5）深入开展秸秆资源化利用。大力开展秸秆还田和秸秆肥料化、饲料化、基料化、原料化和能源化利用。建立健全政府推动、秸秆利用企业和收储组织为轴心、经纪人参与、市场化运作的秸秆收储运体系，降低收储运输成本，加快推进秸秆综合利用的规模化、产业化发展。完善激励政策，研究出台秸秆初加工用电享受农用电价格、收储用地纳入农用地管理、扩大税收优惠范围、信贷扶持等政策。

2. 农村面源污染控制

住建部统计数据显示，到 2013 年年底，我国城市污水处理率已达 89.34%，县城的污水处理率达 78.47%，而对生活污水进行处理的建制镇比例仅 18.9%，对生活污水进行处理的建制村比例更是仅为 5.1%，改进潜力十分巨大。我国农村生活污水具有污染物相对较稳定、成分简单、有机污染物含量较低等特点，但由于空间差异较大，不同地区农村生活污水处理无法采用统一、集中的模式，必须因地制宜开展，其所需技术、资金、人力也各不相同，带来了一系列困难。做好农村面源污染控制，可主要从规划、资金、维护等三个方面入手。

（1）规划方面。规划先行方能确保农村生活污水治理的科学性、规范性、可行性。应制定明确的规划细则要求，充分利用规范的规划技术支持，通过前期的规划保障后期建设运行的科学合理性。一是因地制宜，城乡接合部农村尽可能纳入城市污水收集系统，避免重复建设。丘陵地区要依据居住分散、地形起伏特点合理安排工艺和管网。合理安排污水处理设施和管网，避免因不合理布局带来的纳管不便及处理过程中恶臭影响。二是因时制宜，分期实施。合理预测近远期用水量，近远期结合，满足农村发展需要。三是生态优先，考虑农村自然环境特点和运行问题，优先采用生态处理等技术，充分考虑农业对处理后中水的回用需求。

（2）资金方面。目前我国的农村环保投入水平总体仍较低，相当部分农村环境整治经费主要用在垃圾收运体系的构建，农村生活污水治理的经费得不到保障。农村生活污水处理设施的建设投资费用在 0.15 万元/m³—1.0 万元/m³ 之间，即使按人均产生生活污水 30 L/天计算，我国农村 61 866 万常住人口产生污水所需处理设施建设费用也高达 278.40 亿—1 855.98 亿元之间，运营经费缺口更甚。要加快制定、完善和细化可操作的农村污水处理设施建设和运营投入政策，在严格按照相关规范性文件进行污水处理设施设计与成本核算的同时，充分考虑农村、农民自身的支付能力，按农民平均年收入水平建立有利于弥补农民支付能力不足的农村生活污水处理设施建设补助标准和运行补助标准，确保长期良性运营。

维护方面。突出表现为"缺机构、缺制度、缺人员、缺技术"，目前我国各地农村污水处理设施的运行维护单位以镇、村自行运行管理居多。一些设施还处在建成初期，仍由建设单位代为运行；一些地区的设施在验收后则移交给县区住建、水务等责任部门下属的运营公司负责运行；此外有少数县区已开始尝试委托有资质公司运行维护其农村污水处理设施的市场化、专业化道路。要建立健全考核督查机制，充分发挥各级环保部门监管职能，将农村生活污水处理纳入县级环境监测机构年度监督监测计划，将农村污水收集处理工作与各项创建、考评等工作紧密结合起来，通过县对乡镇，乡镇对村，乡村对污水处理机构自上而下三级联动的考核督查机制，确保农村生活污水处理示范工程正常运行。

阅读材料

禁止在下列区域内建设畜禽养殖场、养殖小区：

（一）饮用水水源保护区、风景名胜区；

（二）自然保护区的核心区和缓冲区；

（三）城镇居民区、文化教育科学研究区等人口集中区域；

（四）法律、法规规定的其他禁止养殖区域。

注：畜禽养殖禁养区是指按照法律、法规、行政规章等规定，在指定范围内禁止任何单位和个人养殖畜禽的区域。

畜禽养殖限养区是指按照法律、法规、行政规章等规定，限定畜禽养殖数量，禁止新建、扩建规模化畜禽养殖场的区域。

畜禽养殖适养区是指行政区内划定的禁养区和限养区以外的其他区域。

第三节　地下水环境管理

地下水是水资源的重要组成部分，也是我国北方地区及许多城市的重要供水水源，地下水的合理开发利用对我国社会经济发展和生态环境保护具有十分重要的作用。近几十年来，随着我国经济社会的不断发展，地下水资源开采量日益增加，产生了区域性地下水位下降、水源地枯竭，进而诱发了地面沉降、地裂缝、海水入侵、土壤盐渍化及土地沙化等一系列生态及环境地质问题。同时，地下水污染问题也日趋严重，由于地表以下地层复杂，地下水流动极其缓慢，地下水污染具有过程缓慢、不易发现和难以治理的特点。地下水一旦受到污染，即使彻底消除其污染源，也需十几年，甚至几十年才能使水质恢复，因此，地下水环境管理工作必须更加重视源头预防，通过各种措施有效防范地下水污染风险。

一、我国地下水环境现状及管控目标

1. 现状

根据 2000—2002 年国土资源部"新一轮全国地下水资源评价"结果，全国地下水环境质量"南方优于北方，山区优于平原，深层优于浅层"。按照《地下水质量标准》（GB/T 14848—93）进行评价，全国地下水资源符合Ⅰ类—Ⅲ类水质标准的占 63%，符合Ⅳ类—Ⅴ类水质标准的占 37%。南方大部分地区水质较好，符合Ⅰ类—Ⅲ类水质标准的面积占地下水分布面积的 90% 以上，但部分平原地区的浅层地下水污染严重，水质较差。北方地区的丘陵山区及山前平原地区水质较好，中部平原区水质较差，滨海地区水质最差。根据对京津冀、长江三角洲、珠江三角洲、淮河流域平原区等地区地下水有机污染调查，主要城市及近郊地区地下水中普遍检测出有毒微量有机污染指标。根据 2016 年《中国环境状况公报》，全国 31 个省（区、市）225 个地市级行政区的 6124 个监测点中，水质为优良级、良好级、较好级、较差级和极差级的监测点分别占 10.1%、25.4%、4.4%、45.4% 和 14.7%。主要超标指标为锰、铁、总硬度、溶解性总固体、"三氮"（亚硝酸盐氮、硝酸盐氮和氨氮)、硫酸盐、氟化物等,个别监测点存在砷、铅、汞、六价铬、镉等重(类)金属超标现象,各流域片区水质综合评价如表6-3。

表6-3　2016年各流域片区地下水水质综合评价结果

流域	测站比例(%)		
	良好以上	较差	极差
松花江	12.9	72.0	15.1
辽河	10.6	60.6	28.8
海河	31.1	52.0	16.9
黄河	25.5	44.1	30.5
淮河	25.1	65.4	9.5
长江	20.0	65.7	14.3
内陆河	26.1	48.6	25.4
全国	24.0	56.2	19.8

2. 主要问题

近年来,我国城市污水排放量大幅增加,由于资金投入不足,管网建设相对滞后、维护保养不及时,管网漏损导致污水外渗,部分进入地下水体;雨污分流不彻底,汛期污水随雨水溢流。部分垃圾填埋场渗滤液严重污染地下水。

部分行业威胁地下水环境安全,铬渣和锰渣堆放场渗漏污染地下水事件时有发生;石油化工行业勘探、开采及生产等活动显著影响地下水水质,加油站渗漏污染地下水问题日益显现;部分工业企业通过渗井、渗坑和裂隙排放、倾倒工业废水,造成地下水污染;部分地下水工程设施及活动止水措施不完善,导致地表污水直接污染含水层,以及不同含水层之间交叉污染。

土壤污染总体形势不容乐观,土壤中一些污染物易于淋溶,对相关区域地下水环境安全构成威胁。我国单位耕地面积化肥及农药用量分别为世界平均水平的2.8倍和3倍,大量化肥和农药通过土壤渗透等方式污染地下水;部分地区长期污水灌溉,农业区地下水氨氮、硝酸盐氮、亚硝酸盐氮超标和有机污染日益严重。

地表水污染对地下水影响日益加重,特别是在黄河、辽河、海河及太湖等地表水污染较严重地区,因地表水与地下水相互连通,地下水污染十分严重。部分沿海地区地下水超采,破坏了海岸带含水层中淡水和咸水的平衡,引起了沿海地区地下水的海水入侵。上述污染严重威胁地下水饮用水水源环境安全,部分地下水饮用水水源甚至检测出重金属和有机污染物,对人体健康构成潜在危害。由于地下水水文地质条件复杂,治理和修复难度大、成本高、周期长,一旦受到污染,所造成的环境与生态破坏往往难以逆转。当前,我国相当部分地下水污染源仍未得到有效控制,污染途径尚未根本切断,部分地区地下水污染程度仍在不断加重。

3. 管控目标

根据《全国地下水污染防治规划(2011—2020年)》,到2020年,全面监控典型地下水污染源,有效控制影响地下水环境安全的土壤,科学开展地下水修复工作,重要地下水饮用水水源水质安全得到基本保障,地下水环境监管能力全面提升,重点地区地下水水质明显改善,地下水污染风险得到有效防范,建成地下水污染防治体系。按照《水污染防治行动计划》和"十三五"规划,到2020年,全国地下水质量极差比例要控制在15%左右,较2015年15.7%的现状有所下降。

二、地下水污染防治区划

地下水污染防治区划是地下水污染地质调查评价工作的一项重要内容,其目的是保护地下水资源,为制定和实施地下水污染防治规划提供依据。目前,地下水污染防治区划并未形成明确概念。有学者认为地下水污染防治区划是基于一定的调查与原则,在评价地下水现实和潜在利用价值、含水层遭受污染的脆弱性、土地利用和污染源类型、分布来确定污染荷载的风险性,以及根据地下水的不同使用功能来确定污染危害性的基础上开展的区划。其中地下水功能评价和地下水脆弱性评价是地下水污染防治区划的基础。有学者认为地下水污染防治区划是针对地下水污染问题,从污染事件发生的本质角度、地下水开采利用的社会经济角度及现阶段实施地下水保护措施的政策角度综合开展的地下水评价。

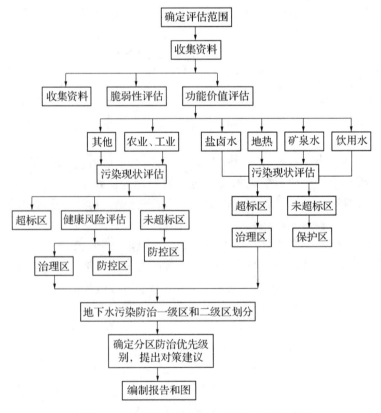

图6-3 地下水污染防治区划分工作流程图

2016年,环境保护部发布《地下水污染防治区划分工作指南(试行)》,综合考虑水文地质单元及行政区划,划定地下水污染防治分区范围。综合考虑地下水水文地质结构、脆弱性、污染状况、水资源禀赋和行政区划等因素,建立地下水污染防治区划分体系,划定地下水污染治理区、防控区及保护区。将保护区划分为一级保护区、二级保护区及准保护区;防控区划分为优先防控区、重点防控区和一般防控区;治理区划分为优先治理区、重点治理区和一般治理区。

1. 污染源载荷评估

地下水重点污染源主要包括工业污染源、矿山开采区、危险废物处置场、垃圾填埋场、加油站、农业污染源和高尔夫球场等。

单个地下水污染源荷载风险的计算公式为:

$$P = T \times L \times Q \tag{6-1}$$

式中:P 表示污染源荷载风险指数;T 表示污染物毒性,以致癌性标示;L 表示污染源释放可能性,与污染物类型、污染年份、防护措施等有关;Q 表示可能释放污染物的量,与污染年份、污染面积、排放量等有关。

将单个污染源风险进行计算,计算结果 P 值由大到小排列,根据取值范围分为低、较低、中等、较高、高五个等级。依据各污染源计算结果叠加形成综合污染源荷载等级图,由强到弱分为强、较强、中等、较弱、弱五级。

2. 地下水脆弱性评估

地下水脆弱性评估主要针对我国浅层地下水的水文地质条件,提出适合的孔隙潜水、岩溶水及裂隙水的地下水脆弱性评估方法,得出在天然状态下地下水对污染所表现的本质敏感属性。地下水脆弱性评估与污染源或污染物的性质和类型无关,取决于地下水所处的地质与水文条件,是静态、不可变和人为不可控制的。因此地下水脆弱性评估首要是判别地下水类型,然后识别地下水脆弱性主控因素。

3. 地下水功能价值评估

地下水的使用功能主要包括饮用水、饮用天然矿泉水、地热水、盐卤水、农业用水、工业用水等。在明确地下水使用功能的基础上,地下水功能价值等级的计算综合考虑两个方面因素:地下水水质和地下水富水性。地下水水质可采用《地下水质量标准》(GB/T 14848)和《生活饮用水卫生标准》(GB 5749)中的单因子污染评价法和综合污染评价法。地下水富水性表征地下资源的埋藏条件和丰富程度,可用评估基准年的单井涌水量表征。

4. 地下水污染现状评估

地下水污染现状评估是指在不同的地下水使用功能区内评估人类活动产生的有毒有害物质的程度。主要采用"三氮"、重金属和有机类等有毒有害污染指标,在扣除背景值的前提下进行评估,直观反映人为影响的污染状况,根据评估指标超过标准的程度进行分区。其评估方法主要是对照法。

环境管理与规划

表6-4　地下水污染防治区划结果分析详表

一级区划	二级区划	使用功能	污染现状	防控R值	对策建议(推荐)
保护区	一级保护区	饮用水一级保护区	未超标	(不需考虑)	依据国家和地方有关法律严格保护禁止在饮用水水源一级保护区内新建、改建、扩建与供水设施和保护水源无关的建设项目;已建成的与供水设施和保护水源无关的建设项目,由县级以上人民政府责令或者关闭。禁止在饮用水水源一级保护区内从事网箱养殖、旅游、游泳、垂钓或者其他可能污染水体的活动。一级保护区物理隔离设施覆盖率100%。检测频次建议每月开展一次常规指标监测,每年开展一次水质全分析。
	二级保护区	饮用水二级保护区	未超标	(不需考虑)	禁止在饮用水水源二级保护区内新建、改建、扩建与供水设施和保护水源无关的建设项目;已建成的与供水设施和保护水源无关的建设项目,由县级以上人民政府责令或者关闭。在饮用水水源二级保护区内从事网箱养殖、旅游等活动的应当按照规定采取措施,防止污染饮用水水体。
		特殊使用功能	未超标	高	
	准保护区	饮用水准保护区	未超标	(不需考虑)	禁止在饮用水水源准保护区内新建、扩建对水体污染严重的建设项目;改建设项目,不得增加排污量。禁止建设城市垃圾,粪便和易溶、有毒有害废物的堆放场所,因特殊需要建立转运站的,必须经有关部门批准,并采取防渗漏措施;化工原料、矿物油类及有毒有害矿产品的堆放场所必须有防雨防渗措施;不得使用不符合《农田灌溉水质标准》(GB 5084)的污水进行灌溉。
		特殊使用功能	未超标	中或低	
防控区	优先防控区	农业	未超标	高	严格执行环境影响评价政策,做好相应的地下水污染防渗措施等。可在防控相对较低、条件较好的防控区内新建设项目。
	重点防控区	农业		中、低	
		工业及其他		高	
	一般防控区	工业及其他		中、低	

续表

一级区划	二级区划	使用功能	污染现状	防控R值	对策建议（推荐）
治理区	优先治理区	饮用水（城镇及农村）	超标	（不需考虑）	取缔违法建设项目和活动,优先开展地下水污染修复工作,饮用水水源地和特殊使用功能区为中心分区块开展详细调查制定修复目标,启动地下水污染修复工作。
		特殊使用功能	超标		
	重点治理区	农业	健康风险评估结果超过可接受健康风险水平且为V类		加大整治当前和关闭地下水系统内威胁农业用水的重点污染源,严厉打击违法排污行为。污水灌区已布置在防渗条件较好的厚土层区,并严格控制灌溉定额和采取防渗措施。对大量使用农药化肥的耕地,严格控制使用量。对废渣、矿渣及城市垃圾的堆放需经过调查研究,选择合理的地点。进行修复评估工作,以井灌供区为中心,分区块开展详细调查,制定修复目标,启动地下水污染修复工作。
		农业	健康风险评估结果超过可接受健康风险水平		
	一般治理区	工业及其他	健康风险评估结果超过可接受健康风险水平且为V类		强化重点水环境污染治理区的综合整治,整治区域内石化、电镀、印染、制革等重污染型企业,加大截污管网和污水集中处理设施建设力度;加大生禽养殖和面源污染治理力度,划定畜禽禁养区。结合有关划定及时关闭区域内不符合地下水污染的区划和产业布局要求的污染企业;加快推进污水处理设施和配套管网建设。逐步开展地下水污染修复工作,根据土地功能和地下水污染途径,制定修复目标筛选、修复技术,推进典型污染企业的修复示范工程。

三、地下水环境监测

地下水环境监测是评价地下水环境质量的重要依据,是检验地下水环境保护措施是否有效的直接手段。通过监测评价地下水污染程度和污染浓度的分布,可识别地下水污染问题成因和责任主体。地下水环境监测是发现隐蔽性地下水污染状况的眼睛,是开展地下水污染防治的重要基础。

建立地下水环境监测网,应充分利用现有国土、水利和环保等地下水环境监测井。地下水环境监测井以地下水集中式饮用水水源和重点污染源等小尺度为主,以区域大尺度为辅。孔隙型地下水饮用水水源地监测点布设宜采用网格法布点,岩溶地下水水源地监测点宜按照地下河管道布点,裂隙型地下水饮用水水源地监测点宜按照裂隙发育通道布点。如,针对位于华北平原地下水集中式饮用水源补给径流区的石油化工企业、大

中型矿山开采及加工区、地市级以上工业固体废物堆存场和填埋场、规模较大的生活垃圾堆放场、高尔夫球场等地下水环境风险较大的重点污染源,监测井布设需满足在每个污染源地下水背景区至少布置一个监测井和下游区至少布置三个监测井,及时掌控地下水污染态势。

科学布设监测井层位,构建立体分层监测网。地下水不同层位可能具有不同使用功能和污染状况,应根据监测对象和目的设置相应地下水监测层位,构建地下水三维立体分层环境监测网,为地下水质分层评价提供依据。地下水集中式饮用水水源地下水环境监测应以饮用水开采的含水层段为主,兼顾有水力联系含水层。重点污染源周边地下水环境监测以浅层地下水监测为主。区域尺度地下水环境监测层位包括浅、中、深层的不同含水层组,监控不同层位地下水环境状况。

四、地下水污染控制

1. 地下水污染的主要途径

地下水污染途径是污染物从污染源到达地下水中整个过程的路径。其途径有:通过渗井、渗坑的直接注入;通过地表水体(河流、湖泊、明渠、蓄水池、污水库、海水等)的入渗;工业废水和生活污水通过包气带的渗透;含水层中污染物质的运移包括扩散、对流和弥散;相邻含水层的补给。在考虑地下水污染途径时,要重视地下水可能的补给源是否受到污染,补给途径中有无污染物存在等情况。

按照水力学上的特点,地下水污染途径又可分为四类:间歇入渗型、连续入渗型、越流型和径流型。① 间歇入渗型。特点是污染物通过大气降水或灌溉水的淋滤,使固体废物、表层土壤或地层中的有毒或有害物质周期性(灌溉旱田、降雨时)从污染源通过包气带土层渗入含水层。这种渗入一般是呈非饱水状态的淋雨状渗流形式,或者呈短时间的饱水状态连续渗流形式。其污染物是呈固体形式赋存于固体废物或土壤中的。当然,也包括用污水灌溉大田作物,其污染物则是来自城市污水。这种类型的污染对象主要是潜水。② 连续入渗型。特点是污染物随各种液体废弃物不断经包气带渗入含水层,这种情况下或者包气带完全饱水,呈连续入渗的形式,或者是包气带上部的表水层完全饱水呈连续渗流形式,而其下部(下包气带)呈非饱水的淋雨状的渗流形式渗入含水层。这种类型的污染物一般是液态的。最常见的是污水蓄积地段(污水池、污水渗坑、污水快速渗滤场、污水管道等)的渗漏,以及被污染的地表水体和污水渠的渗漏,当然污水灌溉的水田更会造成大面积的连续入渗。这种类型的污染对象亦主要是潜水。③ 越流型。特点是污染物通过层间越流的形式转入其他含水层。这种转移或者通过天然途径(水文地质天窗),或者通过人为途径(结构不合理的井管、破损的老井管等),或者因为人为开采引起的地下水动力条件的变化而改变了越流方向,使污染物通过大面积的弱隔水层越流转移到其他含水层。其污染来源可能是地下水环境本身的,也可能是外来的,它可能污染承压水或潜水。④ 径流型。特点是污染物通过地下水径流的形式进入含水层,即或者通过废水处理井,或者通过岩溶发育的巨大岩溶通道,或者通过废液地下储存层的隔离层的破裂进入其他含水层。海水入侵是海岸地区地下淡水超量开采而造成海水向陆地流动的地下径流。其污染物可能是人为来源也可能是天然来源,可能是污染潜水或承压水。

2. 现阶段主要控制的地下水污染源

(1) 城镇污染。持续削减影响地下水水质的城镇生活污染负荷,控制城镇生活污水、污泥及生活垃圾对地下水的影响。在提高城镇生活污水处理率和回用率的同时,加强现有合流管网系统改造,减少管网渗漏;规范污泥处置系统建设,严格按照污泥处理标准及堆存处置要求对污泥进行无害化处理处置。逐步开展城市污水管网渗漏排查工作,结合城市基础设施建设和改造,建立健全城市地下水污染监督、检查、管理及修复机制。降低大中城市周边生活垃圾填埋场或堆放场对地下水的环境影响,目前正在运行且未做防渗处理的城镇生活垃圾填埋场,应完善防渗措施,建设雨污分流系统。对于已封场的城镇生活垃圾填埋场,要开展稳定性评估及长期地下水水质监测。对于已污染地下水的城镇生活垃圾填埋场,要及时开展顶部防渗、渗滤液引流、地下水修复等工作。

(2) 工业污染。建立工业企业地下水影响分级管理体系,以石油炼化、焦化、黑色金属冶炼及压延加工业等排放重金属和其他有毒有害污染物的工业行业为监管重点。石油天然气开采的油泥堆放场等废物收集、贮存、处理处置设施应按照要求采取防渗措施,并防止回注过程中对地下水造成污染。石油天然气管道建设应避开饮用水源保护区,确实无法绕行的,应采取严格的防渗漏等特殊处理措施后从地下通过,最大限度地防止输送过程中的跑冒滴漏。防控地下工程设施或活动对地下水的污染,兴建地下工程设施或者进行地下勘探、采矿等活动,特别是穿越断层、断裂带以及节理裂隙的地下水发育地段的工程设施,应当采取防护性措施。整顿或关闭对地下水影响大、环境管理水平差的矿山。

(3) 农业面源污染。除化肥和农药等主要污染源防控外,还要把控制污水灌溉作为重点。要科学分析灌区水文地质条件等因素,客观评价污水灌溉的适用性。避免在土壤渗透性强、地下水位高、含水层露头区进行污水灌溉,防止灌溉引水量过大,杜绝污水漫灌和倒灌引起深层渗漏污染地下水。污水灌溉的水质要达到灌溉用水水质标准。定期开展污灌区地下水监测,建立健全污水灌溉管理体系。

重污染地表水侧渗、垂直补给和土壤污染也是导致地下水污染的途径之一。

第四节　海洋环境管理

　　海洋是潜力巨大的资源宝库,是人类赖以生存和发展的蓝色家园,是我国经济社会可持续发展的重要载体和生态文明建设的战略空间。我国位于太平洋西岸,濒临渤海、黄海、东海、南海及台湾以东海域,跨越温带、亚热带和热带,大陆海岸线北起鸭绿江口,南至北仑河口,长达 1.8 万多千米,岛屿岸线长达 1.4 万多千米,大于 10 km² 的海湾 160 多个,自然深水岸线 400 多千米。我国拥有世界海洋大部分生态系统类型,包括入海河口、滨海湿地、珊瑚礁、红树林、海草床等浅海生态系统以及岛屿生态系统,具有各异的环境特征和生物群落。近岸海域是陆地和海洋两大生态系统的交汇区域,陆地和海洋环境因素都对近岸海域环境质量有着十分重要的影响。海洋在海陆水循环中的作用,使其成为众多污染物的最终归宿。随着经济快速发展和生活水平的提高,以各种方式、通过各种途径排入近岸海域的污染物总量居高不下,近岸海域的环境质量状况不容乐观。

一、我国海洋环境现状及管控目标

根据环境保护部发布的《2016 年中国近岸海域环境质量公报》,2016 年,全国近岸海域总体水质基本保持稳定,水质级别为一般。按照监测的代表面积计算,一类海水面积 107 563 km²,二类海水面积 130 894 km²,三类海水面积 21 592 km²,四类海水面积 8 023 km²,劣四类海水面积 35 531 km²。按照监测点位计算,优良点位比例为 73.4%,超标点位主要集中在辽东湾、渤海湾、长江口、珠江口以及江苏、浙江、广东部分近岸海域,主要超标因子为无机氮和活性磷酸盐。从六年变化看,近岸海水水质总体保持稳定。

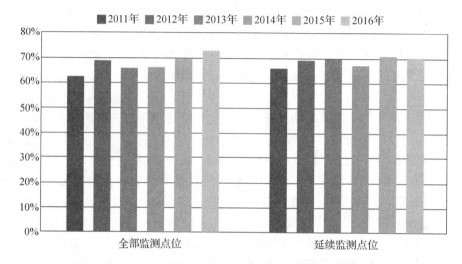

图 6-4 2011 年—2016 年全国近岸海域水质优良点位比例变化

9 个重要海湾中,北部湾水质优;辽东湾、黄河口和胶州湾水质一般;渤海湾和珠江口水质差;长江口、杭州湾和闽江口水质极差。与 2015 年相比,辽东湾和珠江口水质好转,闽江口水质变差,其他海湾水质基本保持稳定。

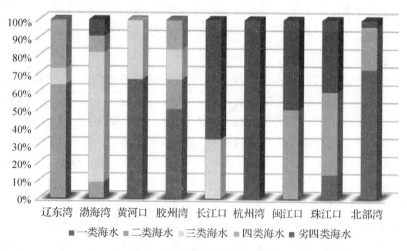

图 6-5 2016 年重要海湾近岸海域水质类别

沿海省份中,广西和海南近岸海域水质优,优良点位比例分别为95.7%和100%;辽宁和山东水质良好,优良点位比例分别为83.3%和93.8%;河北、天津、江苏、福建和广东水质一般,优良点位比例分别为76.9%、33.3%、68.2%、72.3%和78.9%;上海和浙江水质极差,优良点位比例分别为0和28.6%。

表6-5　2016年四大海区近岸海域各类海水统计

省份	水质状况	一类海水	二类海水	三类海水	四类海水	劣四类海水	主要污染因子
辽宁	良好	35.0	48.3	6.7	6.7	3.3	无机氮
河北	一般	23.1	53.8	0	7.7	15.4	无机氮、石油类
天津	一般	0	33.3	66.7	0	0	无机氮、硫化物、化学需氧量、滴滴涕
山东	良好	46.2	47.7	4.6	1.5	0	
江苏	一般	18.2	50	13.6	13.6	4.5	无机氮、活性磷酸盐、化学需氧量
上海	极差	0	0	30	0	70	无机氮、活性磷酸盐
浙江	极差	8.9	19.6	12.5	5.4	53.6	无机氮、活性磷酸盐
福建	一般	19.1	53.2	14.9	2.1	10.6	无机氮、活性磷酸盐
广东	一般	169	62.0	11.3	0	99	pH、无机氮、活性磷酸盐、石油类、阴离子表面活性剂
广西	优	91.3	4.3	0	0	4.3	—
海南	优	78.9	21.1	0	0	0	

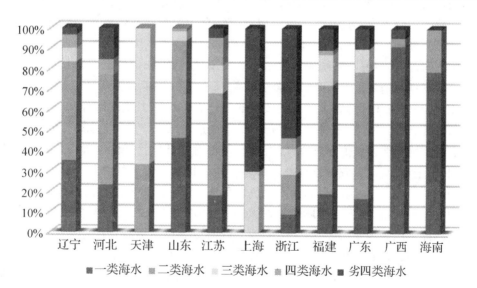

图6-6　全国近岸海域水质

　　根据环境保护部等十部委联合发布的《近岸海域污染防治方案》,"十三五"期间,全国近岸海域水质稳中趋好;2020年沿海各省(区、市)近岸海域一、二类海水比例达到目标要求,全国近岸海域水质优良(一、二类)比例达到70%左右;入海河流水质与2014年相比

有所改善,且基本消除劣于Ⅴ类的水体。

二、我国海洋环境管理体制

与海洋环境问题严峻的形势相比,我国海洋环境管理"条块分割、以块为主、分散管理"的体制机制基本延续了新中国成立后以行业职能管理为基础的形式。1980年由国家计委、科委等五部委联合开展的全国海岸带和海涂资源综合调查工作拉开了我国海洋环境综合管理的序幕,沿海各地方省市相继成立专司海洋环境管理的厅(局)机构。1982年《海洋环境保护法》的颁布,更是以法律形式确定了我国海洋环境管理体制综合为导向、行业为基础的基本格局。1988年《关于国务院机构改革的决定》正式赋予了国家海洋局海洋综合管理职能,其职责之一就是负责全国的海洋环境保护与监督等,并通过一系列海洋环境保护法规和机构的建立,积极推进我国海洋环境管理体系的建构。1998年,国家海洋局由隶属国务院的直属局整合为国土资源部的直属部门,我国海洋环境管理体制的集中性进一步提升。这种提升在2013年后达到高点,原有四个海洋环境执法队伍整合为海警局和海事局两大执法队伍,标志着我国海洋环境管理进入新时期。

纵观我国海洋环境管理体制演变历程,我国海洋环境管理体制发展有两条主线贯穿其中:一方面,我国海洋环境管理体制一直沿袭着将有关海洋环境管理的活动划分给不同职能部门进行分工管理,这种职能管理是政府陆地管理模式向海洋的延伸。另一方面,在职能管理基础上,海洋环境的"综合管理"逐渐纳入国家视野,"十二五"规划与2013年政府工作报告就分别提出了"提高海洋综合管理能力"与"加强海洋综合管理"的命题。因此,逐渐形成了我国现行海洋环境管理体制中综合管理与职能管理、统一管理与分级管理的统筹结合。

从国家层面来讲,我国海洋环境管理体制呈现出"条条"状的管理模式,体现了综合管理与职能管理的统筹:一方面,我国已经成立了综合化的海洋环境管理与协调机构,即国家海洋委员会和国土资源部国家海洋局。前者作为高层次的海洋议事协调机构,其负责研究制定国家海洋发展战略,统筹协调海洋各大事项;后者作为国家海洋行政主管部门,则承担全国海洋环境的监督管理、海洋污染损害等。另一方面,《海洋环境保护法》第一章第五条规定,我国海洋环境管理的相关政府部门还有作为国务院环境保护行政主管部门的环境保护部、作为国家海事行政主管部门的交通运输部海事局,作为国家渔业行政主管部门的农业部渔业局以及海军环境保护部门,使得海洋环境管理的职能分散于交通运输管理部门、国土资源部门、农业管理部门的多个职能机构中。另外,国家海洋局统一指挥中国海警局队伍,其与中国海事局共同肩负着我国海洋环境管理执法的职能。

从地方层面来讲,我国海洋环境管理体制呈现出"块块"状,就是将沿海地方政府及其领导下的职能部门延展至海洋,赋予沿海地方政府以海洋环境管理职能。但地方的相关机构设置、职责权限与中央多职能部门分管的体制类型并不完全对接,主要有两种机构:一是沿海县级以上地方政府(包括8个省、1个自治区和2个直辖市),二是地方海洋环境管理机构。且后者在实践中逐渐形成了三种模式:模式一是辽宁、山东、江苏、浙江、福建、广东、海南设立的海洋与渔业厅(局)模式;模式二是天津、河北、深圳成立的单一海洋局,前者作为天津市18个市政府直属机构;模式三是将国土、矿产、海洋部门进行整合成立了国土资源厅(局),承担全省(市)的海洋环境管理职能。需特别说明的是,上海市自2008

年后,地方海洋环境管理机构上海市海洋局与上海市水务局合署办公。

当前的海洋环境管理体制,海洋环境管理职能平均或低差异性地分配给不同职能部门,而不是由某一部门集中担责,无法形成统一的组织与协调机制,导致无法应对快速性、复杂性、多样性和敏感性的海洋事务。虽然,国家海洋局承担海洋综合管理职能,但海洋环境保护仅是其职能之一,甚至海洋环境执法还需要与海事局联合行动,极大地降低了管理的权威性。另一方面,从机构级别来看,作为海洋环境保护行政主管部门的国家海洋局目前仅仅是国土资源部下设的副部级机构,而其他海洋环境管理部门既有属于平级的副部级机构也有属于部级的更高一级的管理部门。因此,在海洋环境管理过程中,让层次较低的部门去协调层次较高的不同部门,极易出现"低层次协调失灵"的局面。

三、海洋环境管理主要制度

1. 主要污染物排海总量控制制度

污染物总量控制制度在我国已正式施行十余年,但在海洋领域,因管理体制所限和自然条件特殊,污染物排海总量控制始终未正式推行,2016年修订的《海洋环境保护法》对此做了进一步修改和强调,"在国家建立并实施排污总量控制制度的重点海域,水污染物排放标准的制定,还应当将主要污染物排海总量控制指标作为重要依据。排污单位在执行国家和地方水污染物排放标准的同时,应当遵守分解落实到本单位的主要污染物排海总量控制指标。"

实施总量控制的污染物种类各海域可以不同,视污染源情况、污染物种类和数量、海域环境质量和经济技术条件确定。一般来说,海域污染物总量控制主要有四种类型,即区域环境质量目标控制、海域允许纳污总量控制、陆源排污入海容量总量控制、海洋产业排污总量控制。海域污染物总量控制基本要素包括区域经济目标、区域环境目标、海域功能与环境目标、海域环境状况与趋势、海域自净能力、排污强度与处理能力、排污源与目标之间相应关系、污染防治政策法规和制度、决策支持系统、管理组织机构等。建立并实施总量控制制度以目标总量控制和容量总量控制为主,至于具体的总量控制区域的提出,实施总量控制的污染物种类和控制目标的确定,根据法律规定由国务院制定。

"十三五"期间,沿海地级及以上城市根据近岸海域水质改善需求,结合水域纳污能力,围绕无机氮等首要污染物,因地制宜地确定污染物排放控制指标,并纳入污染物排放总量约束性指标体系。按照《控制污染物排放许可制实施方案》的要求,改变单纯的以行政区域为单元分解污染物排放总量指标的方式,通过差别化和精细化的排污许可证管理,落实企事业单位污染物排放总量控制要求,逐步实现由行政区污染物排放总量控制,向企事业单位污染物排放总量控制转变。

2. 入海排污口管理

陆源污染是海洋环境污染的最大来源,据估计每年进入海洋的污染物质约有50%—90%来自于陆源污染。陆源入海排污口作为最典型的陆源入海排放点源,由于其可控性相对较强,并且与人类活动紧密相关,一直以来都是世界各国防止陆域人类活动污染近岸海洋环境的主要控制对象,"保护海洋环境免受陆源污染全球行动计划"(GPA/NPA)已

经将"污水排放"作为优先关注的主要问题之一。我国沿海分布着大量的陆源入海排污口,面临着较大的污水和污染物处置压力,据《中国环境统计年鉴》近5年来的统计,排海的污水量近百亿吨。

目前我国各部委中涉及排污口管理的主要包括水利部、环境保护部和国家海洋局。由于各自的职能不同,对于排污口的分类方式也不尽相同。按照于丽敏等(2013)的研究成果,通过比较各部委关于排污口分类的特点,在海洋部门前期分类方法的实践经验基础上,对现行的陆源入海排污口分类体系做调整,提出多层次分类体系。根据污水的处理程度和入海方式进行第一层分类,依据具体的行业和产污主体类型进行多层次的细化分类。第一层包括污水直排口、排污河和污水海洋处置工程排放口三类。① 污水直排口。污水从陆地直接通过岸边排放的形式排放入海,主要包括工业企事业单位直排口、各类市政或生活污水口以及养殖废水直排口。② 排污河。污水通过天然存在的河道排放入海,主要指人工修建或自然形成,现阶段以排放污水为主(枯水期污水量占径流量50%以上)的小型河流(沟、渠、溪)。③ 污水海洋处置工程排放口。污水排放经过了海洋处置工程论证,利用放流管和水下扩散器向海域排放污水的排污口。

入海排污口位置是否合理,直接关系到对海洋环境影响的程度。根据《海洋环境保护法》,入海排污口位置的选择,应当根据海洋功能区划、海水动力条件和有关规定,经科学论证后,报设区的市级以上人民政府环境保护行政主管部门审查批准。环境保护行政主管部门在批准设置入海排污口之前,必须征求海洋、海事、渔业行政主管部门和军队环境保护部门的意见。在海洋自然保护区、重要渔业水域、海滨风景名胜区和其他需要特别保护的区域,不得新建排污口。在有条件的地区,应当将排污口深海设置,实行离岸排放。

3. 海岸工程与海洋工程管理

为便于区分行政管理主体,我国海洋环境管理将涉海工程按照其与海岸线的地理位置关系,分为海岸工程和海洋工程。《海洋环境保护法》《防治海岸工程建设项目污染损害海洋环境管理条例》《防治海洋工程建设项目污染损害海洋环境管理条例》等对海岸工程和海洋工程的具体界定做了详细规定。

海岸工程,是指位于海岸或者与海岸连接、工程主体位于海岸线向陆一侧,对海洋环境产生影响的新建、改建、扩建工程项目。具体包括:港口、码头、航道、滨海机场工程项目,造船厂、修船厂,滨海火电站、核电站、风电站,滨海物资存储设施工程项目,滨海矿山、化工、轻工、冶金等工业工程项目,固体废弃物、污水等污染物处理处置排海工程项目,滨海大型养殖场,海岸防护工程、砂石场和入海河口处的水利设施,滨海石油勘探开发工程项目。

海洋工程,是指以开发、利用、保护、恢复海洋资源为目的,并且工程主体位于海岸线向海一侧的新建、改建、扩建工程。具体包括:围填海、海上堤坝工程,人工岛、海上和海底物资储藏设施、跨海桥梁、海底隧道工程,海底管道、海底电(光)缆工程,海洋矿产资源勘探开发及其附属工程,海上潮汐电站、波浪电站、温差电站等海洋能源开发利用工程,大型海水养殖场、人工鱼礁工程,盐田、海水淡化等海水综合利用工程,海上娱乐及运动、景观开发工程。

对环境有影响的海岸工程和海洋工程,在建设期都应调查、分析、预测其对海洋资源与生态环境的影响,并提出环境保护措施,编写相应的环评文件报有关部门审批,其中,海岸工程的环评文件由环境保护行政主管部门审批,海洋工程的环评文件由海洋行政主管部门审批,建设单位应做好"三同时"工作。

第五节　中国水环境管理制度的改革与创新建议

一、国外水环境管理经验借鉴

由于发展阶段的差异,发达国家已经结束经济高增长期,近些年来对水环境治理进行了大量探索,积累了一系列行之有效的经验,政策界和学术界的广泛参与和积极互动,确立了水环境治理的若干新理念、新路径和新方法。从组织架构和机制设计两个层面把握国外水环境治理的最新趋势,有助于更好地理解水环境治理与社会经济发展乃至体制变革之间的内在联系,供我国借鉴。

1. 组织架构

作为治理水环境的主体,国外在治理组织的结构方面大致经历了两个阶段的演化过程。前一个阶段是以流域为单位的统一治理模式,通常表现为治理"委员会"等组织形式,后一个阶段则以更高层级上的政府机构重组为核心,通常表现为"大部制"导向的政府部门改革。根据管理学的基本原理,西方国家在水环境治理组织机构上的演变,实际上是从传统的 U 型组织机构,到矩阵制结构,再到超级事业部制结构的演变过程。从"委员会"到"大部制"的转化,既确保了最高一级政府对涉及水环境治理的诸多部门的监管和控制力度,也加强了各个分散的部门之间的联结和协调程度,从而提升了政府对水环境治理的决策能力。同时,根据经济学的基本原理,"大部制"的形式,尽可能地避免了垂直分级管理、横向多头管理等问题,是促使外部性得以内部化的一种组织结构调整。

2. 机制设计

在开发利用水资源和治理水环境的各方之间,存在频繁的利益博弈。如何进行有效的机制设计,促使非合作博弈变成合作博弈,是在确立了治理水环境的组织结构之后的重要议题。已有的机制设计,例如法律的强制性手段、市场交易途径等,均以政府强制主导为主。这种机制存在地方政府与中央政府立场不一、政府无法完全有效配置相关资源的问题。因此,政策企业家作为利益诱导的典型机制,近年来得到了广泛的应用。政策企业家指的是有较强的掌握资源和运用资源的能力,积极主动参与并对公共政策过程发挥作用和影响的个体和组织。政策企业家个体的共同特征是,愿意投入自己的资源,包括时间、精力、声誉以及金钱,来促进某一主张以换取表现为物质利益、达到目的或实现团结的预期未来收益。从政府强制主导到政策企业家利益诱导的机制设计路径变革,本质上是对水环境治理的相关政策资源进行重新配置的结果。通过政策企业家利益诱导的机制,进一步优化了水治理决策的质量和实施的有效性,从政府单方面主导政策制定和实施,转变为政策企业家等多方面参与共治和政策的主动实施。此外,以政策企业家为典型的外部个体和组织的加入,促进了治理机构的柔性化改造,这种创新型的治理机制,对于水环

境这类特殊的治理对象,显得格外重要。

发达国家水环境管理模式总结如表6-6(曾维华,2003;李晓锋,2008)。

表6-6 发达国家水环境管理模式

管理模式	国家	水环境管理制度
环保部门管理下的集成管理模式	法国	环境部负责水务管理
	德国	联邦环境保护部负责除饮用水归联邦健康部外,其他的水资源
分散管理	英国	水环境管理由政府的有关部门分别承担
	加拿大	联邦政府水环境管理机构改革强化对水资源的综合管理
	日本	环境省负责环境用水与水环境保护工作
水利部管理下的集成管理模式	荷兰	水利部负责制定一些对国家水战略问题,有指导性的方针,以及一些国家级水域及防洪工程的管理
低级别的集成分散式管理模式	以色列	农业部负责对全国水资源的管理工作
高级别的集成分散管理模式	澳大利亚	国家水资源理事会是该国水资源方面的最高组织
	印度	国家水资源委员会是以印度总理为首,由各相关部和邦的负责官员组成

二、水环境管理模式的改革与创新

鉴于我国水环境管理特色和国情,我国的水环境管理应该采取复合式的管理模式,根据不同地区的水环境特点分别采取不同的管理方式,因地制宜,借鉴国外管理经验,我国可以采取如下几个水环境管理模式(王浩,2013;郭振仁,2001):

表6-7 水环境管理模式

水环境管理模式	模式简介
全过程污染防控模式	以"自然—社会"二元水循环的水质水量过程为主线,采取综合的措施进行控制。
流域"指引"模式	在流域所有排污主体均满足国家的法律法规和标准的前提下,为了满足本流域特定的水环境保护目标,流域内各省或各市可以共同约定严于国家法规标准的水环境保护"指引",或约定比国家法规标准更详细、具体和丰富、照顾到地方的特别问题和特殊性情况、易于实施和操作的水环境保护"指引"。
契约模式	协调流域不同行政区和上下游之间关系。
企业模式	流域的上下水文由企业来经营,政府通过法律法规和标准以及与企业的合同来约束企业的行为,监督落实流域的水环境保护目标。

1. 河长制

2016年10月,中央全面深化改革领导小组第28次会议通过《全面推进河长制的意见》。首创于江苏省无锡市的河长制,通过电影《河长》及媒体的宣传推介,逐步在全国大多数省、市、县推开,得到了中央充分认可,以政策制度形式确定下来,全面推行实施,彰显这一地方创新实践对江河湖泊环境治理与保护极具成效和生命力。河长制是以各级党政主要领导(有的地方包括党政副职,人大、政协领导)担任辖区某条河流河长,履行治理与保护责任的一种行政管理形式。一般一条河流根据面积设一级、二级、三级河长,由高到低相对应党委政府级别,河长下面设有若干段长,由流经地的县、乡镇或村居委会负责人担任,形成河流治理与保护的责任链条。河长只单向对所担任的河流环境治理与保护负责,段长对本河流的河长负责。河(段)长都在地方党委政府的统一领导下按照河长制统一部署开展工作,履行责任,同时接受党委政府组织的检查、督查、调度、考核、奖惩和问责等,推动辖区河流环境综合管理及水质改善工作。

创造性地推出河长制,目的在于改变地方政府对水环境防治工作领导重视不够、协调优势发挥不足等局面。按照《全面推进河长制的意见》,全面建立省、市、县、乡四级河长体系,各省(自治区、直辖市)设立总河长,由党委或政府主要负责同志担任;各省(自治区、直辖市)行政区域内主要河湖设立河长,由省级负责同志担任;各河湖所在市、县、乡均分级分段设立河长,由同级负责同志担任,县级及以上河长设置相应的河长制办公室,具体组成由各地根据实际确定。各级河长负责组织领导相应河湖的管理和保护工作,包括水资源保护、水域岸线管理、水污染防治、水环境治理等,牵头组织对侵占河道、围垦湖泊、超标排污、非法采砂、破坏航道、电毒炸鱼等突出问题依法进行清理整治,协调解决重大问题;对跨行政区域的河湖明晰管理责任,协调上下游、左右岸实行联防联控;对相关部门和下一级河长履职情况进行督导,对目标任务完成情况进行考核,强化激励问责。河长制办公室承担河长制组织实施具体工作,落实河长确定的事项。各有关部门和单位按照职责分工,协同推进各项工作。

2. 引入水环境第三方治理

环境污染治理是一项专业性、技术性很强的工作,在这种情况下,环境污染第三方治理模式应运而生,发展迅速。党的十八届三中全会明确提出要推行环境污染第三方治理。国务院于2014年出台了《关于推行环境污染第三方治理的意见》(国办发〔2014〕69号),对第三方治理的推行工作提出了总体指导意见和要求。为进一步推行第三方治理模式,并对第三方治理推行工作提出专业化意见,指导全国各地开展相关工作,环境保护部于2017年8月出台了《环境保护部关于推进环境污染第三方治理的实施意见》。充分发挥市场的作用,在水环境管理中引入第三方治理管理,在水污染防治领域大力推广运用政府和社会资本合作(PPP)模式,对提高环境公共产品与服务供给质量,提升水污染防治能力与效率具有重要意义,水环境第三方治理更是极具发展前景的重点领域之一。

未来水环境第三方治理需要解决的主要问题包括:一是责任不明晰。根据新《环保法》,排污单位应对污染环境造成的损害承担责任,第三方治理单位应承担连带责任。但在实践中如何具体界定责任,相关法律法规缺乏进一步的具体规定。排污单位和第三方治理单位责任界定不清,易导致忽视责任义务、出现问题推诿扯皮甚至相互勾结的现象。二是一些地方政府职能定位不清。一些地方政府部门,观念转变和职能转变较慢,找不准在推进第三方治理中的职能定位,既当裁判员又当运动员,注重经济利益不注重环境公共服务,不能充分履行制定规则、监督规则执行、提供服务的职能。三是第三方服务市场环境存在一定缺失。实现环境第三方治理需要具有契约精神、市场经济的环境以及法治意识。目前实践中,政府和企业在履行合同中不履约、毁约现象屡见不鲜,在项目招标中暗箱操作、低价中标,民资企业参与难度大,服务质量差等问题较为突出。四是行业不规范。国家持续推进简政放权,取消了第三方治理的准入门槛,而第三方治理企业目前技术服务水平参差不齐,市场契约精神缺乏,易导致恶意竞争、弄虚作假、违约失信和违法牟利等行为,影响到环境治理成效。五是行业信息缺失。目前缺乏对第三方治理行业的引导及信息的整合应用和公开,导致排污单位在选择第三方进行污染治理时,难以获取完整、准确的第三方治理企业信息。六是未建立完善合理的价格机制和制度规则。目前没有建立完善的反映成本效益的合理收费机制,而政府购买服务过程中,注重形式,忽视建立盈利机制、价格形成机制、收费保障机制、调价机制、按质论价等机制,依赖财政补贴等传统手段,忽视市场手段。另外,对于环境服务环境的细化、效果评估、责任界定等规则仍较为缺乏,制度和规则的缺失一定程度上制约了第三方治理模式的实施。

第七章 土壤环境管理

第一节 土壤环境管理对象和目标

一、土壤环境管理对象

"民以食为天","土壤是万物之本、生命之源"。土壤是人类赖以生存、兴国安邦、文明建设的基础资源。土壤圈是地球表层系统最为活跃的圈层,是联接大气圈、水圈、岩石圈和生物圈的核心要素。人类消耗的 80％ 的热量,75％ 以上的蛋白质及大部分纤维,都直接来源于土壤,它不但为植物与动物提供良好的生态环境,也为人类提供良好的生活环境。当前,随着新型工业化、信息化、城镇化、农业现代化同步发展,我国土壤问题日趋突出,不仅威胁到国家食物安全、生态安全和人体健康,还制约了我国社会经济的可持续发展和生态文明建设。

2004 年 Science 专刊明确指出,土壤是最后的科学前沿。如果没有土壤安全,人类难以确保粮食、纤维制品、淡水资源的安全供应,难以保障陆地生物多样性安全,将会减弱土壤作为地球系统生源要素(碳、氮、磷、硫等)循环库的潜力,进而失去产生可再生能源的重要物质基础。因此,土壤资源持续高效安全利用已成为世界共识。目前,国际上十分关注土壤安全议题,解决与土壤相关且国际共同关注的重大问题,以提高土壤资源的可持续管理能力,满足人类对粮食、燃料和纤维生产的需求,促使土壤生态系统功能更好适应当前和未来的气候变化。

土壤可持续发展可分为土壤资源、土壤环境和土壤生态三大议题。土壤资源管理属于土地利用管理范畴,主要指在国土空间利用管理体系框架下,协调经济、社会和生态利益,在土壤资源不减或少减的前提下,确保可持续发展;土壤环境管理具体指对土壤污染防治和不同类型用地土壤环境质量的管理;土壤生态则重点探讨土壤生物多样性与土壤生态系统功能问题。本章重点介绍土壤环境管理问题,同时为保持体系完整性并考虑我国环境管理体制,将固体废物管理纳入本章。

二、土壤环境管理目标

确保土壤安全是土壤环境管理的根本目标。土壤安全是基于社会可持续发展目标的一种土壤系统认知,在全球环境可持续发展体系下,土壤对粮食安全、水安全、能源可持续性、气候稳定性、生物多样性及生态系统服务供应等方面具有不可替代的重要作用。一般来说,土壤安全不仅具有自然属性(包括土壤的物理、化学、生物学过程变化),而且具有社

会属性(包括经济、社会、政策等)。根据 McBratney 等人的建议,可采用 5 类指标——性能(capability)、状态(condition)、资本(capital)、关联性(connectivity)和法律法规(codification)来综合评估土壤的安全性(表 7-1),以达到保护土壤之目的。

表 7-1　5 类指标的选择

评估指标	土地安全的威胁
性能	侵蚀、滑坡、密封的基础设施、原材料的来源
状态	污染、有机质下降、压实其他物理性土壤退化、盐碱化、洪水等
资本	土地资产价值评估体系不完整,如土壤碳储存、养分循环、土壤生态系统服务等方面
关联性	土地管理者的知识不足,缺乏识别土壤服务和土壤产品的能力
政策法规	政策框架的不完整,法律法规不完整或缺失

　　国务院印发的《土壤污染防治行动计划》提出了我国土壤环境管理的基本思路与主要奋斗目标。我国土壤环境管理要立足我国国情和发展阶段,着眼经济社会发展全局,以改善土壤环境质量为核心,以保障农产品质量和人居环境安全为出发点,坚持预防为主、保护优先、风险管控,突出重点区域、行业和污染物,实施分类别、分用途、分阶段治理,严控新增污染、逐步减少存量,形成政府主导、企业担责、公众参与、社会监督的土壤污染防治体系。到 2020 年,全国土壤污染加重趋势得到初步遏制,土壤环境质量总体保持稳定,农用地和建设用地土壤环境安全得到基本保障,土壤环境风险得到基本管控。受污染耕地安全利用率达到 90% 左右,污染地块安全利用率达到 90% 以上。到 2030 年,全国土壤环境质量稳中向好,农用地和建设用地土壤环境安全得到有效保障,土壤环境风险得到全面管控。到 21 世纪中叶,土壤环境质量全面改善,生态系统实现良性循环。受污染耕地安全利用率达到 95% 以上,污染地块安全利用率达到 95% 以上。

第二节　我国土壤环境管理现状

一、土壤环境问题的基本特点

　　大气污染和水污染一般都比较直观,例如水体发黑发臭、大气灰霾等,通过视觉、呼吸就能感受到。但土壤污染往往比较隐蔽,需要通过土壤样品分析、农产品检测,甚至人畜健康的影响研究才能确定,被形象地称作看不见的污染。土壤污染从产生到发生危害通常时间较长,具有滞后性。相比之下,土壤环境问题极为复杂,这是土壤类型、利用方式和土壤污染特点三方面的多样性造成的。

　　1. 土壤类型的多样性

　　我国地域广袤,自然气候条件、植被分布、地理地势的差异巨大,加上悠久的耕作历史,构成了不同的成土条件,形成了多种多样的土壤类型。根据第二次全国土壤普查结果,我国有 12 个土纲,28 个亚纲,61 个土类,233 个亚类。同一地区的土壤亚类还可根据不同成土母质分为不同的属、土种、亚种,同一地区往往土壤类型繁多,如锡林郭勒盟土壤类型有暗栗钙土、暗棕壤等42种。不同土壤类型,具有不同的物理特性(土壤质地、土壤孔性、土壤水分特性、通气性、力学特性和耕性)、化学特性(胶体特性、吸附性、酸碱性、土壤氧化还原性、配位反应)、生物学特性(酶、微生物、土壤动物)。污染物进入土壤后,土壤中的黏料矿物对污染物吸附解吸过程、土壤有机质、土壤中的酸碱性、氧化还原状况等都会影响土壤中污染物的毒性,同一种污染物在不同类型土壤中的环境危害差别很大,这与水、气环境明显不同。

2. 利用方式的多样性

土壤所属地块利用方式不同,土壤污染物产生环境危害的方式也不同。《土地现状利用分类》(GB/T 21010—2007)将用地类型分为农用地、建设用地和其他用地3个大类12个一级类别。农业用地是我国主要的土地利用类型。建设用地所占比例较低,但其具体类型更加复杂多样,《城市用地分类与规划建设用地标准》(GB 50137—2011)将其分为8大类、35中类、43小类。不同利用类型的土地上生活或工作的人群不同、建筑物结构布局不同、生物群落不同、人或动植物与土壤污染物的接触方式不同,由此产生众多污染物暴露场景(包括受体特征和潜在暴露途径),其复杂程度远远超出水、大气污染暴露途径。农用地土壤污染物可能通过口腔摄入、吸入、皮肤接触等直接接触方式进入人体,或通过食用农产品、畜禽产品、饮水、吸入室外空气等间接接触方式进入人体。居住、工商等建设用地上人口密集,尤其是居住用地聚集了各种年龄段的人群,受体特征复杂多样;在一些工业场地,土壤内累积的污染物具有挥发性,增加了呼吸暴露的概率和危害程度。从受体人群看,由于敏感性不同,需要区分儿童和成人,暴露周期长和短,频率高和低。

3. 土壤污染特点的多样性

与水、大气污染相比,土壤污染具有隐蔽性、潜伏性、累积性。土壤不可移动,污染物很难在土壤中迁移、扩散和稀释。土壤中的重金属元素不可分解,许多有机污染物也很难降解,且土壤污染具有不可逆性,一旦造成污染,将极难恢复。日本从20世纪70年代开始用"客土法"对富山县神通川流域863公顷的农田进行修复,到2012年花费高达420亿日元,修复1公顷平均花费2 000万到5 000万日元,时间、资金成本巨大。2014年的我国《全国土壤污染调查公报》显示,耕地土壤点位超标率为19.4%。农产品产地污染来源包括过量、不科学施用化肥和农药、畜禽养殖业污染、污水灌溉、大气沉降、工业固废、城市垃圾等。2012年我国农用化肥的使用量达到5838.8万吨,而利用率却只有30%—40%,平均每公顷化肥使用量达479.7千克,是世界公认警戒上限(每公顷225千克)的2倍以上。同时,全国农药施用量达180.6万吨,一些高产区每年施用农药达30多次。全国使用农膜年消耗量达238.3万吨,每年约50万吨残留在土壤中,残膜率高达40%。建设用地尤其是工业用地土壤的污染特征及程度有别于农田,并因行业而异。我国城镇化过程中,许多建设用地原为城市工业用地、仓储用地和城郊的农业用地、生活垃圾堆放用地,甚至是危险品生产、贮运、处理处置等特殊用地。不同企业生产原料、中间体、产品分别涉及多种有毒有害物质,且生产、贮存、处置过程污染控制不力,导致场地污染量大、种类多、污染机制复杂,呈多介质、多受体、多途径性污染。

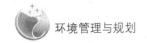

二、我国土壤环境的主要问题

一是土壤污染加速,区域污染突显。近30年来,随着社会经济的高速发展和高强度的人类活动,我国因污染退化的土壤数量日益增加、范围不断扩大,土壤质量恶化加剧,危害更加严重。全国土壤污染状况调查结果显示,全国部分地区土壤污染较重,耕地土壤环境质量堪忧,工矿业废弃地土壤环境问题突出。全国土壤总的点位超标率为16.1%,其中轻微、轻度、中度和重度污染点位比例分别为11.2%、2.3%、1.5%和1.1%。从土地利用类型看,耕地、林地、草地土壤点位超标率分别为19.4%、10.0%、10.4%。从污染类型看,以无机型重金属污染为主,有机型次之,无机污染物超标点位数占全部超标点位的82.8%,但有机污染物种类极多,包括近年来陆续检出的新兴有机污染物。从污染物超标情况看,镉、汞、砷、铜、铅、铬、锌和镍8种无机污染物点位超标率分别为7.0%、1.6%、2.7%、2.1%、1.5%、1.1%、0.9%和4.8%;六六六、滴滴涕、多环芳烃3类有机污染物点位超标率分别为0.5%、1.9%和1.4%。从污染分布情况看,南方土壤污染重于北方;长江三角洲、珠江三角洲、东北老工业基地等部分区域土壤污染问题较为突出,而这些地区正是我国主要的粮食产区。无论是直接的土壤污染,还是由土壤污染导致的大气、地表水和地下水污染,最终对动物和人造成危害。

二是土壤环境管理十分薄弱。我国目前尚无土壤污染防治的专项法律法规,相关规定散见于其他有关的法律文件或政策文件中,缺乏系统性,如《环境保护法》第32条规定,国家加强对大气、水、土壤等的保护,建立和完善相应的调查、监测、评估和修复制度;《水污染防治法》第51条规定,利用工业废水和城市污水进行灌溉,应当防止污染土壤、地下水和农产品;《固体废物污染环境防治法》规定,对固体废物实行从产生到处置的全过程控制,禁止向环境排放固体废物,尽量减少固体废物的产生量和危害性。而土壤污染具有的隐蔽性、滞后性、累积性、不可逆转性和难治理性等特点,现有分散规定并未针对这些特点进行制度设计,在土壤污染防治效果上大打折扣,制定一部专门性的土壤污染防治法是系统解决上述问题的根本途径。此外,现行土壤环境质量标准和肥料、饲料、灌溉用水、农用污泥、农膜、农药包装等相关标准已经不能满足当前土壤污染防治工作需要,如标准过分强调统一,不适合我国土壤多样化的特点;部分指标定值不合理,有些污染物来源已被取缔,新型污染物标准尚未更新补充。

三是土壤环境家底仍不够清楚。目前,我国已开展过的相关调查包括土壤污染状况调查、土地利用现状调查、耕地地球化学调查、农产品产地土壤重金属污染调查等。2005年—2013年,环境保护部会同国土资源部开展的全国土壤污染状况调查,是首次大规模针对土壤环境的调查,初步掌握了我国土壤污染总体情况。但调查的精度尚难满足土壤污染防治工作需要,亟待在相关调查的基础上,开展更高精度的土壤污染状况详查,以进一步查明土壤污染的具体分布及其环境风险等,为有效管控受污染土壤风险、实现安全利用提供科学依据。土壤环境监管能力也十分不足。目前,我国在空气、地表水、声环境等常规环境监测领域已形成了比较成熟的监测体系,具有较强的监测能力,但土壤环境监测能力亟待加强,尚不能及时掌控全国和区域土壤环境状况。市、县级环境监测机构土壤环境监测仪器设备、专业监测人员匮乏,土壤环境监测体系总体滞后。

第三节　土壤环境管理的国际经验借鉴

一、土壤环境立法方面

从世界范围来看,土壤环境保护立法始于20世纪70年代。各国土壤环境保护的立法背景和法律设计有所不同,从立法体例上看,既有专项立法模式,也有分散立法模式。专项立法模式将土壤环境保护和污染防治的相关内容作为单行法规进行立法。一些国家虽然没有制定专门的土壤环境保护或土壤污染防治的法律,但多在其《环境保护法》中设专章规定土壤环境保护或土壤污染防治的问题。

日本是世界上土壤污染防治立法较早的国家。20世纪60年代,日本的"痛痛病"等公害事件的诉讼推动了日本政府在环境治理方面的立法。为应对1968年发生的"痛痛病"事件所反映的农用地土壤污染问题,日本政府于1970年颁布了针对农用地保护的《农用地土壤污染防治法》,并分别于1971年、1978年、1993年、1999年、2005年和2011年进行了修订。随着日本工业化进程的不断加速,以六价铬等重金属污染为特点的城市型土壤污染日益显现。为进一步满足社会对城市型土壤污染的防治要求,日本于2002年颁布了《土壤污染对策法》,弥补了城市用地土壤污染防治法律方面的空白,成为日本土壤污染防治的主要法律依据。《土壤污染对策法》也分别于2005年、2006年、2009年、2011年和2014年进行了修订,进一步完善了相关制度。

美国最主要的土壤污染防治立法是1980年颁布的《综合环境反应、赔偿与责任法》(又名《超级基金法》)。该法是受到拉夫运河填埋场污染事件的直接推动而出台的。该法实施后,被列入《国家优先名录》中67%的污染地块得到了治理修复,130万英亩的土地恢复了生产功能,多数污染地块在修复后达到了商业交易之目的。此后,美国国会为缓解该法严厉的责任制度带来的影响,通过以下法案进行4次修订完善:1986年的《超级基金修正及再授权法》,1996年的《财产保存、贷方责任及抵押保险保护法》,2000年的《超级基金回收平衡法》和2002年的《小规模企业责任减免和综合地块振兴法》。虽然《超级基金法》也存在一些不足,但该法对于快速有效地解决美国污染地块的治理与修复问题起到了非常明显的作用,震慑了土壤的可能污染者,也为其他国家土壤污染防治提供了借鉴。

荷兰1982年制订了《暂行土壤保护法》,1986年制订了《土壤保护法》。由于《暂行土壤保护法》是针对莱克尔克土壤污染事件而制订的暂行法律,它在土壤修复体制上存在着不能充分应对土壤污染的问题。1994年5月,荷兰将1986年的《土壤保护法》和《暂行土壤保护法》两部法律合并为新的《土壤保护法》。由于土壤污染防治的需要,该法又分别于1996年、1997年、1999年、2000年、2001年、2005年、2007年、2013年分别进行了修订,2013年《土壤保护法》修订后的最大特点在于其整合了此前制定的各种零散的土壤保护法案、决议和判决等,形成了较为系统、全面的新的《土壤保护法》。

从各国土壤环境保护立法的模式来看,专项立法已经成为世界土壤污染防治立法的

潮流。从立法的过程看,由于认识和经济水平等多方面的原因,各国土壤环境保护立法不追求一步到位,而是循序渐进,采用逐步修订的方式不断强化土壤污染控制,使法律始终与时代同步。在土壤环境保护法的修订过程中,完善对土壤污染控制的具体环节,同时培育与立法进程相适应的土壤污染修复产业。

二、土壤环境风险管控方面

美国、加拿大、英国、荷兰和澳大利亚等国家对污染地块普遍采取风险管理的理念,建立土壤污染风险评估方法。针对不同污染地块的不同规划用地方式和功能,制定了基于风险管理的土壤环境风险筛选值,用于初步筛查关注污染物。

在北美洲,美国根据住宅、商业、工业等不同用地方式颁布旨在保护人体健康的《土壤环境风险筛选值》,还颁布了旨在保护生态受体安全的《土壤生态筛选导则》。对于污染地块的修复目标值,美国也是针对不同的用地方式,采用风险评估的模式,计算每一个地块的修复目标值,从而经济有效地控制污染地块的开发风险。加拿大考虑了农业、住宅、商业和工业等用地方式下人群暴露情景,分别制订了土壤环境质量指导值,以保护人体健康土壤质量指导值和保护生态土壤环境质量指导值两者中的最低值作为最终土壤环境质量指导值。

在欧洲,英国认为预防土壤风险与修复污染土壤同等重要,建立了污染土壤暴露风险评估导则。考虑住宅、租赁农地、工业用地等不同用地方式,以保护人体健康为原则制定土壤环境质量指导值。荷兰于 1983 年制定的《土壤环境保护暂行法》,基于土壤背景值和专家经验提出了最初的 A、B 和 C 土壤标准值体系。根据工业用地、农业用地、居住用地等不同的土地利用方式,确定土壤污染物的目标值和干涉值。只对超过干涉值的土壤进行修复,将受到污染但没有超过干涉值的土壤纳入可持续土地管理。荷兰所有污染土壤中,90%纳入了可持续管理。

在澳洲和亚洲地区,澳大利亚在制定保护人体健康的土壤调研值标准时,分别考虑了住宅(2 类)、娱乐、商业、工业等不同用地方式下的不同暴露情景。韩国在制定土壤污染预警标准值和土壤污染对策标准时,根据土壤污染敏感程度从高到低将土壤划分为 3 类:一类土壤区包括水稻田和学校所在地;二类土壤区为森林、仓储和娱乐用地;三类土壤区包括工业、道路和铁路所在地。

发达国家将风险意识贯穿土壤环境管理的全过程,指导污染土壤的环境调查、监测和修复。国际上对于特定污染地块,普遍的做法是结合具体地块条件、规划土地利用方式等,开展特定污染土壤的风险评估,以筛查特定地块是否存在环境风险,并依据用地方式,确定污染地块土壤的修复目标值。

三、土壤环境信息公开方面

发达国家在进行土壤环境管理时特别注重污染土壤的调查评估和信息公开,规范有序的调查评估和信息公开制度是实施土壤污染监管的前提和基础。

美国超级基金法规定的土壤污染调查制度包括一系列程序:地块经过筛选,录入"超级基金场地管理信息系统"。接着进行初步评定和地块调查,通过运用"危险分级系统"对地块进行评分,分值大于28.5分的经过公众评议后可以录入"国家优先清单",至此完成调查阶段的工作。当某地块被录入"国家优先清单",修复调查和可行性研究也就随之展开。修复调查和可行性研究可同时进行,地块调查和可行性研究的信息形成了"修复决定记录",并对外公开。"修复决定记录"包含的信息有:地块使用历史、地块描述、地块特性、公众参与、执法活动、过去和现在的活动、受污染的介质、存在的污染物、响应行动的范围和作用、所选择的治理修复措施等。公众可以在网上非常方便地查询到其居住地周边的污染地块信息,以及这些污染地块的治理进展。

日本针对可能存在污染的土壤开展调查与评估,调查中发现污染物质,且其浓度超过土壤质量标准时,则将这一地块划定为污染区,并登记在指定污染区登记簿中。污染区登记簿可供公众自由查阅。日本根据公众健康危害风险存在与否将污染区分为两类:一类是需治理污染区,另一类是改变土地利用形态时需报告的污染区(简称"需报告区")。在采取治理措施消除对公众健康危害的风险后,需治理污染区可以变更为需报告区。只有采取治理措施将污染降低到法定标准以下时才可以将污染区从登记簿中删除。日本的土壤调查与评估必须委托指定的调查机构与公益法人,委任调查机构需具备履行土壤污染状况调查业务必需的财务基础和技术能力。委任调查机构名录由环境省大臣每5年更新。

通过调查评估筛选出污染程度不同的污染地块,建立污染地块管理信息档案系统,对污染地块实施分类和动态管理是国际上多个国家的通行做法。发达国家对污染地块的使用历史、受污染的介质、存在的污染物以及采取的修复措施等信息进行公开公示,强化了对污染地块的环境监督及其公众参与。

四、土壤污染治理资金方面

世界上大多数发达国家土壤污染治理与修复主要遵循"污染者付费"的原则,对拒绝治理的污染者进行处罚。同时,综合采用多种手段,如政府拨款、政府补贴、借助市场机制等多渠道筹措土壤污染治理与修复资金。

美国规定责任主体对于土壤治理费用的承担实行严格责任和连带责任,且责任具有溯及力。严格责任即无过错责任,是指只要排放了危险物质,不论有无过失、不论是否符合标准,都要承担责任。连带责任即对于多个责任主体,实行无限连带责任,可向任何一个主体追偿全部治理费用。在无法确定责任人的情况下,修复资金由联邦"超级基金"或州一级政府来承担。后来,为了促进对具有商业价值的地块的开发,美国提出了"棕地开发"的土壤环境管理模式。在这种模式下,国家为受到污染而没能得到有效开发的土地提供各种补贴和政策优惠,鼓励企业进行土壤修复和土地开发。美国政府在税收等政策上对"棕地开发"的大力支持使得美国修复产业呈现良好的发展前景。

在英国,污染地块修复费用按照"污染者付费"的原则由污染者承担,在污染者无法找到的情况下,修复费用由纳税人承担。除政府用税收承担土壤修复成本外,地方授权机构和英国环境署还会获得其他资助,用于土壤调查和污染修复。在加大财政对土壤污染防治投入的同时,英国政府也重视借助市场机制修复污染土地。由于土地污染信息公开,许多土地所有者或开发商自愿修复污染土地,以增加地块的市场价值。英国政府采取补贴

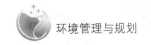

等措施鼓励农民进行土地环境保护。

对于污染地块治理,德国实行"谁污染、谁付费"原则,对于无主土地,先由政府垫钱修复,然后通过调查最终确定由谁来支付费用。如果污染企业无力治理,即使向政府提出申请并获得批准,仍要承担10%的费用,其余90%的费用由联邦政府和州政府共同承担。从实际情况来看,目前只有少数企业获得政府资助。针对历史遗留的矿区环境问题,德国联邦政府成立矿山复垦公司专门从事矿山恢复工作,复垦所需资金按照联邦政府75%、州政府25%的比例分担。

第四节　土壤环境管理主要政策

我国土壤污染防治与环境管理的总体考虑有三点:一是问题导向、底线思维。考虑到土壤污染具有隐蔽性和我国防治工作起步较晚、基础薄弱的特点,提出坚决守住影响农产品质量和人居环境安全的土壤环境质量底线。二是突出重点、有限目标。针对当前损害群众健康的突出土壤环境问题,以农用地中的耕地和建设用地中的污染地块为重点,对重度污染耕地提出更严格管控措施,对污染地块建立开发利用的负面清单。三是分类管控、综合施策。根据污染程度将农用地分为三个类别,分别实施优先保护、安全利用和严格管控等措施;对建设用地,按不同用途明确管理措施,严格用地准入;对未利用地也提出针对性管控要求。

一、农用地土壤环境管理

农用地土壤环境实行差别化管理政策。根据《土十条》规定,我国按污染程度将农用地划为三个类别,未污染和轻微污染的划为优先保护类,轻度和中度污染的划为安全利用类,重度污染的划为严格管控类,分别采取相应管理措施,保障农产品质量安全。这一分类是根据土壤污染程度划定的,其目标是最大限度降低农产品超标风险。此前农业、国土资源部门组织开展的农用地分等定级主要反映土地生产力水平的差异,主要依据地理区位、水热条件、经济价值等因素进行划定。

耕地、基本农田与永久基本农田

耕地具有自然和管理双重属性。从自然属性看,耕地指种植农作物的土地。从管理属性看,根据《土地利用现状分类》(GB/T21010—2007):耕地是指种植农作物的土地,包括熟地,新开发、复垦、整理地,休闲地(含轮歇地、轮作地);以种植农作物(含蔬菜)为主,间有零星果树、桑树或其他树木的土地;平均每年能保证收获一季的已垦滩地和海涂。耕地保护事关国家粮食安全、生态安全和社会稳定,始终是国计民生的头等大事,我国实行最严格的耕地保护制度。《土地管理法》对此做了详细规定,包括"占多少,垦多少"的占补平衡制度,征用耕地审批权限设定等。2017年发布的《中共中央国务院关于加强耕地保护和改进占补平衡的意见》,重申到2020年全国耕地保有量不少于18.65亿亩的目标。

> **基本农田**是按照一定时期人口和社会经济发展对农产品的需求,依据土地利用总体规划确定的不得占用的耕地。基本农田是耕地的一部分,而且主要是高产优质的那一部分耕地。按照规定,省、自治区、直辖市划定的基本农田应当占本行政区域内耕地总面积的 80％以上,基本农田保护区经依法划定后,任何单位和个人不得改变或者占用(重点建设项目选址无法避开的除外)。基本农田占用和转用审批手续十分苛刻,需国务院审批。基本农田是我国土地管理的"核心手段"。
>
> **永久基本农田**是按照一定时期人口和社会经济发展对农产品的需求,依据土地利用总体规划确定的不得占用的基本农田,一经划定,永久保护。永久基本农田管理的根本措施改变了以往土地利用规划在先、耕地与基本农田确定在后的规划模式,而是"规划批准前先行核定并上图入库、落地到户",即"以田定规"。

1. 优先保护类耕地

各地要将符合条件的优先保护类耕地划为永久基本农田,实行严格保护,确保其面积不减少、土壤环境质量不下降,除法律规定的重点建设项目选址确实无法避让外,其他任何建设不得占用。高标准农田建设项目向优先保护类耕地集中的地区倾斜。推行秸秆还田、增施有机肥、少耕免耕、粮豆轮作、农膜减量与回收利用等措施。农村土地流转的受让方要履行土壤保护的责任,避免因过度施肥、滥用农药等掠夺式农业生产方式造成土壤环境质量下降。严格控制在优先保护类耕地集中区域新建有色金属冶炼、石油加工、化工、焦化、电镀、制革等行业企业,优先保护类耕地集中区域现有可能造成土壤污染的相关行业企业应当按照有关规定采取措施,防止对耕地造成污染。

2. 安全利用类耕地

根据土壤污染状况和农产品超标情况,安全利用类耕地集中的县(市、区)要结合当地主要作物品种和种植习惯,制定实施受污染耕地安全利用方案,采取农艺调控、替代种植等措施,降低农产品超标风险。

3. 严格管控类耕地

加强对严格管控类耕地的用途管理,依法划定特定农产品禁止生产区域,严禁种植食用农产品,对威胁地下水、饮用水水源安全的,有关县(市、区)要制定环境风险管控方案,未来将严格管控类耕地纳入国家新一轮退耕还林还草实施范围,制定重度污染耕地种植结构调整或退耕还林还草计划。

> **农艺调控**
>
> 在土壤污染防治中,农艺调控是指利用农艺措施对耕地土壤中污染物的生物有效性进行调控,减少污染物从土壤向作物特别是可食用部分的转移,从而保障农产品安全生产,实现受污染耕地安全利用。农艺调控措施主要包括种植重金属低积累作物、调节土壤理化性状、科学管理水分、施用功能性肥料等。

二、用地准入与退出环境管理

1. 场地调查评估制度

对拟收回土地使用权的有色金属冶炼、石油加工、化工、焦化、电镀、制革等行业企业用地,以及用途拟变更为居住和商业、学校、医疗、养老机构等公共设施的上述企业用地,由土地使用权人负责开展土壤环境状况调查评估;已经收回的,由所在地市、县级人民政府负责开展调查评估。重度污染农用地转为城镇建设用地的,由所在地市、县级人民政府组织开展调查评估。按有关规定开展场地环境调查及风险评估的、未明确治理修复责任主体的,禁止进行土地流转;污染场地未经治理修复的,禁止开工建设与修复无关的任何项目。按照《场地环境调查技术导则(HJ 25.1—2014)》,场地环境调查分为三个阶段:第一阶段场地环境调查是以资料收集、现场踏勘和人员访谈为主的污染识别阶段;第二阶段场地环境调查是以采样与分析为主的污染证实阶段,若需要进行风险评估或污染修复时,则要进行第三阶段场地环境调查;第三阶段场地环境调查以补充采样和测试为主,获得满足风险评估及土壤和地下水修复所需的参数。土壤污染风险评估是指采用概率方法对土壤污染造成的某种危害后果出现的可能性进行表征。土壤污染风险通常可分为健康风险和生态风险两大类。健康风险是指人体暴露于污染环境而导致伤害、疾病或死亡的可能性。生态风险是指土壤污染物对生态系统中的某些要素或生态系统本身造成破坏的概率或可能性。污染场地风险评估工作内容包括危害识别、暴露评估、毒性评估、风险表征等工作。

2. 土壤规划与建设项目事前管理制度

加强规划区划和建设项目布局论证,根据土壤等环境承载能力,合理确定区域功能定位、空间布局,严格执行相关行业企业布局选址要求,禁止在居民区、学校、医疗和养老机构等周边新建有色金属冶炼、焦化等行业企业。排放重点污染物的建设项目,在开展环境影响评价时,要增加对土壤环境影响的评价内容,并提出防范土壤污染的具体措施;需要建设的土壤污染防治设施,要与主体工程同时设计、同时施工、同时投产使用。对未利用地拟开发为农用地的,有关县(市、区)人民政府要组织开展土壤环境质量状况评估,不符合相应标准的,不得种植食用农产品。严防矿产开发污染土壤,内蒙古、江西、河南、湖北、湖南、广东、广西、四川、贵州、云南、陕西、甘肃、新疆等省区矿产资源开发活动集中的区域,执行重点污染物特别排放限值。

三、污染地块土壤环境管理

我国所指"污染地块"包括疑似污染地块与污染地块。按照《污染地块土壤环境管理办法》,疑似污染地块指从事过有色金属冶炼、石油加工、化工、焦化、电镀、制革等行业生产经营,以及从事过危险废物贮存、利用、处置活动的用地。按照国家技术规范确认超过有关土壤环境标准的疑似污染地块,称为污染地块。污染地块土壤环境管理除常规调查评估外,还包括以下三个方面:

污染地块风险管控。根据土壤环境调查和风险评估结果,对需要采取风险管控措施的污染地块,制定风险管控方案,实行针对性的风险管控措施。如及时移除或者清理污染源,采取污染隔离、阻断等措施,防止污染扩散,开展土壤、地表水、地下水、空气环境监测,发现污染扩散后及时采取有效补救措施。

污染地块治理与修复。即通过物理、化学和生物的方法转移、吸收、降解和转化土壤中的污染物,使其浓度降低到可接受水平,或将有毒有害的污染物转化为无害的物质,一般包括生物修复、物理修复和化学修复三类方法。由于土壤污染的复杂性,有时需要采用多种技术。我国明确规定,污染地块治理与修复工程完工后,土地使用权人应当委托第三方机构对治理与修复效果进行评估。

此外,我国十分关注污染地块责任划分,涉及土地使用权人、土壤污染责任人、专业机构及第三方机构的责任。一是土地使用权人责任。土地使用权人应当负责开展疑似污染地块土壤环境初步调查和污染地块土壤环境详细调查、风险评估、风险管控或者治理与修复及其效果评估等活动,并对上述活动的结果负责。二是治理与修复责任。按照"谁污染,谁治理"原则,造成土壤污染的单位或者个人应当承担治理与修复的主体责任。责任主体发生变更的,由变更后继承其债权、债务的单位或者个人承担相关责任。责任主体灭失或者责任主体不明确的,由所在地县级人民政府依法承担相关责任。土地使用权依法转让的,由土地使用权受让人或者双方约定的责任人承担相关责任。土地使用权终止的,由原土地使用权人对其使用该地块期间所造成的土壤污染承担相关责任。实行土壤污染治理与修复终身责任制。三是专业机构及第三方机构责任。受委托从事疑似污染地块和污染地块相关活动的专业机构,或者受委托从事治理与修复效果评估的第三方机构,应当遵守国家和地方有关环境标准和技术规范,并对相关活动的调查报告、评估报告的真实性、准确性、完整性负责。受委托从事风险管控、治理与修复的专业机构,应当遵守国家有关环境标准和技术规范,按照委托合同的约定,对风险管控、治理与修复的效果承担相应责任。受委托从事风险管控、治理与修复的专业机构,在风险管控、治理与修复等活动中弄虚作假,造成环境污染和生态破坏,除依照有关法律法规接受处罚外,还应当依法与其他责任者承担连带责任。

四、土壤环境标准

我国自20世纪90年代发布实施《土壤环境质量标准》(GB15618—1995)以来,根据土壤环境管理需求,又陆续发布了一系列土壤环境保护相关标准,这些标准紧密围绕我国土壤环境的突出问题和迫切的管理需求而制定,由于当时我国土壤环境总体形势较好,各项指标的限值宽严影响不大。随着我国经济快速发展,土壤环境形势也发生了很大变化,土壤环境问题呈现多样化、复杂化和区域性的发展态势。我国现行的与土壤环境保护相关的标准有63项,按其作用可分为五大类——土壤环境质量标准、农用地土壤污染控制标准、污染场地系列标准、相关配套标准、土壤基础环境标准。其中,土壤环境质量与质量评价标准9项、农用地土壤污染控制标准5项、污染场地系列标准4项、相关配套标准(土壤监测技术规范、土壤分析方法标准和标准样品标准)43项、土壤基础环境标准2项。

我国土壤环境标准有较大改进潜力。一是要实行国家与地方结合。土壤污染具有区域性、局部性的特点。即使是相邻的地块,由于使用目的的不同、保护目标不同,其污染特征也存在差异。针对区域性土壤具有差异性的特点,美国和德国采用国家标准与地方标准结合的方式来解决区域土壤差异性的管理问题。我国土壤环境保护标准体系也应包含国家与地方标准。目前上海、北京、浙江和重庆等省级地方政府已根据当地的土壤环境保护工作需要,制定了当地关于展览会场地、建设用地等的土壤环境保护地方标准。但从整体来看,我国土壤环境保护地方标准的制订仍处于相当落后的局面。二是要实行分类控制管理。通过对区域环境特点及土壤特性、土壤环境保护、土壤污染防控以及土壤环境管理需求进行分析,我国土壤环境管理主要注重三方面,即反土壤退化、土壤风险管控和土壤修复。建议将我国土壤环境保护标准体系优化为四部分,其核心是土壤环境质量系列标准,由土壤环境背景值、土壤污染风险筛选值(土壤生态风险筛选值、土壤人体健康分析筛选值)、农业用地土壤生产力和土壤修复值 4 个系列标准组成;其次是土壤污染防控系列标准,对污染物以各种形态进入或有可能进入土壤的行为和方式进行管理、控制和预防;再则是土壤相关配套标准系列和土壤基础环境标准系列。据此,建议我国土壤环境保护标准体系优化方案为两级、四类的标准体系。

第五节　固体废弃物管理主要政策

一、概述

1. 定义与分类

固废分类
及名录

　　固体废物污染已经和水污染、大气污染、噪声污染一起成为四大污染公害,但是却不像水污染、大气污染和噪声污染那样直观,而是具有自己的特点。《中华人民共和国固体废物污染环境防治法》规定,固体废物是指在生产、生活和其他活动中产生的丧失原有利用价值或者虽未丧失利用价值但被抛弃或者放弃的固态、半固态和置于容器中的气态的物品、物质以及法律、行政法规规定纳入固体废物管理的物品、物质。法律将固体废物分为工业固体废物、生活垃圾、危险废物三个大类,从管理的角度出发,可以按照不同准则对固体废物进行分类。

表 7 - 2　固体废弃物的分类

分类准则	分类内容
按来源分类	矿业固体废弃物(采矿废石、选矿尾矿等)、工业固体废弃物(燃料废渣、冶金渣、化工渣等)、建筑废弃物、农业固体废弃物来源(农膜、秸秆、牲畜的排泄物等)、放射性废弃物(来自核工业、放射性医疗、科研部门排出的具有放射性的各种固体废弃物等)、城市垃圾(生活垃圾、污水处理厂污泥、医疗垃圾等)。
按性质分类	有机固体废弃物和无机固体废弃物。
按危害性分类	一般废弃物和有害废弃物。凡含有氟、汞、砷、铬、铅、氰等及其化合物和酚、放射性物质的均为有毒工业废渣。

表 7 - 3　主要固体废弃物简介

种　　类	简　　介
城市固体废物	城市固体废物又称为城市垃圾,它是指在城市居民生活、商业活动、市政建设、机关办公等活动中产生的固体废物。 　　根据《固废法》规定:生活垃圾,是指在日常生活中或者为日常生活提供服务的活动中产生的固体废物以及法律、行政法规规定视为生活垃圾的固体废物。
工业固体废物	工业固体废物是指各个工业部门生产过程中产生的固体与半固体废物,比如在工业、交通等生产活动中产生的采矿废石、选矿尾矿、燃料废渣、化工生产及冶炼废渣等。工业固体废物是产生量最大的一类固体废物。工业固体废物包括危险固体废物和一般工业固体废物,一般工业固体废物又分为第Ⅰ类和第Ⅱ类。根据《一般工业固体废物贮存、处置场污染控制标准》,一般工业固废分为第Ⅰ类一般工业固体废物和第Ⅱ类一般工业固体废物,其中第Ⅰ类一般工业固体废物为按照 GB5086 规定方法进行浸出试验而获得的浸出液中,任何一种污染物的浓度均未超过 GB8978 最高允许排放浓度,且 pH 在 6 至 9 范围之内的一般工业固体废物。第Ⅱ类一般工业固体废物为按照 GB5086 规定方法进行浸出试验而获得的浸出液中,有一种或一种以上的污染物浓度超过 GB8978 最高允许排放浓度,或者是 pH 在 6 至 9 范围之外的一般工业固体废物。
农业固体废物	农业固体废物是指农民在生产建设、日常生活和其他活动中产生的丧失原有利用价值或者虽未丧失利用价值但被抛弃或者被放弃的固态、半固态和置于容器中的气态物品、物质和法律、行政法规规定纳入固体废物管理的物品、物质以及从城市转移到农村来的固体废物。包括农用薄膜和农作物秸秆、畜禽粪便、农村生活垃圾等,农业固体废物的产生量大,种类繁多,造成了管理难、处理难的局面。
危险固体废物	危险废物是指列入《国家危险废物名录》或是根据国家规定的危险废物鉴别标准和鉴别方法认定具有危险特性的废物。 　　在固体废物管理中,"危险废物"是一类十分特殊的废物,一般指具有严重危害环境和人类、动植物生命健康特性的有害废物,目前中国将危险废物的有害特性归纳为急性毒性、易燃性、腐蚀性、反应性、浸出毒性。需要指出的是,各国一般不将放射性作为危险废物的特性而纳入固体废物的管理,而是将具有放射性特性的废物纳入放射性废物管理范畴,中国也是如此。1998 年 7 月 4 日中国制定并颁布了《国家危险废物名录》,名录列出了 47 种国际上公认的具有危险特性的废物种类,在 2016 版的《国家危险废物名录》中修订为 46 大类别 479 种。《国家危险废物名录》比较详细地列出了危险废物的类型、来源及常见危害组分或废物名称。

2. 主要特征

(1)资源和废弃物的相对性。固体废弃物作为人们消费和使用过后的产品,是丧失原有利用价值甚至并未丧失利用价值就被放弃或抛弃的物质。该类物质本应属于自然循环的一部分,是"放错了地方的资源",具有明显的时间和空间的特征。从时间方面看,固体废物仅仅相对于目前科技水平还不够高、经济条件还不允许的情况下暂时无法加以利用。但随着时间的推移,科技水平的提高,经济的发展,资源滞后于人类需求的矛盾也日益突出,今天的废物势必会成为明天的资源。从空间角度看,废物仅仅相对于某一过程或

某一方面没有使用价值,但并非在一切过程或一切方面都没有使用价值,某一过程的废物,往往会成为另一过程的原料。固体废弃物再利用的实践证明了资源化是一种有效的废弃物管理办法。

(2)潜在性、长期性、灾难性。不加利用处置的固体废物,在自然条件的影响下,其中的一些有害成分会转入大气、水体和土壤中,参与生态系统的物质循环,有些污染物质还会在生物体内长期积蓄和富集,通过食物链影响到人体健康,因而具有潜在的、长期的危害性。具体表现在:

侵占土地。固体废物不加以利用时需占地堆放,堆积量越大,占地越多。

污染土壤。废物堆放和没有适当的防渗措施的填埋,其中的有害成分很容易经过风化、雨淋、地表径流的侵蚀渗入土壤之中,使土壤毒化、酸化、碱化,从而改变土壤的性质和土壤结构,影响土壤微生物的活动,防碍植物根系的生长,而且其污染面积往往超过所占土地的数倍。

污染水体。固体废物随天然降水和地表径流进入江河湖泊,或随风飘迁落入水体使地面水污染,随渗沥液进入土壤则使地下水污染,直接排入河流、湖泊或海洋,又会造成更大的水体污染。

污染空气。固体废物一般通过如下途径污染大气:一些有机固体废物在适宜的温度和湿度下被微生物分解,释放出有害气体和以细粒状存在的废渣和垃圾,会随风飘逸扩散到很远的地方,造成大气的粉尘污染固体废物在运输和处理过程中会产生有害气体和粉尘,采用焚烧法处理固体废物也会污染大气。

二、固体废弃物管理制度体系

1. 管理原则

(1)旧三化和新三化。废弃物管理的"三化"原则,由"消纳"思想发展而来,通过管理实践的反馈,其本身也经历了从旧到新的理念发展过程。"旧三化"原则是一种废弃物处理处置技术的建立准则,着重"末端处理"。固体废物污染防治实行减量化、资源化和无害化,就是使固体废物不产生、少产生;产生的固体废物在生产过程中回收、循环、再利用或作为另一种生产的原料;通过各种处理、处置方式使其安全、无污染地进入最终环境。"新三化"原则,根据其对废弃物管理的重要性及影响程度分为:减量化(减少固体垃圾废物产生量和危害性)、资源化(充分利用固体废物资源属性)、无害化(安全处置固体废物,实现环境的无害化),由此废弃物的管理思想由末端处理转变为源头管理。

(2)推行循环经济。循环经济是一种新型的经济发展模式,它是以资源的高效利用和循环利用为核心,以"减量化、再利用、再循环"为原则,以低消耗、低排放、高效率为基本特征的社会生产和再生产范式,其实质是以尽可能少的资源消耗和尽可能小的环境代价实现最大的发展效益;是以人为本,贯彻和落实新科学发展观的本质要求;是实现由末端治理向源头污染控制的转变。循环经济发展模式以可持续发展理论为指导,用综合性指标看待经济的发展问题,重视节约资源和能源,污染预防和废弃物循环利用,这是一种善待自然,把清洁生产和废弃物的利用融为一体的可持续的物质闭循环流动经济发展模式。

(3)全过程控制管理。衍生于工业生态学思想框架的环境管理全过程控制思想是创新性的环境治理的行为方式,包含了对各环节的全过程管理系统观。固废管理从垃圾产生到收集、贮存、运输、利用、处置各个环节都作了规定,特别是对危险废物实行"从摇篮到坟墓"的环境管理,更加体现了"全过程控制"管理方式。

2. 固废管理机构

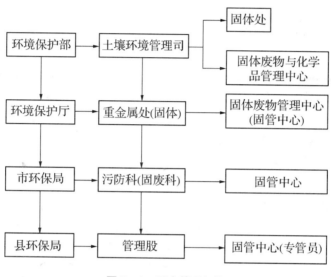

图 7 - 1　固废管理机构

根据《中华人民共和国固体废物污染环境防治法》,国务院环境保护行政主管部门对全国固体废物污染环境的防治工作实施统一监督管理。国务院有关部门在各自的职责范围内负责固体废物污染环境防治的监督管理工作。国务院建设行政主管部门和县级以上地方人民政府环境卫生行政主管部门负责生活垃圾清扫、收集、贮存、运输和处置的监督管理工作。

3. 国际经验与趋势

以《巴塞尔公约》和美国、欧盟发展为例,介绍固废管理经验与趋势。

《控制危险废料越境转移及其处置巴塞尔公约》(Basel Convention on the Control of Transboundary Movements of Hazardous Wastes and Their Disposal)简称《巴塞尔公约》(Basel Convention),1989 年 3 月 22 日在联合国环境规划署于瑞士巴塞尔召开的世界环境保护会议上通过,1992 年 5 月正式生效。1995 年 9 月 22 日在日内瓦通过了《巴塞尔公约》的修正案。已有 100 多个国家签署了这项公约,中国于 1990 年 3 月 22 日在该公约上签字。随着社会经济和技术的发展,21 世纪初期,《巴塞尔公约》履行职能的国际环境发生演变:由此前的废物特别是危险废物被完全视为一种应尽可能限制其转移的环境危害,转变为对废物资源性的逐渐认识。《巴塞尔公约》发展的重心开始转向强调废物减量化和环境无害化管理。2011 年,《巴塞尔公约》缔约方大会第十次会议通过了关于废物减量化的重要决定"卡塔赫纳宣言",此后陆续通过了"卡塔赫纳宣言"实施行动路线图、开发《废物预防和减量技术准则》等,积极推进各缔约方开展废物预防和减量。同年,废物环境无害化管理被列为促进公约成效的重要工具之一,《巴塞尔公约》更加侧重从国家战略和政策层面指导缔约方实施环境无害化管理。《巴塞尔公约》发展中,重视公众参与,伙伴关系

举措被确立为实现废物环境无害化管理和减量化的重要手段。《巴塞尔公约》发展伙伴关系机制的目的是,协助政府和利益相关方更有效地处理日益严重的需优先控制的废物问题,包括帮助所有利益相关方加强合作;联合专家和决策者制定指导方针并充分利用各方资源;通过合作为废物环境无害化管理所需开发工具和制定战略降低成本。

美国固体废物管理的发展历程是,1965 年,美国国会颁布了第一部有关固体废物管理的联邦立法《固体废物处置法案》,1970 年通过的《资源回收法案》及 1976 年通过的《资源保护和回收法案》(Resource Conservation andRecovery Act,RCRA)分别对《固体废物处置法案》进行了修正。RCRA 法增加了关于适当处置危险固体废物的规定,对原有的固体废物管理体系进行了重新构建。此后,被修正的《固体废物处置法案》,实际上是联邦《固体废物处置法案》与所有后来的修正案的集合体,常被称为 RCRA。RCRA 的主要目标是采用环境安全方式实施危险废物的削减与管理,在促进健康与环境保护的同时,以保护基础的物质资源和能量资源为目标。RCRA 确定了美国固体废物管理的新思路,即废物预防(源头削减)、回收利用、焚烧和填埋处置。废物资源的回收利用是美国各州固体废物管理计划中不可缺少的内容,是获取联邦政府财政援助的必要条件。美国 RCRA 的管理范围包括一般固体废物和危险废物两大类,实行国家和地方的分级管理:联邦环境保护局负责管理危险废物,各州政府对非危险废物进行管理,州政府制定的固体废物管理计划需经联邦环境保护局批准。同时,为方便危险废物监管,根据产生量不同,其环境风险产生者应承担的环境责任也应不同,美国环保署按照每月危险废物产生量及危害程度,将产生者划分为 3 类(大源、小源、豁免小源),实施差别化管理。此外,随着对危险废物风险评估能力的不断提高,美国环保署认为 RCRA 中法规对低风险的危险废物实行了过于严格的管理,给社会和危险废物生产者增加了不必要的、高额的处理处置费用,对此于 1995 年颁布《危险废物鉴别法规》对 RCRA 管理的危险废物做了部分豁免排除。为鼓励固体废物实现充分利用、控制固体废物填埋处置对环境造成的污染,美国在城市固体废物管理中还广泛利用市场力量,充分发挥许可、税收、抵押等经济杠杆作用。例如,美国各州普遍实行 PAYT(pay-as-you-throw)制度,对居民征收固体废物收集费,促进城市固体废物产生者承担其对社会的责任;美国印第安纳州、西泽西州等对需要填埋的城市固体废物征收填埋费/税。

欧盟废物管理的发展历程是,20 世纪 80 年代,欧盟废物管理由早期单纯处理转向综合治理战略,开始重视源头控制和综合利用,从而有效控制污染、回收资源,从根本上转变了废物管理的内涵。几乎所有欧盟成员国在废物管理上都经历了巨大的转变,强调减量化、资源化和无害化,并将资源化作为废物处理的最终发展目标,有效提高了物质和能源的回收利用。为增加废物回收和再利用比重,欧盟委员会特别强调废物管理中的循环经济原则和零废弃理念。目前,欧盟废物管理战略确立了"废物分级"的处理体系,即遵循"预防或减量—重复使用—循环利用—堆肥—处置"的顺序,强调资源化是废物处理的首选方式和最终发展目标;并将管理目标向物质产生的源头减量化延伸,全面且综合地考虑废物管理的每个阶段,通过对物质的整个生命周期管理,实现物质产生、流通、消费的全过程良性循环。欧盟废物管理法规体系由条例、指令、决定等构成,1975 年欧盟理事会颁布的《废物框架指令》(75/442/EEC)是欧盟固体废物管理的基础,此外配套有《废油处置指令》《包装废物指令》《废汽车指令》《废物焚烧指令》《废物填埋指令》等多项专项法规。欧盟废物管理中不仅运用法律和行政手段，而且辅以税收、财政补贴等诸多经济手段，实现了多种政策工具的结合，从而使废物管理的各项制度得以贯彻实施。欧盟废物管理大部分是以成员国各地政府财政投入为主，结合以政府许可形式引入社会资本这一融资渠道，为废物的综合管理提供了资金保障。对此，欧盟制定了较为全面的固体废物税收政策，如城市废物收集费和废物填埋费/税、对包装物等具有潜在环境污染的产品征收包装费/税等，有利于政府的宏观调控、促使生产者采用先进技艺。

4. 我国固体废弃物管理体系

中国的固体废物管理工作以建立健全法律法规和政策、制度为基础，以污染防治能力建设和处理处置设施建设为重点。主要的法律法规和标准包括：

法律——《中华人民共和国固体废物污染环境防治法》(1995年10月30日第八届全国人民代表大会常务委员会第十六次会议通过，1995年10月30日中华人民共和国主席令第58号公布，自1996年4月1日施行。自发布实施以来，分别经历四次修订：2004年12月29日第一次修订，2013年6月29日第二次修订，2015年4月24日第三次修订，2016年11月7日第四次修订)。

法规——《医疗废物管理条例》《危险化学品安全管理条例》《城市市容和环境卫生管理条例》《危险废物经营许可证管理办法》《固体废物进口管理办法》《电子废物污染环境防治办法》《废弃化学品污染环境防治办法》等。

标准规范——《国家危险废物名录》《进口废物管理目录》《固体废物处理处置工程技术导则》《生活垃圾处理技术指南》《一般工业固体废物贮存、处置场污染控制标准》《危险废物焚烧污染控制标准》《生活垃圾填埋场污染控制标准》《危险废物填埋污染控制标准》《进口可用作原料的固体废物环境保护控制标准》等。

阅读材料：中国宣布不再进口"洋垃圾"

美国时间2017年7月18日，环境保护部和国家标准委两个部门分别向WTO递交通知，宣布从9月起，中国将禁止进口4大类24种"洋垃圾"。废金属、塑料瓶、旧光盘、未经分类的废纸以及废弃纺织原料等与日常生活息息相关的制品都在被禁止进口的名单中。中国在送交WTO中的文件表示，一般可回收利用的固体垃圾中，常掺杂有为数不少的高污染垃圾与危险性废物，污染中国环境，为了保护环境与人民的健康，中国要调整垃圾进口法规，拒收高污染的固体废弃物。

报道称，中国是全球主要的垃圾进口国家，接收全球56%的垃圾，去年进口逾730万公吨，总值达37亿美元。根据WTO资料，除去香港地区，中国进口的废弃塑料主要来自于日本和美国，各占全球约10%。与此同时，日本和美国也是废纸的最大来源国。

2017年，中央全面深化改革领导小组第三十四次会议审议通过并以国务院办公厅名义印发《关于禁止洋垃圾入境推进固体废物进口管理制度改革实施方案》，要求以维护国家生态环境安全和人民群众身体健康为核心，完善固体废物进口管理制度。2017年年底前，全面禁止进口环境危害大、群众反映强烈的固体废物；2019年年底前，逐步停止进口国内资源可以替代的固体废物。通过持续加强对固体废物进口、运输、利用等各环节的监管，确保生态环境安全。

三、危险废物管理

危险废物是指列入《国家危险废物名录》或是根据国家规定的危险废物鉴别标准和鉴别方法认定具有危险特性的废物。在固体废物管理中,"危险废物"是一类十分特殊的废物,一般指具有严重危害环境和人类、动植物生命健康特性的有害废物,目前中国将危险废物的有害特性归纳为急性毒性、易燃性、腐蚀性、反应性、浸出毒性。需要指出的是,各国一般不将放射性作为危险废物的特性而纳入固体废物的管理,而是将具有放射性特性的废物纳入放射性废物管理范畴。

根据实际国情,我国已建立以危险废物鉴别制度、贮存及处置管理制度、经营许可制度、转移联单制度等为主体和特色的危险废物管理体系。

1. 危险废物鉴别制度

危险废物鉴别制度是进行危险废物管理的第一步,是识别某物质是否属于危险废物的过程。1998 年制定并颁布的《国家危险废物名录》是我国第一部用于鉴别危险废物的官方名录,名录列出了 47 种国际上公认的具有危险特性的废物种类,在 2016 版的《国家危险废物名录》中修订为 46 大类别 479 种。

《名录》由废物类别、行业来源、废物代码、危险废物和危险特性五部分组成。废物产生者可以通过四种方式:废物类别、行业来源、工艺特征和危险特性来确定其产生的固体废物或液态废物(排入水体的废水除外)是否在《名录》内。

2. 危险废物贮存及处置管理制度

危险废物的贮存及处置是危险废物管理的技术核心,主要包括收集、贮存、运输、填埋和焚烧五类管理,我国为此建立了十分详细和严格的技术标准,主要有《危险废物焚烧污染控制标准》(GB 18484)、《危险废物贮存污染控制标准》(GB18597)、《危险废物填埋污染控制标准》(GB 18598)、《危险废物收集贮存运输技术规范》(HJ2025)、《危险废物集中焚烧处置工程建设技术规范》(HJ/T 176)、《危险废物安全填埋处置工程建设技术要求》等。

(1)收集。危险废物产生单位进行的危险废物收集包括两个方面:一是在危险废物产生节点将危险废物集中到适当的包装容器中或运输车辆上的活动;二是将已包装或装到运输车辆上的危险废物集中到危险废物产生单位内部临时贮存设施的内部转运。应根据危险废物产生的工艺特征、排放周期、危险废物特性、废物管理计划等因素制定收集计划。收集计划应包括收集任务概述、收集目标及原则、危险废物特性评估、危险废物收集量估算、收集作业范围和方法、收集设备与包装容器、安全生产与个人防护、工程防护与事故应急、进度安排与组织管理等。在危险废物的收集和转运过程中,应采取相应的安全防护和污染防治措施,包括防爆、防火、防中毒、防感染、防泄露、防飞扬、防雨或其他防止污染的措施。

(2)贮存。危险废物贮存可分为产生单位内部贮存、中转贮存及集中性贮存。所对应的贮存设施分别为:产生危险废物的单位用于暂时贮存的设施;拥有危险废物收集经营许可证的单位用于临时贮存废矿物油、废镍镉电池的设施;以及危险废物经营单位所配置的贮存设施。贮存危险废物时应按危险废物的种类和特性进行分区贮存,每个贮存区域之间宜设置挡墙间隔，并应设置防雨、防火、防雷、防扬尘装置。危险废物贮存设施的选址、设计、建设、运行管理应满足 GB18597、GBZ1 和 GBZ2 的有关要求，如选址地质结构稳定，地震烈度不超过 7 度；设施底部必须高于地下水最高水位；应位于居民中心区常年最大风频下风向。

（3）运输。危险废物运输应由持有危险废物经营许可证的单位按照其许可证的经营范围组织实施，承担危险废物运输的单位应获得交通运输部门颁发的危险货物运输资质。危险废物公路运输应按照《道路危险货物运输管理规定》，危险废物铁路运输应按《铁路危险货物运输管理规则》，危险废物水路运输应按《水路危险货物运输规则》，废弃危险化学品的运输应执行《危险化学品安全管理条例》。

（4）填埋。主要技术依据是《危险废物安全填埋处置工程建设技术要求》和《危险废物填埋污染控制标准》（GB18598）。填埋场场址不应选在城市工农业发展规划区、农业保护区、自然保护区、风景名胜区、文物（考古）保护区、生活饮用水源保护区、供水远景规划区、矿产资源远景储备区和其他需要特别保护的区域内。危险废物填埋场场址的位置及与周围人群的距离应依据环境影响评价结论确定，并经具有审批权的环境保护行政主管部门批准，并可作为规划控制的依据。在对危险废物填埋场场址进行环境影响评价时，应重点考虑危险废物填埋场渗滤液可能产生的风险、填埋场结构及防渗层长期安全性及其由此造成的渗漏风险等因素，根据其所在地区的环境功能区类别，结合该地区的长期发展规划和填埋场的设计寿命，重点评价其对周围地下水环境、居住人群的身体健康、日常生活和生产活动的长期影响，确定其与常住居民居住场所、农用地、地表水体以及其他敏感对象之间合理的位置关系。危险废物安全填埋场的建设规模应根据填埋场服务范围内的危险废物种类、可填埋量、分布情况、发展规划以及变化趋势等因素综合考虑确定。应主要以省为服务区域，根据当地危险废物填埋量的情况，采取一步到位或分期建设的方式集中建设，避免过于分散建设或能力长期闲置。

（5）焚烧。主要技术依据是《危险废物集中焚烧处置工程建设技术规范》和《危险废物焚烧污染控制标准》（GB18484—2001）。厂址不允许建设在《地表水环境质量标准》（GB3838—2002）中规定的地表水环境质量Ⅰ类、Ⅱ类功能区和《环境空气质量标准》（GB3095—1996）中规定的环境空气质量一类功能区，即自然保护区、风景名胜区、人口密集的居住区、商业区、文化区和其他需要特殊保护的地区，以及居民区主导风向的上风向地区。选址应充分考虑焚烧产生的炉渣及飞灰的处理与处置，并宜靠近危险废物安全填埋场。对排气筒高度、焚毁去除率、残渣热灼减率等各类参数均有详细规定。

3. 危险废物经营许可制度

危险废物经营许可制度是指在危险废物的产生、运输、贮存、处理阶段，申请人提交相关资料，通过具有危险废物许可职责的部门审查批准，获得危险废物许可证后，才能从事相应的危险废物经营活动。许可制度为危险废物的经营设定了一定的法定门槛，只有符合相关的法定标准，才能从事该种经营活动。建立危险废物许可制度，是基于危险废物处理方式的高危型和极强技术性，不具备相关技术资格的申请者涉足危险废物经营活动，将产生极大的社会危害和环境风险。

《危险废物经营许可证管理办法》于 2004 年 5 月 30 日由国务院颁布实施。该办法共分 6 章 33 条,对危险废物经营许可的基本原则、申请条件、申请程序、监督管理及法律责任等内容作出了规定。危险废物经营许可证按照经营方式,分为危险废物收集、贮存、处置综合经营许可证和危险废物收集经营许可证。持有综合经营许可证的危险废物经营者,能够从事任何种类危险废物的收集、贮存、处置经营活动。持有收集经营许可证的经营者,只能从事机动车维修活动中产生的废矿物油和居民日常生活中产生的废镉镍电池的危险废物收集经营活动。申请许可证的条件,即申请者应当具备的条件,通常包括:危险废物污染治理技术人员;符合国家或地方环境保护标准的运输工具、包装工具及处置设施;有保证危险废物经营安全的规章制度、污染防治措施和事故应急救援措施;所有与所经营的危险废物类别相适应的处置技术和工艺。申请者向发证机关提出申请时,提交符合上述要求的证明材料。发证机关在受理申请后的二十天内,对材料进行审查,可以征求卫生、城乡规划等部门和专家的意见,对符合要求的,颁发许可证。

对危险废物许可证的颁发实行分级审批,分为县市级、省级和国家级三级。其中,危险废物收集经营许可证由县级人民政府环境保护主管部门审批;年焚烧量一万吨以上的危险废物,或处置对人体、环境危害极大的危险废物,或利用列入国家危险废物处置设施建设规划的综合性集中处置设施处置的危险废物,由国务院环境保护主管部门审批;其余的情况由省一级环保部门审批。近期,按照国家简政放权的有关要求,根据《国务院关于取消和下放一批行政审批项目的决定》,将由环境保护部负责的危险废物经营许可审批事项下放至省级环保部门。

4. 危险废物转移联单制度

为加强对危险废物转移的有效监督,实施危险废物转移联单制度,根据《中华人民共和国固体废物污染环境防治法》有关规定,经过在上海等地的试验后,国家环保总局于1999 年颁布实施了《危险废物转移联单管理办法》。

危险废物产生单位在转移危险废物前,须按照国家有关规定报批危险废物转移计划;经批准后,产生单位应当向移出地环境保护行政主管部门申请领取联单。产生单位应当在危险废物转移前三日内报告移出地环境保护行政主管部门,并同时将预期到达时间报告接受地环境保护行政主管部门。危险废物产生单位每转移一车、船(次)类危险废物,应当填写一份联单。每车、船(次)有多类危险废物的,应当按每一类危险废物填写一份联单。加盖公章,经交付危险废物运输单位核实验收签字后,将联单第一联副联自留存档,将联单第二联交移出地环境保护行政主管部门,联单第一联正联及其余各联交付运输单位随危险废物转移运行。危险废物运输单位应当如实填写联单的运输单位栏目,按照国家有关危险物品运输的规定,将危险废物安全运抵联单载明的接收地点,并将联单第一联、第二联副联、第三联、第四联、第五联随转移的危险废物交付危险废物接收单位。

联单由国务院环境保护行政主管部门统一制定,由省、自治区、直辖市人民政府环境保护行政主管部门印制。联单共分五联,颜色分别为:第一联,白色;第二联,红色;第三联,黄色;第四联,蓝色;第五联,绿色。联单编号由十位阿拉伯数字组成。第一位、第二位数字为省级行政区划代码,第三位、第四位数字为省辖市级行政区划代码,第五位、第六位数字为危险废物类别代码,其余四位数字由发放空白联单的危险废物移出地省辖市级人民政府环境保护行政主管部门按照危险废物转移流水号依次编制。联单由直辖市人民政府环境保护行政主管部门发放的,其编号第三位、第四位数字为零。联单保存期限为五年;贮存危险废物的,其联单保存期限与危险废物贮存期限相同。环境保护行政主管部门认为有必要延长联单保存期限的,产生、运输和接受单位应当按照要求延期保存联单。

知识拓展:转移危险废物申请要提交的材料(所在地以广西壮族自治区为例)

（一）《广西壮族自治区危险废物转移报批表》(跨省转移的,应含申请单位所在县(区)级、市级环保部门审查意见;区内转移的,应含申请单位所在县(区)级审查意见。原件,一式5份);(二)危险废物产生单位的申请报告,内容包括危险废物的主要成分与特性、危险废物的包装与运输方案,危险废物处置、利用单位的生产能力与主要工艺流程、污染防治设施情况等(原件);(三)危险废物产生单位工商营业执照正、副本复印件(必须有工商部门年检记录),危险废物产生单位与危险废物接收单位签订委托处置的合同或协议(复印件);(四)首次申请的危险废物产生单位需提供环评批复、试运行批复或项目环保竣工验收批复文件;(五)危险废物接收单位工商营业执照正、副本及有效的危险废物经营许可证(复印件),处于试运行期间的危险废物接收单位应提供项目试运行批复(复印件);(六)与有相应资质的危险废物运输单位签订的合同或协议,运输单位道路危险货物运输经营许可证正副本(复印件)、工商营业执照正副本(复印件)、运输单位危险废物运输过程的意外事故防范措施和应急预案;(七)危险废物产生单位的危险废物管理计划、申报登记表和应急预案(经县级以上环保部门核准备案)。

四、生活垃圾管理

生活垃圾,是指在日常生活中或者为日常生活提供服务的活动中产生的固体废物以及法律、行政法规规定视为生活垃圾的固体废物。生活垃圾本身具有两重性,既有可回收利用的资源性,同时又具有危害性,不适当处置会产生环境污染。由于我国城乡管理体制具有分割性与各自特点,往往分别探讨其垃圾管理问题。

生活垃圾管理

1. 城市生活垃圾管理

随着社会经济的发展,人民生活水平的提高,城市垃圾产生量越来越多,已成为环境污染的重要来源。目前,我国城市生活垃圾年产生量过亿吨,占世界垃圾总产生量的26.5%。填埋、焚烧和堆肥是我国城市垃圾处理的主要方法,其中,填埋是最主要的垃圾处理方式;其次是高温堆肥。三种方法各有利弊,垃圾的成分要求也不尽相同。城市垃圾处理并没有全面实施,部分中小城市垃圾仍然使用直接倾倒和简易填埋等原始方式处理,这种现状对我国生态环境带来了极大的威胁。虽然近年来国内很多城市进行了垃圾分类处理的探索,启动了垃圾分类试点,但是"宣传意义"大于"实际效果",现实情况仍是"前期分类不到位,后期处理大锅烩"(廖如珺,2012)。基于这种严峻现实、发展循环经济的迫切需要以及垃圾分类的实践状况等事实判断,经济学、环境学、管理学等相关学科,对"垃圾分类难以实施"的原因给出了解释。王子彦等认为,"垃圾分类及其处理认知不够、垃圾分类回收研究的缺乏以及政府工作不到位,是阻碍城市垃圾分类回收步伐的主要因素"。而谭文柱在总结垃圾分类试点城市的经验之后,提出"没有建立起切实可行的垃圾分类收集的激励约束机制,造成这些城市试行的结果都不理想"。我国目前的回收渠道是一些拾荒者和在垃圾场进行后置分类的从业者,他们将已经装好的垃圾倒出来或扒开以寻找废品,使垃圾四处飞散,并且只回收如易拉罐、报纸、啤酒瓶等目前认为有经济价值的东西,而其他具有资源价值和容易造成污染的东西,如废电池、废塑料、废纸片、废玻璃和大量生物垃圾不予收购。这种方式也难以产业化和规模化。此外,要想做到垃圾分类的有效利用,需要在源头对垃圾进行分类,目前我国还没有统一、单行的城市生活垃圾处理条例。另一方面,垃圾分类处理政策规定单一,缺乏外部监督,导致执法力度不足,垃圾分类工作很难有效开展。

根据《中华人民共和国固体废物污染环境防治法》、《城市生活垃圾管理办法》(2007年7月1日起施行)、《城市市容和环境卫生管理条例》等相关法律的规定,城市生活垃圾的管理包括生活垃圾的清扫、收集、运输、处置及城市生活垃圾治理的无害化、资源化和减量化、综合利用等一系列相关活动。与此相适应,城市生活垃圾管理机构的设置也由许多部门共同发挥作用,其中以建设部门、环卫部门、环保部门为主体。国务院环境保护行政主管部门对全国固体废物污染环境的防治工作实施统一监督管理,国务院建设行政主管部门和县级以上地方人民政府环境卫生主管部门负责城市垃圾清扫、收集、运输和处置的监管工作。

我国现行的城市生活垃圾管理体制很大程度依然是计划经济的延续,在传统的计划经济体制下,政府是唯一的城市生活垃圾管理责任者,无论是基础设施建设、资金、政策的投入还是具体的垃圾治理一直是作为社会公益事业由政府包揽,从垃圾的清扫、收集、运输到处理,全部的管理职能都由政府承担。现行城市垃圾管理体制是按行政区划和级别进行划分,大多数城市生活垃圾管理机构集管理职能和服务职能为一体,这种垃圾管理体制是"以块为主,条块结合",有利于城市生活垃圾管理工作的层层落实,为解决城市生活垃圾问题起到重要作用。

一般将城市生活垃圾分为有机物、无机物、纸、塑料、橡胶、布、木竹、玻璃、金属等9类,其中后7类属于可回收废物。城市废物可回收利用的空间很大。目前,我国城市生活垃圾清运量增长迅速,从1979年的2 508万吨增长至2014年的17 860万吨。据统计,2011年全国城市生活垃圾累计堆存量在65亿吨以上,占用土地面积高达35亿 m²。在全国660余个城市中,超过一半的大中城市被垃圾包围。由于城市地区人口众多、环境容量有限等特点,使城市地区生活垃圾污染更加严重。因此,生活垃圾的管理逐渐演变成一个城市综合管理问题,其中最突出的两个问题是生活垃圾分类及回收,以及生活垃圾最终处理去路。

城市生活垃圾中有大量可回收利用的组分,垃圾回收不仅可以减少垃圾的排放量,而且还能创造价值、减少成本。目前,全国没有统一的垃圾分类标准,生活垃圾回收利用率很低。为解决我国城市垃圾问题,2000年住建部率先在北京、上海、广州、深圳、杭州、南京、厦门和桂林八个城市开展生活垃圾分类收集试点工作,要求试点城市在法规、政策、技术和方法等方面先行先试,为在全国实行垃圾分类收集创造条件。这些试点城市普遍采用加大政府投入,正向激励分类行为和志愿者补充服务为主的措施,但由于种种原因,分类试点收效甚微。2013年,我国塑料回收率为23.2%,2012年,北京市的纸类回收率也仅为25.32%,北京市第十二个五年计划规定在2015年废物回收率超过一半,现在的回收率仍然远远低于这个目标。2011 年国务院转批住建部等 16 部门《关于进一步加强城市生活垃圾处理工作的意见》,进一步强调城市生活垃圾减量化、资源化和无害化目标,明确规划引导、源头和过程控制、收运网络和设施建设、组织保障和监督考评等具体要求。2014 年,住建委、发改委、财政部、环境保护部和商务部五部委联合发布《关于开展生活垃圾分类示范城市(区)工作的通知》,重点强调生活垃圾分类管理地方性法规建设、多部门分工协作机制建立、分类试点实效和废弃物处置情况,首批确定了 26 个示范城市(区)。2017 年 3 月,国务院批转了《生活垃圾分类制度实施方案》,要求落实城市人民政府主体责任,强化公共机构和企业示范带头作用,引导居民逐步养成主动分类的习惯,形成全社会共同参与垃圾分类的良好氛围;综合考虑各地气候特征、发展水平、生活习惯、垃圾成分等方面实际情况,合理确定实施路径,有序推进生活垃圾分类;充分发挥市场作用,形成有效的激励约束机制。完善相关法律法规标准,加强技术创新,利用信息化手段提高垃圾分类效率;加强垃圾分类收集、运输、资源化利用和终端处置等环节的衔接,形成统一完整、能力适应、协同高效的全过程系统。到 2020 年底,基本建立垃圾分类相关法律法规和标准体系,形成可复制、可推广的生活垃圾分类模式,在实施生活垃圾强制分类的城市,生活垃圾回收利用率达到 35％以上。城区范围内先行实施生活垃圾强制分类的城市包括:直辖市、省会城市和计划单列市,住房城乡建设部等部门确定的第一批生活垃圾分类示范城市(河北省邯郸市、江苏省苏州市、安徽省铜陵市、江西省宜春市、山东省泰安市、湖北省宜昌市、四川省广元市、四川省德阳市、西藏自治区日喀则市、陕西省咸阳市)。上述区域内的公共机构和相关企业负责对其生活垃圾进行分类。

　　生活垃圾末端处置主要采用填埋、焚烧、生化处理和临时堆放。长期以来,填埋占我国城市生活垃圾总处理量的 50％以上,但填埋占用土地面积较大,渗滤液和填埋气会对周围环境和公众健康造成影响,此外还可能出现燃烧、滑坡、爆炸等事故。垃圾焚烧是垃圾减容的有效措施,焚烧后垃圾容量将减少 90％,重量减少 80％,污染物排放相对可以控制,并具有占地较省、余热可以利用等特点,在发达国家和地区得到广泛应用,在我国也有近 30 年应用历史。目前,垃圾焚烧处理技术装备日趋成熟,产业链条、骨干企业和建设运行管理模式逐步形成,已成为城市生活垃圾处理的重要方式,我国垃圾焚烧厂的投运数量已由 2000 年之前的 2 座快速增加到 2015 年底的 224 座,总焚烧规模达到 20.78 万吨/日,约占无害化处理能力的 40％,垃圾的处置能力得到大幅提升。但与此同时,垃圾焚烧厂二次污染风险引发"邻避问题"日益明显,主要是公众对焚烧厂产生恶臭的厌恶、对二噁英的恐惧以及因为焚烧厂建设而导致的周边房价的下跌。2016 年 10 月,住建部等四部委联合发布《关于进一步加强城市生活垃圾焚烧处理工作的意见》,提出 2020 年底全国设市城市垃圾清洁焚烧能力占总处理能力的 50％以上的目标,对垃圾焚烧处置设施选址、项目标准和配套措施做出要求,推动垃圾焚烧设施从"邻避型"向"邻利型"转型。目前,我国新建的焚烧厂已经完全有能力通过技术手段来控制恶臭的产生和扩散。如:垃圾在运输过程中采用密闭型车辆进行运输;焚烧厂运行期间垃圾坑采用负压运行,卸料大厅采用空气幕,设置焚烧厂检修期间的活性炭除臭设置等,都能有效控制臭气。对于二噁英问题,《生活垃圾焚烧污染控制标准》将二噁英类的排放限值从严至每立方米 0.1 纳克毒性当量,与世界上最严格的欧盟标准一致。目前我国年排放二噁英类约 10 千克毒性当量,其中大气排放占 5 千克，生活垃圾焚烧发电厂的排放量不到大气排放的 1%。而人体中存在的 90%以上二噁英类是通过肉类、奶类、鱼类等食物摄取。因此，做好垃圾焚烧厂运行控制及公众知识普及是当前的主要工作。

2. 农村生活垃圾管理

农村生活垃圾是指在农村区域的当地居民日常生活或者为日常生活提供服务的过程中产生的固体废弃物，包括厨余、秸秆、菜叶、包装袋、厕纸、烟头、纸盒、电池等。在我国，农村区域占国土面积的 90%，农民占全国人口的 70%，近年来，随着农村居民生活水平的提高，对农村生活环境的要求也越来越高，农村环境的污染尤其是生活垃圾的污染已逐渐成为农村污染的主要形式。我国农村生活垃圾产生量不断增加，根据有关调查，全国农村生活垃圾年产生量约 3 亿吨，约占城市生活垃圾产生量的 75%，并以每年 8%—10%的速度增长。目前，在一些经济相对发达的农村，实行了生活垃圾村收集—镇(乡)转运—县(区)处理的处理模式，但是由于受到各种因素的制约，并没有达到预期的效果。总体来说，我国大部分地区农村生活垃圾还是处于无人管理的状态，农村垃圾的处置方式主要集中在随意堆放、露天焚烧和简易沤肥三种处理方式，但无论哪一种处理方式，对环境造成的危害都不可低估。随意堆放，垃圾长时间经雨水冲洗过程中会产生一些污染物如重金属(Hg、Cd 等)、COD 等的溶出，经雨水流到地表水或渗入到地下污染地下水，同时对当地的土壤造成一定程度的污染；露天焚烧无任何烟尘收集处理装置，焚烧温度低且燃烧不充分，产生有毒有机污染物；简单沤肥没有控制发酵条件，且没有污染防治措施，产生恶臭气体直接释放到大气中，产生渗滤液直接释放到环境中。

关于农村生活垃圾的处理，目前大部分省市采用“户分类、村收集、镇转运、县(市)处置”或“户收集、村集中、镇转运、县处理”或“组保洁、村收集、镇转运、县(市)集中处置”的处理模式，这种方式是农村生活垃圾处理的有效方式，可以在较短的时间内解决部分农村生活垃圾问题。例如，广东省从编制规划、提高处理率、建转运站、建收集点、净化城镇、清洁乡村等六方面提出了具体目标，要用三年时间实现全省城乡垃圾收集、运输、处理全覆盖。

上述运行的农村生活垃圾处理模式对于距离乡镇较近的农村生活垃圾收运处理虽有较好的成效，然而仍存在一些问题。例如农村村庄分散，经济欠发达、交通不便、人口密度小，垃圾送县级以上填埋场存在长距离输送、处理成本高的问题。远距离且偏远的部分农村生活垃圾还普遍处于粗放的“无序”管理状态，生活垃圾采用敞开式收集，采用人力车、农用车等非专用垃圾车辆运输，采用就近堆放、填坑填塘、露天焚烧、简易填埋等方式进行处置。大量生活垃圾无序丢弃或露天堆放，对环境造成严重污染。

总体来说，目前我国村镇生活垃圾收运处理设施缺乏、污染严重，在技术、资金和管理方面存在较大的问题：① 农村环保工作的重要性认识不清，相关法律法规和政策在农村没有较好的落实。② 农村环境保护工作给予的重视不够，尤其对农村环境基础设施建设的资金投入较少。很多地方国家投资建设了污染治理设施，却存在无钱运营和无专业人员管理的问题。③ 农村环境保护工作的相关机构不健全，而且村镇没有专业的环保工作者，监管和执行力度受到严重的影响。④ 农村环境污染的治理技术相对落后，仅农村沼气技术和推广成效较显著，而对于生活污水及生活垃圾等无成熟且经济可行的处理处置技术,严重影响了环保工作的开展。

　　针对农村生活垃圾产生特点,实际处理过程中应当以降低运输成本和减少处理过程中的环境风险为重点。

　　第一,受经济发展水平和农民生活习惯和生活方式的影响,不同农村地区的生活垃圾组成有所不同,但主要可以分为以厨余垃圾为主的有机垃圾,以灰土、砖瓦为主的无机垃圾,以塑料、玻璃、金属为主的废品和电池、农药瓶等为主的有害垃圾四大类。在农村推行垃圾分类收集具有以下优势:① 相对于城市紧密型的居住空间,农村相对宽敞的居住空间使得垃圾分类收集更容易满足;② 若垃圾随意堆放在村口,产生恶臭滋生蚊虫,产生的垃圾渗沥液污染河流、土壤、地下水,因此相对于城市居民,农村居民更能够切身感受到垃圾污染的危害;③ 虽然农村人口文化水平低,环保知识相对贫乏,但是农村地区特有的生活方式及习惯无形中养成了农村居民垃圾分类的意识。综上三点,在农村推行垃圾分类具有可行性。

　　第二,由于农村垃圾产生相对分散,垃圾集中收集处理处置的运输成本较高。因此在分类收集的前提下,分类后垃圾中适宜采用就地处理的部分应进行就地处理,减少垃圾运输量,降低处理系统的运行费用。

第八章　自然资源的可持续利用和管理

第一节　自然资源的基本概念与改革动向

《辞海》对自然资源的定义为:天然存在(不包括人类加工制造的原材料)并有利用价值的自然物,是生产的原料来源和布局场所。联合国环境规划署的定义为:在一定时间和一定条件下,能产生经济效益,以提高人类当前和未来福利的自然因素和条件。综合来看,自然环境中与人类社会发展有关的、能被用来产生使用价值并影响劳动生产率的自然诸要素称为自然资源,可分为有形自然资源(如土地、水体、动植物、矿产等)和无形的自然资源(如光资源、热资源等)。自然资源具有可用性、整体性、变化性、空间分布不均匀性和区域性等特点,是人类生存和发展的物质基础和社会物质财富的源泉,是可持续发展的重要基础。

一般认为,自然资源具有如下特征:① 数量的有限性。指资源的数量,与人类社会不断增长的需求相矛盾,故必须强调资源的合理开发利用与保护。② 分布的不平衡性。指存在数量或质量上的显著地域差异;某些可再生资源的分布具有明显的地域分布规律;不可再生的矿产资源分布具有地质规律。③ 资源间的联系性。每个地区的自然资源要素彼此有生态上的联系,形成一个整体,故必须强调综合研究与综合开发利用。④ 利用的发展性。指人类对自然资源的利用范围和利用途径将进一步拓展或对自然资源的利用率不断提高。为深入理解与详细解释我国自然资源管理体制与改革动向,本节对国外管理体制及我国历史沿革做简单梳理。

一、国外自然资源管理的特点和主要内容

可从自然资源资产管理和监督管理两方面总结自然资源管理的主要规律。由于经济体制和历史传统等因素,国外的自然资源管理体制模式多样,情况复杂,很难找到和中国类似的管理模式,但从其中可发掘和归纳一些共同点和相似点。

1. 国外自然资源资产管理

(1) 国外自然资源资产管理的基本特点

第一,重要自然资源基本上都是公有。自然资源所有权公有、收益金共享是国际通行原则。公有自然资源资产管理遵循"谁所有—谁管理—谁收益"的原则,如联邦(中央)政府负责管理联邦公有土地,省(州)政府负责管理省(州)公有土地。

第二,公有自然资源资产管理不等于公有自然资源经营。自然资源资产管理的核心是资源财产权管理,通过让渡资源使用权获得产权收益的同时,放开具体的市场经济活

动,实现政府宏观调控与市场经济活动的有机结合。

第三,公有自然资源一般都具有战略性、公益性、福利性和生态重要性。公有自然资源资产管理和私有自然资源资产经营虽然主观上都有实现资源资产收益最大化的愿望,但存在本质差别,公有自然资源所有者必须体现全民利益,实现经济、社会和政治等综合效益最大化。

第四,自然资源管理部门在管理公有自然资源资产的同时,对私有自然资源资产进行咨询、指导、监管和服务,实行公私一体化管理。

第五,世界上绝大多数国家对公有自然资源采取出租的方式,在各种资产收益方式中约占70%—80%的比例,近些年来,一部分国家开始逐渐减少或停止出售公有自然资源以获取一次性资源收益的方式。公有自然资源的收支模式主要有两种:收支两条线是通行做法,资源管理部门负责自然资源资产收益的征收管理,所征收费金全部上缴给财政管理部门;收支一体模式也有,如英国国家林业局和美国联邦土地管理局。

(2)自然资源资产管理的主要内容

公有自然资源资产管理是个系统工程,其核心是自然资源产权管理,涉及统一登记、资产核算、市场交易和定价制度等一系列管理环节,同时也与自然资源用途管制、监督管理、生态保护等职能存在交叉重叠。

① 产权登记。主要有两种登记模式:一种是国家自然资源统一登记。设立统一的不动产登记部门,公有自然资源所有权和使用权与私人所有自然资源都需要经过登记后才生效。如《英国土地登记法》规定,所有土地都应纳入土地登记簿,包括王室土地和公有土地。另一种登记模式是谁管理谁登记。由具体的自然资源管理部门登记,登记目的在于认定所管辖自然资源资产的各项权益。如美国内政部负责对联邦所有的自然资源进行登记,同时,联邦要向州和地方政府提供详细目录中的各种资料和数据,以协助其对与公有土地相接的非联邦所属土地进行规划和对这些非联邦所属土地的依法使用加以管理。加拿大贯彻谁所有谁登记原则,宪法规定自然资源所有权由各省、地区行使,矿权登记和土地登记管理职责也全部在各省。

② 编制资产清册。美国规定必须开展资源调查,内政部负责编制并保存一份所有的公有土地、它们的各种资源及其他价值的详细目录。在编制此种详细目录时,应特别重视那些面临严重环境问题的地区,并随时修订详细目录以真实反映各种条件的变化和各种价值的变化。

③ 资源规划。自然资源资产使用要遵循各类国家规划的要求,同时,资产管理部门也会编制相应的开发使用和产权处置规划。如美国规定应当在遵守国家分区等区域性用途管制的规定下编制土地利用规划,对公有的某块土地或某地区的使用做出规定。

④ 政策制定。自然资源管理部门作为代理人对国家自然资源资产进行行政管理,集中体现在制定资源资产处置和收益等法规和政策标准,如矿产资源权利金政策、土地出让或转让合同的制定等,这也是资产管理的核心职能之一。

⑤ 审批许可。这是资源资产管理最关键环节,自然资源管理部门以审批许可的方式,发放各类自然资源的使用或开采许可证或采伐许可证,或者以竞价拍卖方式,确定经营代理人,或者出售国有自然资源所有权或使用权。如《美国联邦土地政策和管理法》规

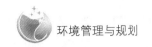

定,通过行使地役权、颁发许可证、租契、发布规章及采用其他恰当的措施,对公有土地的利用、占用和开发依法加以管理。

⑥ 开发利用经营。对于在部分领域实行政企合一管理模式的国家,这些自然资源管理部门还会直接参与自然资源资产的生产经营活动,如英国皇家地产管理局和英国林业局,直接经营房地产和国有林业务。但是更多的国家,实行由私人公司进行经营、自然资源管理部门负责监管的方式。

⑦ 收取资源收益。根据收益类型不同,收取收益的方式也不同。通常情况下是由自然资源管理部门负责收取,收取之后上缴财政,采取收支两条线的方式,以规范国有自然资源资产的使用方式,提高资金使用效益,防止贪污腐败。另外,也有一些国家实行收支一体的模式。

⑧ 审计监督。通常是由国会、上级管理部门、审计机构或公众对自然资源收益的征收和使用进行财务核算和审计。

⑨ 编制资产负债表。挪威等北欧国家以及美国都十分重视自然资源资产核算工作,在将自然资源纳入资产负债表方面进行了大量探索。

2. 国外自然资源监督管理

(1)自然资源监管的主要内容

不同国家自然资源监管的内容存在较大差异,总的来看,监管以法律为依据,监督企业是否遵守和执行法律法规的情况;监督地方政府有关部门遵守和贯彻执行法律法规的情况;监督政府政策文件的遵守执行情况,特别是包含在政府文件中的强制性规定。具体是对自然资源的占有、使用、收益、处分进行全过程监管。主要监管内容包括如下方面:

第一,监管自然资源的用途。自然资源的用途通常由各类规划确定,改变资源用途的行为须得到规划主管部门的许可。此类监管通常包括两方面:一是规划主管部门负责对因自然资源产权人(所有权人、使用人)引起的用途转变进行监管,对自然资源用途进行监管是国际通行做法,属于行政管理性质的监管;二是独立机构以及社会公众对编制和实施规划情况的监管,这类机构如英国规划督察署,负责审理规划上诉案件,属于监督救济性质的监管。

第二,监管自然资源的收益情况。涉及自然资源收益的获取、分配和使用等环节,是重要的监管领域。

第三,监管资源产权交易市场及资源开发利用中的履约行为。包括自然资源产权的定价、公平交易、资源节约集约使用情况,目的在于实现资源的合理、高效流动,实现资源的合理配置。同时,还需要对自然资源利用过程中的履约行为进行监管,比如,美国内政部土地管理局将联邦矿产出让给企业后,要对企业的钻孔、生产等情况进行履约性监管。

第四,监管自然资源的公共性和外部性。自然资源经济中有很多产品的生产和消费带有自然资源负外部性,如资源在开采阶段的严重浪费,工业生产中的"三废"排放等。对于这些问题的监管,既存在于自然资源的日常行政管理环节中,也归属于一些单独的监督管理部门,还离不开社会公众的监督。

第五,监管自然资源产权纠纷问题。其中既包括个人侵占公有自然资源的行为,也包括国家强制征用个人自然资源产权而引起的个人申诉,还包括政府违规违法处置公有自然资源的问题。从国外的做法看,对于上述各不相同的自然资源监管工作,目前没有由某一个部门全部行使的模式,而是根据工作需要,由不同的机构和部门负责。

(2)自然资源监管体制向综合化方向发展

自然资源管理部门的内部监管是主体。在所调查的国家中,基本上没有在自然资源管理部门之外单独设立自然资源监管部门的情况。考虑到内部监督会产生中立性不强等问题,一般会通过司法监督和社会公众监督的方式加以弥补。资源监管在自然资源管理部门内部,与产业管理、生态管理和资产管理部门相对独立,以保证监督的有效性。这是因为自然资源监督具有很强的专业性,脱离资源管理工作的本体,将难以发挥效果。如俄罗斯自然资源利用监察署作为联邦自然资源和生态部的下设监督机构,局长由联邦政府根据自然资源和生态部提议任命和解雇。根据俄罗斯行政管理框架,决策、执行与监督相对分离,部的职能是法规制定和决策,署的职能是检查和监察,局的职能是法规和政策的执行、公共服务的提供。从职能配置上看,综合监管是方向。比如,美国内政部总监察长办公室的监管内容十分广泛,涉及到影响部门工作效率和效果的各个方面,既包括财务审计和绩效审计,也包括内政部所管辖的矿产、土地、油气等自然资源管理过程中的业务审计。英国规划署的监管也具有很强的综合性,包括规划、住宅法规、环境法规中涉及能源等领域内容。

二、我国自然资源管理体制现状

总体上看,我国自然资源管理体制呈现横向适度分离、纵向相对统一的特点,即土地、森林、水等自然资源分散在不同的管理部门,每个部门对职责范围内的自然资源实行资产管理、用途管制等相统一的管理模式。

一是按资源类型分部门管理。我国目前没有统一的自然资源管理部门,按资源类型分别由国土、海洋、水利、农业、林业等部门管理。根据"三定"规定,国土资源部承担保护与合理利用土地资源、矿产资源、海洋资源等自然资源的责任;海洋局承担保护和合理开发利用海洋、海域、海岛资源的责任;水利部承担保护和合理开发利用水资源的责任;农业部负责指导农用地、渔业水域、草原、宜农滩涂、宜农湿地以及农业生物物种资源的保护和管理,负责水生野生动物保护工作;林业局负责森林、湿地、荒漠和陆生野生动植物资源的保护和开发利用。此外,环境保护部负责指导、协调、监督各种类型的自然保护区、风景名胜区、森林公园的环境保护工作;能源局负责组织制定煤炭、石油、天然气、水能、生物质能等能源的产业政策和相关标准。

二是自然资源管理部门同时承担资产管理和用途管制职责。在我国,自然资源管理部门作为公共管理部门,既代行自然资源资产管理职能,又履行自然资源监督管理和用途管制职责。例如,国土资源部在资产管理方面,负责矿产资源开发的管理,依法管理矿业权的审批登记发证和转让审批登记,征收资源收益;在监督管理方面,承担保护土地、矿产等自然资源的责任,负责制定并组织实施国土规划、土地利用总体规划,组织实施土地用途管制等。

三是中央与地方实行分级管理。宪法规定,矿藏、水流、森林、山岭、草原、荒地、滩涂等自然资源属于国家所有(法律规定属于集体所有的森林和山岭、草原、荒地、滩涂除外)。

但在实际运行过程中,自然资源由中央与地方实行分级管理。根据有关法律的规定,矿产、森林、草原等大部分自然资源由国务院行政主管部门负责全国的自然资源管理工作,县级以上人民政府行政主管部门负责本地区的管理工作;对水资源实行流域管理与行政区域管理相结合的管理体制。例如,森林法规定,国务院林业主管部门主管全国林业工作,县级以上人民政府林业主管部门主管本地区的林业工作。水法规定,国务院水行政主管部门负责全国水资源的统一管理和监督工作;国务院水行政主管部门在重要的江河、湖泊设立流域管理机构,负责管辖范围内水资源的管理和监督;县级以上地方人民政府水行政主管部门按照规定的权限,负责本行政区域内水资源的统一管理和监督工作。

我国现行自然资源管理体制,有利于发挥行业主管部门的专业优势,针对不同资源的特点实行精细化管理,但也存在以下几个方面的问题:一是资产所有者缺位。根据宪法以及相关法律规定,矿藏、水流、森林、山岭、草原、荒地、滩涂等自然资源属于国家即全民所有(法律规定属于集体所有的除外),由国务院代表国家行使所有权,但没有明确由哪个部门代理或托管,自然资源资产在法律上缺乏具体明确的代表主体。在实际工作中,自然资源资产所有者职责由相关管理部门代行,所有者职责不清晰,产权虚置或弱化,所有权人权益不落实。二是管理的系统性不强。山水林田湖是一个生命共同体,具有整体性、系统性等特点。现行管理体制将水流、森林、草原等自然资源分别由不同的部门管理,人为地割裂了自然资源之间的有机联系,同时协调机制不够健全,种树的只管种树、治水的只管治水、护田的单纯护田,顾此失彼,容易造成生态的系统性破坏。三是重开发轻保护。由于我国自然资源实行中央与地方分级管理,在实际工作中,绝大部分自然资源由地方进行管理,个别自然资源的实际控制人片面追求自然资源的经济价值,忽视其生态价值和社会价值,造成自然资源的过度开发和生态环境的破坏。此外,由于自然资源管理部门兼具资产管理、行业管理、监督管理等多重职能,在自然资源开发与保护工作中,既是"运动员"又是"裁判员",当管理目标出现冲突时,容易出现监管失灵及重开发轻保护的问题。四是职责交叉问题难以有效解决。在实行分类管理的同时,对于同一自然资源又按照不同的管理环节或者功能用途,归口不同的部门管理,造成职责交叉。例如,农业、水利、林业、环保等部门从各自角度对同一自然资源分别进行监测,监测点位重合,重复建设、资源浪费、数出多门。此外,实际工作中,多个部门分别拟订城乡规划、区域规划、主体功能区规划和土地规划等,而这些规划之间衔接不够。

三、我国自然资源管理体制改革方向

按照生态文明体制改革关于"健全国家自然资源资产管理体制,统一行使全民所有自然资源资产所有者职责;完善自然资源监管体制,统一行使所有国土空间用途管制职责"的有关要求,我国自然资源管理体制改革要在实现所有者和监管者分开、整合相关职责的基础上,重点处理好四方面的关系:

一是处理好政府与市场的关系。目前我国在自然资源管理领域,政府和市场的关系尚未完全厘清。一方面,在自然资源资产配置上,存在市场机制不够健全,市场化出让程度较低,市场决定价格机制和资产价值评估制度不完善等问题;另一方面,在自然资源监管上,存在监管不到位,重开发轻保护,重眼前利益轻长远利益等问题。综合考虑自然资

源具有的经济价值、生态价值和社会价值,在自然资源资产配置方面要发挥市场的决定性作用,由市场决定如何配置、配置给谁以及价格,政府主要制定规则,确保公正公平;同时在自然资源监管领域要更好发挥政府作用,切实加强监管,保证区域公平和代际公平,解决"市场失灵"问题。

二是处理好自然资源资产所有者与自然资源监管者的关系。根据习近平总书记在《关于〈中共中央关于全面深化改革若干重大问题的决定〉的说明》中的论述,自然资源资产所有者对自然资源资产行使所有权并进行管理是一种民事权利,自然资源监管者对自然资源行使监管权是一种行政权力。鉴于自然资源具有外部性和公共物品属性等特点,自然资源资产所有者在对自然资源资产进行配置和处置时应受到限制,要符合用途管制要求和保护生态环境等公共利益需要;自然资源监管者也不得超越用途管制要求,干预自然资源资产所有者依法行使权利。自然资源资产所有者以自然资源资产的保值增值为主要目标,自然资源监管者以自然资源的可持续利用和生态保护为主要目标,二者之间要建立沟通协商和监督制约机制,实现信息共享,确保两个方面工作目标的对立统一。

三是处理好中央与地方的关系。对于全民所有的自然资源,理论上应当由中央政府统一行使所有者职权。考虑到自然资源的开发利用和保护对地方经济社会发展具有重要影响,同时我国各地差异性较大,充分调动和发挥地方政府的积极性和主动性,也有利于解决信息不对称问题,提高效率。因此,对全民所有的自然资源资产,可按照在生态、经济、国防等方面的重要程度和区域分布等特点,实行中央和地方政府分级代理行使所有权职责的模式。分清全民所有中央政府直接行使所有权、全民所有地方政府行使所有权的资源清单和空间范围。中央政府主要对石油天然气、重点国有林区、大江大河大湖和跨境河流、生态功能重要的湿地草原、海域滩涂、珍稀野生动植物种和部分国家公园直接行使所有权。对全民所有但由地方政府代行所有权的自然资源资产,中央政府要建立监督机制。

四是处理好自然资源监管与环境治理的关系。自然资源监管和环境治理既有区别又有联系。二者都以生态环境保护为目标,自然资源监管侧重于国土空间用途管制以及生态系统的保护修复;环境治理侧重于污染排放行为的监管以及环境污染的防治。由于自然资源既是生态系统的组成要素,也是污染物的容纳载体,因此为避免交叉重复,应合理界定自然资源监管与环境治理的权责边界,做到相互协调、相互促进。

总体来看,未来我国自然资源管理体制主要构建四大制度:一是构建归属清晰、权责明确、监管有效的自然资源资产产权制度,着力解决自然资源所有者不到位、所有权边界模糊等问题。二是构建覆盖全面、科学规范、管理严格的资源总量管理和全面节约制度,着力解决资源使用浪费严重、利用效率不高等问题。三是构建反映市场供求和资源稀缺程度、体现自然价值和代际补偿的资源有偿使用和生态补偿制度,着力解决自然资源及其产品价格偏低、生产开发成本低于社会成本、保护生态得不到合理回报等问题。四是构建充分反映资源消耗、环境损害和生态效益的生态文明绩效评价考核和责任追究制度,着力解决发展绩效评价不全面、责任落实不到位、损害责任追究缺失等问题。

第二节 自然资源资产产权制度

一、自然资源资产产权制度发展历程

自然资源资产是指产权主体明确、产权边界清晰、可给人类带来福利、以自然资源形式存在的稀缺性物质资产。自然资源资产管理体制,是关于自然资源资产管理机构设置、管理权限划分和确定调控管理方式等方面的基本制度体系。

我国自然资源资产管理体制演进大致经历了四个阶段:

第一阶段(1949—1978年),自然资源资产管理体制缺失阶段。这一时期尚未出现资源资产管理理念,资源配置靠行政划拨,资源无偿使用。

第二阶段(1978—1990年),自然资源资产管理体制探索研究阶段。属资产管理的萌芽期,尽管国家从制度上提出了所有权、使用权分离,提出了有偿使用制度,但在实际中未真正实施。

第三阶段(1990—2010年),自然资源资产分散管理体制逐步形成阶段。这一时期初步形成了目前自然资源资产分类管理的体制,资源有偿使用制度得以全面推进,要素市场建设步伐加快;由于不同资源资产化步伐不一,因此体制呈现分类分级、相对集中、混合管理态势,但并未设立专门的资源资产管理机构。

第四阶段(十八大以来),自然资源资产管理体制进入全面深化改革阶段。十八届三中全会决定提出要"健全国家自然资源资产管理体制,统一行使全民所有自然资源资产所有者",对我国自然资源资产管理体制改革提出了新要求。

二、自然资源资产产权现状

随着市场经济的发展,我国在自然资源全民所有和集体所有基础上,在土地、林地、矿产、水资源等领域推动所有权和占有、使用和收益权逐步分离,进而形成不同层级政府对各种自然资源的实际占有、收益权,形成了复杂的自然资源资产管理体系。为了较为全面地掌握所有权分级行使情况,下面选择其中比较有代表性的国有自然资源进行评述(表8-1)。

表8-1 我国各类自然资源的产权体系

自然资源类型	所有权	使用权以及用益物权
土地	集体所有和国家所有	土地使用权、承包权、经营权
林地、森林林木	集体所有和国家所有	林地使用权、森林承包权、经营权
矿产	国家所有	探矿权和采矿权
水	国家所有	取水权、水域使用权
海洋	国家所有	海域使用权

分级行使所有权体制的现状为:

第一，土地资源资产。国有土地中经营性资源以城镇建设用地、国有农用地为代表。目前，城镇建设用地的管理和运营收益集中在市县一级，即地方享有建设用地的占有权和收益权，负责出让使用权。同时，中央政府通过特定管制手段对地方用地行为进行管控。国有农用地中，新疆、黑龙江和广东农垦为中央直属垦区，实行省部共管。全民所有土地资源资产中具有代表性的公益性资源主要包括各类保护地，如自然保护区、风景名胜区、湿地和森林公园等。从实际运行情况看，各类保护地一般都分为国家级和地方级。国家级保护地的设立、调整等事项由国务院或国务院有关部门审批。在事权配置上，其被视为央地共同事权，中央设立财政专项等为其提供补贴，如2016年中央财政转移支付给725个重点生态功能区(县)总计570亿元；但主要经费仍是由保护区所在地负责。国家级保护地日常管理采取属地管理的方式，相关旅游开发收益也由地方享有。

第二，矿产资源资产。矿产资源均为全民所有，中央政府作为所有权行使主体的代表，主要行使资产规划、出让探矿权开采权、收取使用费等。当前，探矿权由国家、省两级管理，开采权是国家、省、市、县四级管理，按照相应的资源种类及规模区分中央和地方的权限，如根据有关规定，中央负责石油、天然气等六种矿产的探矿权采矿权审批。在收益分配上，矿业权出让收益、矿业权占用费的中央和地方分享比例分别为4∶6和2∶8。

第三，森林资源资产。国有森林资源主要分布在国有林区和林场中的森林、林木和林地资源。由于历史遗留缘故，我国国有森林资源资产管理实行政资合一体制，通过建立直属企业，林业主管部门直接参与森林管理。这其中，主要依靠中央投资形成的重点国有林区实际上由五大森工集团享有实际占有权和收益权。此外，为加强森林保护，国家还划定国家级和地方级公益林。其中，国家级公益林的管理模式与保护地相似。

第四，水资源资产。水资源归国家所有，所有权行使包括取水许可、水域滩涂养殖使用、水资源有偿使用等。当前，国家规定按照不同范围的江河以及相关取水量，分由相关流域委员会、地方水行政部门负责审批。在收益分配上，国家规定，除北京、天津、河北、江苏、山东、河南等南水北调受水区外，县级以上地方水行政主管部门征收的水资源费，将按照1∶9的比例上缴中央和地方国库。

第五，海洋资源资产。海洋资源归国家所有，所有权行使主要包括海域使用权、无居民海岛使用权出让、收取资源有偿使用费及相关保护等。当前国家规定符合一定条件的项目用海、海岛的使用须由中央审批和出让。海洋资源中的代表性公益性资源主要以海洋自然保护区为代表，其管理模式与陆地保护区类似。

目前来看，我国自然资源资产管理体制存在四大问题：一是政府市场关系未理顺。突出表现在：将资产管理(确保保值增值)与资源监管(规制市场失灵)混为一谈；有偿使用范围有待扩大，出让方式有待完善，市场化出让程度低(如海域使用权)；资源市场化定价机制不健全，资产价值评估制度不完善；缺乏全国统一的资源交易体系和交易信息平台。二是管理主体不到位，权益未落实。所有者权利谁来行使不清晰，如国有土地所有权由国务院行使，实际中由地方政府资源管理部门代为行使，导致所有权与管理权不分，极易造成资产流失；再如部分重点国有林区名为国家所有，实践中却沦为地方和企业自管自用。三是组织架构不合理、效率低下。机构分散、条块分割、多头管理问题突出，综合协调效果不佳，导致重复建设、资源浪费、信息不畅、信息打架、互相扯皮等问题严重。四是权力分配

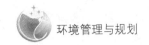

不合理,央地关系未理顺。中央与地方政府管理目标与绩效的差异性,导致委托代理机制失灵;央地财权事权不匹配,中央审批事项多,事中事后监督管理常不到位;同时,资源所在地政府往往承担更多事权。

三、自然资源资产产权改革方向

按照归属清晰、权责明确、流转顺畅、权能完整、保护严格、监管有效的总体要求,建立适应社会主义市场经济客观要求的自然资源产权制度,使市场在资源产权配置中发挥决定性作用,形成多样化、多层次的自然资源产权制度体系。

改革的总体要求是:① 坚持所有权和使用权相分离的原则。明确自然资源归属,城市市区范围内的土地、国家征用的土地、矿藏、水流、水资源、国有林场、草原(由法律规定属于集体所有的除外)属于国家所有;农村和城市郊区的土地(除由法律规定属于国家所有的以外)属于农民集体所有;宅基地和自留地、自留山,属于农民集体所有。按照有偿使用的原则,自然资源可以依法配置给全民所有制单位、集体经济组织等使用。② 坚持统筹兼顾的原则。坚持和完善我国自然资源产权制度改革的基本方向,统筹政府与市场的关系,确保市场主体平等享受资源的使用权。坚持统筹考虑兼顾各方利益,确保监管有效,实现国有资源资产能增值、使用者得实惠、生态受保护。统筹兼顾中央与地方的关系,合理划分中央政府和地方政府在管理自然资源中的事权、财权和责任。③ 坚持激活权能的原则。按照激活权能的要求,还权赋能、激发活力、先行先试、探索创新、封闭运行、风险可控的原则,建立流转顺畅的自然资源产权体系。按照激活权能的要求,将实物管理与价值管理相结合。④ 坚持收益合理的原则。按照"责权利相统一"的要求,明确产权监管的责任,实现责、权、利的统一,统筹资源收益分配的关系,合理确定中央与地方的资源收益分配比例。建立和完善合理的自然资源开发税费调节机制,逐步将资源税扩大到占用各种自然生态空间。

为推动自然资源资产产权制度改革,主要需从三方面入手:① 建立统一的确权登记系统。以落实《自然生态空间用途管制办法(试行)》为契机,对水域、森林、山岭、草原、荒地、滩涂等所有自然生态空间统一进行确权登记,清晰界定全部国土空间各类自然资源资产的产权主体,逐步划清全民所有和集体所有之间的边界,划清全民所有、不同层级政府行使所有权的边界,划清不同集体所有者的边界。加快推进自然资源统一确权登记试点,形成可复制、可推广的经验。② 健全自然资源资产产权体系。在《关于健全国家自然资源资产管理体制试点方案》的基础上,不断探索,总结经验,明确全民所有自然资源资产所有权主体代表,细化授权相关职能部门行使全民所有权的职权范围,落实集体所有自然资源资产所有权地位,推动所有权和使用权充分分离,明确占有、使用、收益和处分等权利归属和权责,适度扩大使用权的出让、转让、出租、抵押、担保、入股等权能。③ 健全自然资源资产产权保护制度。尊重和保障自然资源使用权人的合法权益,在符合用途管制及法律规定的条件下,保护自然资源使用权人的自主权,允许自然资源使用权人根据自然资源的具体情况进行合理的开发利用,不得以任何行政手段干涉其合法生产经营活动。

第三节　资源总量管理和全面节约制度

一、土地资源

耕地是我国最为宝贵的资源,关系十几亿人吃饭大事。"保护耕地"是我国的基本国策,土地资源总量管理和全面节约的核心目标都是保护耕地。其主要途径有两个:一是"开源",增加耕地资源空间,即耕地资源规模不得低于确定的总量;二是"节流",减少建设用地占用,即建设用地规模不得超过规定上限。当前,我国经济发展进入新常态,新型工业化、城镇化建设深入推进,耕地后备资源不断减少,实现耕地占补平衡、占优补优的难度日趋加大,激励约束机制尚不健全,耕地保护面临多重压力。2017 年中共中央国务院发布的《关于加强耕地保护和改进占补平衡的意见》进一步完善了土地资源管理各项制度,文件中把行之有效的严格管理制度固定下来,同时提出"两个绝不能",就是已经确定的耕地红线绝不能突破,已经划定的城市周边永久基本农田绝不能随便占用。

2013 年中央农村工作会议提出坚守"18 亿亩耕地红线",以确保 13 亿人口"舌尖上的安全"。《全国土地利用总体规划纲要(2006—2020 年)》也提出:到 2015 年我国耕地保有量保持在 18 亿亩,即通常所说的"坚守 18 亿亩耕地红线",并直接体现在"十二五"规划中。2017 年中共中央国务院发布的《关于加强耕地保护和改进占补平衡的意见》将目标确定为:到 2020 年,全国耕地保有量不少于 18.65 亿亩,永久基本农田保护面积不少于15.46 亿亩,确保建成 8 亿亩、力争建成 10 亿亩高标准农田,为确保谷物基本自给、口粮绝对安全提供保障。

为什么是 18 亿亩耕地红线?

根据就在国人的饭桌上。

中国每年要消耗多少粮食?一个粗略的估计是:目前 13 亿人口吃饭、加上工业用粮等,每年粮食消耗量应该在 4.5 亿吨左右。2002 年全国粮食总产量是 4.57 亿吨,到 2003 年降到 4.3 亿吨,仅为20 世纪 90 年代初的水平。随后的 3 年,2004 年、2005 年和 2006 年连续实现恢复性增长,到 2006 年为 4.9 亿吨。我国每年还要增加上千万人口。根据国家统计局提出的我国粮食消费标准和农业部等有关部门的研究,2010 年我国达到小康水平时,人均粮食需求量应为 420 千克,全国粮食需求总量为5.88 亿吨;2030 年人均粮食需求量应为 440 千克,全国粮食需求总量为 7.04 亿吨。

"八五"期间我国粮食单产增长每年只有 4.1 千克,"九五"期间每年为 0.3 千克,"十五"期间每年为 5.1 千克,单产平均每年增长不到 1.8%。我国耕地的复种指数逐年提高,由 1952 年的 131%提高到 2000 年的 158%,继续提高的空间有限。粮经比虽然会进一步降低,估计到 2010 年和 2030 年的粮经比将分别降到 70%和 62%,但仍高于 46%的当前世界平均水平。按以上算法,到 2010 年和 2030年,如果我国粮食完全自给,需要耕地数量分别为 19.2 亿亩和 19.47 亿亩;如果实现粮食 95%的自给目标,则需要耕地分别为 18.24 亿亩和 18.5 亿亩。

从土地资源总量管理和全面节约最新政策和改革方向看,基本分为四类政策:

（1）严格控制建设占用耕地。一是加强土地规划管控和用途管制。充分发挥土地利用总体规划的整体管控作用，从严核定新增建设用地规模，优化建设用地布局，从严控制建设占用耕地特别是优质耕地。实行新增建设用地计划安排与土地节约集约利用水平、补充耕地能力挂钩，对建设用地存量规模较大、利用粗放、补充耕地能力不足的区域，适当调减新增建设用地计划。探索建立土地用途转用许可制，强化非农建设占用耕地的转用管控。二是严格永久基本农田划定和保护。全面完成永久基本农田划定，将永久基本农田划定作为土地利用总体规划的规定内容，在规划批准前先行核定并上图入库、落地到户，并与农村土地承包经营权确权登记相结合，将永久基本农田记载到农村土地承包经营权证书上。粮食生产功能区和重要农产品生产保护区范围内的耕地要优先划入永久基本农田，实行重点保护。永久基本农田一经划定，任何单位和个人不得擅自占用或改变用途。强化永久基本农田对各类建设布局的约束，各地区各有关部门在编制城乡建设、基础设施、生态建设等相关规划，推进多规合一过程中，应当与永久基本农田布局充分衔接，原则上不得突破永久基本农田边界。一般建设项目不得占用永久基本农田，重大建设项目选址确实难以避让永久基本农田的，在可行性研究阶段，必须对占用的必要性、合理性和补划方案的可行性进行严格论证，通过国土资源部用地预审；农用地转用和土地征收依法依规报国务院批准。

（2）以节约集约用地缓解建设占用耕地压力。实施建设用地总量和强度双控行动，逐级落实建设用地总量和单位国内生产总值占用建设用地面积下降的目标任务。盘活利用存量建设用地，推进建设用地二级市场改革试点，促进城镇低效用地再开发，引导产能过剩行业和"僵尸企业"用地退出、转产和兼并重组。完善土地使用标准体系，规范建设项目节地评价，推广应用节地技术和节地模式，强化节约集约用地目标考核和约束，推动有条件的地区实现建设用地减量化或零增长。

（3）改进耕地占补平衡管理。一是严格落实耕地占补平衡责任。完善耕地占补平衡责任落实机制。非农建设占用耕地的，建设单位必须依法履行补充耕地义务，无法自行补充数量、质量相当耕地的，应当按规定足额缴纳耕地开垦费。地方各级政府负责组织实施土地整治，通过土地整理、复垦、开发等推进高标准农田建设，增加耕地数量、提升耕地质量，以县域自行平衡为主、省域内调剂为辅、国家适度统筹为补充，落实补充耕地任务。各省（自治区、直辖市）政府要依据土地整治新增耕地平均成本和占用耕地质量状况等，制定差别化的耕地开垦费标准。对经依法批准占用永久基本农田的，缴费标准按照当地耕地开垦费最高标准的两倍执行。二是规范省域内补充耕地指标调剂管理。县（市、区）政府无法在本行政辖区内实现耕地占补平衡的，可在市域内相邻的县（市、区）调剂补充，仍无法实现耕地占补平衡的，可在省域内资源条件相似的地区调剂补充。

（4）健全耕地保护补偿机制。一是加强对耕地保护责任主体的补偿激励。积极推进中央和地方各级涉农资金整合，综合考虑耕地保护面积、耕地质量状况、粮食播种面积、粮食产量和粮食商品率，以及耕地保护任务量等因素，统筹安排资金，按照谁保护、谁受益的原则，加大耕地保护补偿力度。鼓励地方统筹安排财政资金，对承担耕地保护任务的农村集体经济组织和农户给予奖补。二是实行跨地区补充耕地的利益调节。在生态条件允许的前提下，支持耕地后备资源丰富的国家重点扶贫地区有序推进土地整治增加耕地，补充耕地指标可对口向省域内经济发达地区调剂,补充耕地指标调剂收益由县级政府通过预算安排用于耕地保护、农业生产和农村经济社会发展,省政府统筹耕地保护和区域协调发展。

二、水资源

水是生命之源、生产之要、生态之基。人多水少、水资源时空分布不均是我国的基本国情和水情,水资源短缺、水污染严重、水生态恶化等问题十分突出,已成为制约经济社会可持续发展的主要瓶颈。具体表现在:一是我国人均水资源量只有 2100 立方米,仅为世界人均水平的 28%,比人均耕地占比还要低 12 个百分点;二是水资源供需矛盾突出,全国年平均缺水量 500 多亿立方米,三分之二的城市缺水,农村有近 3 亿人口饮水不安全;三是水资源利用方式比较粗放,万元工业增加值用水量为 120 立方米,是发达国家的 3—4 倍,农田灌溉水有效利用系数仅为 0.50,与世界先进水平 0.7—0.8 有较大差距;四是不少地方水资源过度开发,黄河流域开发利用程度已经达到 76%,淮河流域也达到了 53%,海河流域更是超过 100%,已接近或超过其承载能力“天花板”,引发一系列生态环境问题。随着工业化、城镇化深入发展,水资源需求将在较长一段时期内持续增长,加之全球气候变化影响,水资源供需矛盾将更加尖锐,我国水资源面临的形势将更为严峻。解决我国日益复杂的水资源问题,实现水资源高效利用和有效保护,根本上要靠制度、靠政策、靠改革。根据水利改革发展的新形势新要求,2011 年中央 1 号文件和中央水利工作会议明确要求实行最严格水资源管理制度,确立水资源开发利用控制、用水效率控制和水功能区限制纳污“三条红线”,从制度上推动经济社会发展与水资源水环境承载能力相适应。据此,2012 年国务院发布了《关于实行最严格水资源管理制度的意见》,进一步明确水资源管理“三条红线”的主要目标,提出具体管理措施,落实管理责任和考核制度。

水资源管理“三条红线”的具体要求是:确立水资源开发利用控制红线,到 2030 年全国用水总量控制在 7 000 亿立方米以内;确立用水效率控制红线,到 2030 年用水效率达到或接近世界先进水平,万元工业增加值用水量(以 2000 年不变价计,下同)降低到 40 立方米以下,农田灌溉水有效利用系数提高到 0.6 以上;确立水功能区限制纳污红线,到 2030 年主要污染物入河湖总量控制在水功能区纳污能力范围之内,水功能区水质达标率提高到 95% 以上。

水资源“三条红线”

可从水资源总量管理和水资源全面节约两个方面梳理最新政策和改革方向。

1. 水总量控制制度

(1)严格规划管理和水资源论证。开发利用水资源,应当符合主体功能区的要求,按照流域和区域统一制定规划,充分发挥水资源的多种功能和综合效益。建设水工程,必须符合流域综合规划和防洪规划,由有关水行政主管部门或流域管理机构按照管理权限进行审查并签署意见。加强相关规划和项目建设布局水资源论证工作,国民经济和社会发展规划以及城市总体规划的编制、重大建设项目的布局,应当与当地水资源条件和防洪要求相适应。严格执行建设项目水资源论证制度。

(2)严格控制流域和区域取用水总量。加快制定主要江河流域水量分配方案,建立覆盖流域和省市县三级行政区域的取用水总量控制指标体系,实施流域和区域取用水总量控制。各省、自治区、直辖市要按照江河流域水量分配方案或取用水总量控制指标,制定年度用水计划,对本行政区域内的年度用水实行总量管理。

(3) 严格实施取水许可。严格规范取水许可审批管理,对取用水总量已达到或超过控制指标的地区,暂停审批建设项目新增取水;对取用水总量接近控制指标的地区,限制审批建设项目新增取水。对不符合国家产业政策或列入国家产业结构调整指导目录中淘汰类的,产品不符合行业用水定额标准的,在城市公共供水管网能够满足用水需要却通过自备取水设施取用地下水的,以及地下水已严重超采的地区取用地下水的建设项目取水申请,审批机关不予批准。

(4) 严格地下水管理和保护。加强地下水动态监测,实行地下水取用水总量控制和水位控制。各省、自治区、直辖市人民政府要尽快核定并公布地下水禁采和限采范围。在地下水超采区,禁止农业、工业建设项目和服务业新增取用地下水,并逐步削减超采量,实现地下水采补平衡。深层承压地下水原则上只能作为应急和战略储备水源。依法规范机井建设审批管理,限期关闭在城市公共供水管网覆盖范围内的自备水井。抓紧编制并实施全国地下水利用与保护规划以及南水北调东中线受水区、地面沉降区、海水入侵区地下水压采方案,逐步削减开采量。

2. 节水制度

(1) 全面加强节约用水管理。各级人民政府要切实履行推进节水型社会建设的责任,把节约用水贯穿于经济社会发展和群众生活生产全过程,建立健全有利于节约用水的体制和机制。稳步推进水价改革。各项引水、调水、取水、供用水工程建设必须首先考虑节水要求。水资源短缺、生态脆弱地区要严格控制城市规模过度扩张,限制高耗水工业项目建设和高耗水服务业发展,遏制农业粗放用水。

(2) 强化用水定额管理。加快制定高耗水工业和服务业用水定额国家标准。各省、自治区、直辖市人民政府要根据用水效率控制红线确定的目标,及时组织修订本行政区域内各行业用水定额。对纳入取水许可管理的单位和其他用水大户实行计划用水管理,建立用水单位重点监控名录,强化用水监控管理。新建、扩建和改建建设项目应制订节水措施方案,保证节水设施与主体工程同时设计、同时施工、同时投产(即"三同时"制度),对违反"三同时"制度的,由县级以上地方人民政府有关部门或流域管理机构责令停止取用水并限期整改。

(3) 加快推进节水技术改造。制定节水强制性标准,逐步实行用水产品用水效率标识管理,禁止生产和销售不符合节水强制性标准的产品。加大农业节水力度,完善和落实节水灌溉的产业支持、技术服务、财政补贴等政策措施,大力发展管道输水、喷灌、微灌等高效节水灌溉。加大工业节水技术改造,建设工业节水示范工程。充分考虑不同工业行业和工业企业的用水状况和节水潜力,合理确定节水目标。有关部门要抓紧制定并公布落后的、耗水量高的用水工艺、设备和产品淘汰名录。加大城市生活节水工作力度,开展节水示范工作,逐步淘汰公共建筑中不符合节水标准的用水设备及产品,大力推广使用生活节水器具,着力降低供水管网漏损率。鼓励并积极发展污水处理回用、雨水和微咸水开发利用、海水淡化和直接利用等非常规水源开发利用。加快城市污水处理回用管网建设,逐步提高城市污水处理回用比例。非常规水源开发利用纳入水资源统一配置。

三、能源消费

保障能源供应安全、消除能源开发利用带来的环境损害，以及应对全球气候变化，即能源安全发展、清洁发展和低碳发展问题，是我国能源发展的三个重大现实问题。能源在支撑中国经济社会快速发展的同时，也带来了生态环境恶化、能源供需紧张、温室气体减排压力加剧等一系列的问题和挑战。从国际看，《巴黎协定》正式生效，明确了全球"2℃温升目标"和各国中长期的控排目标，绿色低碳发展已是全球大势所趋，并且正在催生新一轮的全球能源革命和产业革命，正在变革人类社会的生产方式和生活方式。从国内看，改革开放以来，我国经济社会取得显著成效的同时，资源环境约束不断加剧，控制能源消费，推动低碳发展，是绿色发展的核心内容和生态文明建设的基本途径，是从源头减少环境污染物排放的重要举措，是实现我国经济社会可持续发展的内生动力和必然要求。我国向联合国提交的国家自主贡献文件中提出，2030年左右碳排放达到峰值并争取提早达峰，碳强度比2005年下降60%—65%，非化石能源比重提升到20%左右（简称"2030目标"）。为此，2014年11月，国务院办公厅发布《能源发展战略行动计划（2014—2020年）》提出了中期能源消费及煤炭消费总量的双控目标，即到2020年，一次能源消费总量控制在48亿吨标煤左右，煤炭消费总量控制在42亿吨左右。2016年国务院发布的《"十三五"控制温室气体排放工作方案》，进一步明确了"到2020年，能源消费总量控制在50亿吨标准煤以内，单位国内生产总值能源消费比2015年下降15%，非化石能源比重达到15%"的目标。

1. 打造低碳产业体系

（1）加快产业结构调整。将低碳发展作为新常态下经济提质增效的重要动力，推动产业结构转型升级。依法依规有序淘汰落后产能和过剩产能。运用高新技术和先进适用技术改造传统产业，延伸产业链、提高附加值，提升企业低碳竞争力。转变出口模式，严格控制"两高一资"产品出口，着力优化出口结构。加快发展绿色低碳产业，打造绿色低碳供应链。积极发展战略性新兴产业，大力发展服务业，2020年战略性新兴产业增加值占国内生产总值的比重力争达到15%，服务业增加值占国内生产总值的比重达到56%。

（2）控制工业领域排放。2020年单位工业增加值二氧化碳排放量比2015年下降22%，工业领域二氧化碳排放总量趋于稳定，钢铁、建材等重点行业二氧化碳排放总量得到有效控制。积极推广低碳新工艺、新技术，加强企业能源和碳排放管理体系建设，强化企业碳排放管理，主要高耗能产品单位产品碳排放达到国际先进水平。实施低碳标杆引领计划，推动重点行业企业开展碳排放对标活动。积极控制工业过程温室气体排放，制定实施控制氢氟碳化物排放行动方案，有效控制三氟甲烷，基本实现达标排放，"十三五"期间累计减排二氧化碳当量11亿吨以上，逐步减少二氟一氯甲烷受控用途的生产和使用，到2020年较2010年产量减少35%。推进工业领域碳捕集、利用和封存试点示范，并做好环境风险评价。

（3）大力发展低碳农业。坚持减缓与适应协同，降低农业领域温室气体排放。实施化肥使用量零增长行动，推广测土配方施肥，减少农田氧化亚氮排放，到2020年实现农田氧化亚氮排放达到峰值。控制农田甲烷排放，选育高产低排放良种，改善水分和肥料管

理。实施耕地质量保护与提升行动,推广秸秆还田,增施有机肥,加强高标准农田建设。因地制宜建设畜禽养殖场大中型沼气工程。控制畜禽温室气体排放,推进标准化规模养殖,推进畜禽废弃物综合利用,到 2020 年规模化养殖场、养殖小区配套建设废弃物处理设施比例达到 75% 以上。

2. 建设和运行全国碳排放权交易市场

(1) 建立全国碳排放权交易制度。出台《碳排放权交易管理条例》及有关实施细则,建立碳排放权交易市场国家和地方两级管理体制,明确责任目标,落实专项资金,建立专职工作队伍,完善工作体系。制定覆盖石化、化工、建材、钢铁、有色、造纸、电力和航空等 8 个工业行业中年能耗 1 万吨标准煤以上企业的碳排放权总量设定与配额分配方案,实施碳排放配额管控制度。对重点汽车生产企业实行基于新能源汽车生产责任的碳排放配额管理。

(2) 启动运行全国碳排放权交易市场。在现有碳排放权交易试点交易机构和温室气体自愿减排交易机构基础上,根据碳排放权交易工作需求统筹确立全国交易机构网络布局,各地区根据国家确定的配额分配方案对本行政区域内重点排放企业开展配额分配。推动区域性碳排放权交易体系向全国碳排放权交易市场顺利过渡,建立碳排放配额市场调节和抵消机制,建立严格的市场风险预警与防控机制,逐步健全交易规则,增加交易品种,探索多元化交易模式,完善企业线上交易条件,2017 年启动全国碳排放权交易市场。到 2020 年力争建成制度完善、交易活跃、监管严格、公开透明的全国碳排放权交易市场,实现稳定、健康、持续发展。

(3) 强化全国碳排放权交易基础支撑能力。建设全国碳排放权交易注册登记系统及灾备系统,建立长效、稳定的注册登记系统管理机制。构建国家、地方、企业三级温室气体排放核算、报告与核查工作体系,建设重点企业温室气体排放数据报送系统。整合多方资源培养壮大碳交易专业技术支撑队伍,编制统一培训教材,建立考核评估制度,构建专业咨询服务平台,鼓励有条件的省(区、市)建立全国碳排放权交易能力培训中心。组织条件成熟的地区、行业、企业开展碳排放权交易试点示范,推进相关国际合作。持续开展碳排放权交易重大问题跟踪研究。

3. 建立温室气体排放信息披露制度

定期公布我国低碳发展目标实现及政策行动进展情况,建立温室气体排放数据信息发布平台,研究建立国家应对气候变化公报制度。推动地方温室气体排放数据信息公开。推动建立企业温室气体排放信息披露制度,鼓励企业主动公开温室气体排放信息,国有企业、上市公司、纳入碳排放权交易市场的企业要率先公布温室气体排放信息和控排行动措施。

4. 完善低碳发展政策体系

加大中央及地方预算内资金对低碳发展的支持力度。出台综合配套政策,完善气候投融资机制,更好发挥中国清洁发展机制基金作用,积极运用政府和社会资本合作(PPP)模式及绿色债券等手段,支持应对气候变化和低碳发展工作。发挥政府引导作用,完善涵盖节能、环保、低碳等要求的政府绿色采购制度,开展低碳机关、低碳校园、低碳医院等创建活动。研究有利于低碳发展的税收政策。加快推进能源价格形成机制改革,规范并逐步取消不利于节能减碳的化石能源补贴。完善区域低碳发展协作联动机制。

四、湿地

依照湿地公约的定义,湿地是指"不问其为天然或人工、长久或暂时之沼泽地、泥炭地或水域地带,带有或静止或流动、或为淡水、半咸水或咸水水体者,包括低潮时水深不超过 6 m 的水域"。此外,"湿地可以包括邻接湿地的河湖沿岸、沿海区域以及湿地范围的岛屿或低潮时水深超过 6 m 的水域。"国家林业局的规定将"湿地"界定为:常年或者季节性积水地带、水域和低潮时水深不超过 6 m 的海域,包括沼泽湿地、湖泊湿地、河流湿地、滨海湿地等自然湿地,以及重点保护野生动物栖息地或者重点保护野生植物的原生地等人工湿地。

中国拥有世界所有类型的湿地,在维护全球生态安全和保护生物多样性上占有重要位置,湿地总面积 5 360.26 万公顷(8.04 亿亩),占国土总面积的 5.58%,其中自然湿地面积 4 667.47 万公顷(约 7 亿亩)。20 世纪 80 年代,中国就制定了大量涉及湿地保护管理的规章制度。然而这些规章制度政出多门、零散且不系统,难以满足和适应湿地保护的需要,有些规定甚至有悖于湿地保护管理的客观要求。2003 年至 2013 年,全国湿地面积减少 339.63 万公顷,减少 8.82%。大规模的无序开发建设使许多湿地成为生态"孤岛"。部分流域劣 V 类水质断面比例较高,污染导致湿地生态功能退化。部分湿地物种种群数量明显减少,有的湿地物种甚至濒临灭绝。为此,国务院于 2016 年出台了《湿地保护修复制度方案》。

表 8−2　中国湿地保护与管理的历程

时间	内　容
1992 年	中国加入《湿地公约》组织
1995 年	原林业部制定《中国 21 世纪议程——林业行动计划》
2000 年	国家林业局等 17 个部门联合颁布了《中国湿地保护行动计划》
2003 年	国务院批准了《全国湿地保护工程规划(2002—2003 年)》
2004 年	国务院办公厅发布《关于加强湿地保护管理的通知》
2005 年	国务院批准《全国湿地保护工程实施规划(2005—2010 年)》《青海三江源自然保护区生态保护与建设总体规划(2005—2013 年)》
2007 年	国家林业局湿地保护管理中心成立"长江中下游湿地保护网络"
2008 年	中央一号文件指出:"加强湿地保护,促进生态自我修复";湿地总面积和湿地保护面积 2 项指标纳入国家资源环境指标体系范畴
2009 年	中央一号文件明确启动了"湿地生态效益补偿"工作
2011 年	《全国湿地保护工程实施规划(2011—2015 年)》《中央财政湿地保护补助资金管理暂行办法》颁布
2012 年	党的十八大提出"建设生态文明"理念,提出"扩大湖泊、湿地面积,保护生物多样性"
2013 年	国家林业局发布《湿地保护管理规定》
2014 年	"黄河流域湿地保护网络"成立
2015 年	"沿海湿地保护网络"成立
2016 年	国务院办公厅印发《湿地保护修复制度方案》

（1）实行湿地面积总量管控。 到 2020 年，全国湿地面积不低于 8 亿亩，其中，自然湿地面积不低于 7 亿亩，新增湿地面积 300 万亩，湿地保护率提高到 50％以上。严格湿地用途监管，确保湿地面积不减少，增强湿地生态功能，维护湿地生物多样性，全面提升湿地保护与修复水平。落实湿地面积总量管控。确定全国和各省（区、市）湿地面积管控目标，逐级分解落实。合理划定纳入生态保护红线的湿地范围，明确湿地名录，并落实到具体湿地地块。经批准征收、占用湿地并转为其他用途的，用地单位要按照"先补后占、占补平衡"的原则，负责恢复或重建与所占湿地面积和质量相当的湿地，确保湿地面积不减少。

（2）建立湿地分级体系。 根据生态区位、生态系统功能和生物多样性，将全国湿地划分为国家重要湿地（含国际重要湿地）、地方重要湿地和一般湿地，列入不同级别湿地名录，定期更新。国务院林业主管部门会同有关部门制定国家重要湿地认定标准和管理办法，明确相关管理规则和程序，发布国家重要湿地名录。省级林业主管部门会同有关部门制定地方重要湿地和一般湿地认定标准和管理办法，发布地方重要湿地和一般湿地名录。建立湿地用途管控机制，按照主体功能定位确定各类湿地功能，实施负面清单管理。禁止擅自征收、占用国家和地方重要湿地，在保护的前提下合理利用一般湿地，禁止侵占自然湿地等水源涵养空间，已侵占的要限期予以恢复，禁止开（围）垦、填埋、排干湿地，禁止永久性截断湿地水源，禁止向湿地超标排放污染物，禁止对湿地野生动物栖息地和鱼类洄游通道造成破坏，禁止破坏湿地及其生态功能的其他活动。

（3）完善保护管理体系。 国务院湿地保护管理相关部门指导全国湿地保护修复工作。地方各级人民政府湿地保护管理相关部门指导本辖区湿地保护修复工作。对国家和地方重要湿地，要通过设立国家公园、湿地自然保护区、湿地公园、水产种质资源保护区、海洋特别保护区等方式加强保护，在生态敏感和脆弱地区加快保护管理体系建设。在国家和地方重要湿地探索设立湿地管护公益岗位，建立完善县、乡、村三级管护联动网络，创新湿地保护管理形式。

五、海洋资源

海洋是人类生存环境的重要组成，对人类生存发展有着极为密切的关系。海洋作为一个巨大的资源库，源于海洋生物资源作为人类食物在供养人口方面起着不可或缺的作用。近岸海域丰富的油气资源及深海底蕴藏的矿产资源，要比陆域丰富得多。水体通过水流、潮汐、波浪的密度和热能梯度作用，在提供大量可更新能源方面有着巨大潜能。海洋资源分狭义和广义两种。狭义的海洋资源是指与海水水体本身有着直接关系的物质和能量，包括海洋生物资源、海洋能资源、海洋矿产资源、海水化学资源等。广义的海洋资源除了上述的能源和物质外，还把港湾、海洋交通运输航线、水产资源的加工、海上风能、海底地热、海洋旅游景观、海洋空间都视为海洋资源。本书所讨论的海洋资源包括空间资源和渔业资源。

1. 海洋渔业资源管理

海洋生物和海洋渔业不仅是食物宝库，更是财富的源泉。人们曾经认为，海洋生物与陆地生物相比不容易灭绝。截至 2007 年，国际自然保护联盟红色名录中列出的 41 500 种濒危物种中，只有 1 500 种为海洋生物。但由于过度捕捞、气候变化、外来物种入侵和沿岸社会发展等因素，海洋生物多样性正发生不可逆的降低，海洋生物与陆地生物一样正在面临着物种灭绝的危机。并且由于海洋空间不像陆地那样方便近距离清晰调查研究,对海洋生态系统的了解缺乏全面的资料,海洋生物多样性没有得到有效保护。近年来世界海洋渔业捕捞产量虽然基本稳定在 8 000 万吨上下,但渔获物的组成却发生了巨大变化,传统的高值、大型鱼类越来越被低值、小型鱼类代替,海洋生物资源处于持续衰退状态。

渔业资源的衰退在很大程度上是由于过度捕捞造成的。海洋渔业过度捕捞是指渔业捕捞力度(fishing effort)超出合理水平,导致鱼类种群退化,渔获物质量下降,捕捞成本提高和渔民贫困等后果。过度捕捞表现为渔民过度投资渔船、渔网和其他捕鱼设备,以及延长捕鱼作业时间,即表现为"太多的渔船追逐太少的鱼"。据统计,由于近几十年来世界范围的竞争式捕捞,导致世界各国捕捞努力量直线上升。世界海洋渔业捕捞的产量从 1952 年的 1 850×10^4 t 增加到 1989 年的 8 900×10^4 t,在这期间增加了 4 倍多,自此以后,世界年渔获量逐年递减,直到现在亦没有恢复的迹象。据最新的联合国粮农组织的报告显示,2006 年全球海洋捕捞产量为 8 190×10^4 t,是 1994 年以来的第三个最低产量。联合国环境规划署在《全球环境展望 2008 年度报告》中指出,如果不采取切实可行的保护手段,全球可供商业捕捞的渔业资源极有可能在 2050 年前枯竭。面对如此严峻的生态危机,人类必须拿出一套切实可行的管理办法,否则必须接受自酿的苦果——"无鱼可打"。如何规制过度捕捞成为问题解决的当务之急。

传统的管理模式主要是投入式的渔业管理措施。所谓的投入式渔业管理模式也可称为间接控制制度,即通过控制和减少捕捞努力量的投入来间接控制过度捕捞,主要是采用入渔许可、禁渔区和禁渔期、渔具种类和规格、最低可捕标准、网目尺寸等规定来限制和调节捕捞努力量。投入控制制度最大的缺点是不能控制渔获量,容易导致渔获量过大的结果,从而造成渔业资源的衰退。此外,捕捞努力量是一个动态的概念,除了受渔船的数量、吨位、动力等因素影响外,它还受其他投入如作业时间和次数、渔具的数量、劳动力等多种因素影响。在渔业管理实践中,不可能对所有这些因素的投入实现——控制,管理难度较大。例如,我国陆续运用了渔具渔法限制、网目尺寸限制、伏季休渔等投入控制措施,但渔业资源却仍然衰退严重。事实证明单纯的投入式渔业管理措施并没有有效地控制捕捞能力的不断膨胀。以"伏季休渔"为例,从 20 世纪 90 年代开始,我国实行了严格的"伏季休渔"政策,目的是保护鱼类产卵群体,增加鱼类种群补充,提高渔业产量。但是"伏季休渔"只能保护鱼类从小鱼长到大鱼,使鱼类在夏季有生长喘息的机会,但是对于鱼群本身来讲最终还是消失了,因为在秋季开捕之后,几天之内这些鱼类就被捕光。因此休渔政策难以从根本上保护渔业资源可持续发展。从鱼类种群补充的角度,"总量控制"政策的实施才是保护渔业资源健康可持续发展的核心所在。

当传统投入式管理遭遇尴尬的同时,基于渔业生物特性而实施的总可捕量制度(Total Allowable Catch,TAC)开始进入了历史的舞台。配额制度亦是在总可捕量制度的基础上逐渐发展完善的。美国和加拿大的太平洋大比目鱼管理委员会(IPHC)是较早实施总可捕量制度的国际渔业组织。两国于 1932 年实施了总可捕量的管理措施。在管理初期效果明显,实现了资源的逐步恢复。但也呈现出了很多经济问题,最突出的就是渔期的大幅度缩短。除此之外,还导致了国家间恶性竞争。为解决 TAC 制度存在的弊端,配额制度被引入到两国的渔业管理中来。在吸取了比目鱼管理中的经验教训后,1937 年

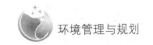

美国和加拿大太平洋鲑鱼渔业委员会,把总可捕量按50∶50的比例配额给了两个国家,各国又按渔船或企业,再次进行了分配。这是配额制度最早实施的雏形。《联合国海洋法公约》第61条亦明确落实了该原则:"沿海国应决定其专属经济海域内生物资源的总可捕量。"公约所确立的对国际海洋生物资源养护实施总可捕量目标的规定,为配额制度全球范围内的实施奠定了基本的法律框架。自此之后,配额制度在世界范围内被普及开来。

目前世界各国总可捕量的实施方式主要有个人配额制度(IQs)、个别可转让配额制度(ITQs)、个别社区配额制度(ICQs)等。其中个别可转让配额制度(ITQs)实施效果显著,为世界各国纷纷效仿的主流模式。

我国海洋渔业资源总量管理制度实施较晚,2017年1月,农业部出台的《关于进一步加强国内渔船管控实施海洋渔业资源总量管理的通知》确立了制度框架。在强化以往控制捕捞渔船数量和功率总量(投入控制)的基础上,引入产出控制制度,实行渔船投入和渔获产出双向控制,逐步建立起以投入控制为基础、产出控制为总闸门,投入和产出兼顾的海洋渔业资源管理基本制度。"十三五"期间主要目标有两个:一个是投入的控制目标,到2020年全国压减海洋捕捞机动渔船2万艘、功率150万千瓦,除淘汰旧船再建造和更新改造外,不新造、进口在我国管辖水域生产的渔船;另一个是产出的控制目标,国内海洋捕捞实行负增长政策,到2020年国内海洋捕捞总产量减少到1 000万吨以内。通过压减海洋捕捞渔船船数和功率总量,逐步实现海洋捕捞强度与资源可捕量相适应。2020年后,将根据海洋渔业资源评估情况和渔业生产实际,进一步确定调控目标,努力实现海洋捕捞总产量与海洋渔业资源承载能力相协调。

海洋捕捞总产量控制在1 000万吨以内,这个总量是怎样确定的?

通过资源调查掌握资源群体的再生能力,从而估算资源在生物学上的可最大持续利用水平,是确定资源可捕量的基础。同时,根据历年的渔获量确定可捕捞总量也是一种行之有效的方法,在一定程度上既代表了资源状况,又考虑了社会就业的要素。

目前,我国还缺乏按照资源群体的再生能力来确定资源可捕总量的基础。根据已开展的渔业区划调查以及专属经济区和大陆架海洋生物资源补充调查结果,初步判断我国海洋生物资源蕴藏量在1 600万吨左右。按照国际通用的0.5—0.6的可捕系数计算,我国海洋渔业资源年可捕量约为800万—1 000万吨。但是,近20年来的渔业统计数据表明,我国海洋捕捞总产量均超过1 000万吨,其中近几年(2012—2015年)的实际捕捞量达1 200万—1 300万吨,超过年可捕量的30%以上。考虑到沿海上百万捕捞渔民的生产生活问题,制度的实施可能导致部分渔民减少捕捞生产,对渔民收入和就业安排造成较大压力,因此将"十三五"期间海洋捕捞产量控制目标定在1 000万吨以内,这个目标与国务院印发的《中国水生生物资源养护行动纲要》控制目标也是一致的。

---

(1)海洋渔船"双控"制度

加强渔船源头管理。坚持并不断完善海洋渔船"双控"制度,重点压减老旧、木质渔船,除淘汰旧船再建造和更新改造外,禁止新造、进口将在我国管辖水域进行渔业生产的渔船。严格船网工具指标审批,加强渔船建造、检验、登记、捕捞许可证审核发放及购置、报废拆解等环节管理。所有渔船必须纳入全国渔船数据库统一管理,通过全国渔政指挥管理系统统一受理申请、审核审批及制发渔业船舶证书。各地要进一步加强对渔船修造特别是跨地区修造和渔船用柴油机及制造企业的监督管理,严禁随意更改渔船主尺度和主机功率、随意标注柴油机型号和标定功率,严禁审批制造"双船底拖网、帆张网、三角虎网"作业渔船。探索建立与捕捞渔船数量和养殖面积相匹配的捕捞辅助船总量控制制度以及养殖渔船监管制度。

创新渔船管理机制。加强渔船分类分级分区管理,实施差别化监管。实行以船长为标准的渔船分类方法,船长小于 12 m 的为小型渔船,大于或等于 12 m 且不满 24 m 的为中型渔船,大于或等于 24 m 的为大型渔船。强化渔船分级管理,海洋大中型捕捞渔船及其船网工具控制指标由农业部制定并下达;海洋小型渔船及其船网工具控制指标由各省(区、市)人民政府依据其资源环境承载能力、现有开发强度以及渔民承受能力等制定,报农业部核准后下达。海洋大中型和小型渔船船网工具控制指标不能通过制造或更新改造等方式相互转换。

完善捕捞作业分区管理制度,大中型渔船不得到机动渔船底拖网禁渔区线(以下简称"禁渔区线")内侧作业,不得跨海区管理界限(依据现行海区伏季休渔管理分界线)作业买卖,因传统作业习惯到禁渔区线内侧作业的,由所在省(区、市)渔业行政主管部门确定并报农业部备案。小型渔船应在禁渔区线内侧作业,不得跨省(区、市)管辖水域作业和买卖,禁渔区线离海岸线不足 12 海里的,可由相关省(区、市)按自海岸线向外 12 海里范围内核定渔船作业区域。

(2) 实施海洋渔业资源总量管理制度

加强渔业资源监测评估。全面实施海洋渔业资源和产卵场调查、监测和评估,通过对渤海、黄海、东海和南海海域的系统调查,摸清我国海洋渔业资源的种类组成、洄游规律、分布区域,以及主要经济种类生物学特性和资源量、可捕量,为进一步科学制定海洋渔业资源总量控制目标和措施提供决策依据。加强渔业资源调查能力建设,完善全国渔业资源动态监测网络。加大资金投入力度,深入开展渔业资源生态保护研究,提高资源调查和动态监测水平。

合理确定捕捞额度。沿海各省要按照统一部署、分级管理、逐级落实的原则,在海洋渔业资源监测评估基础上,综合考虑各相关因素,确定海洋捕捞分年度指标,自上而下细化到最小生产单位。省级海洋捕捞分年度指标,由各省(区、市)渔业行政主管部门研究提出,报省级人民政府同意后实施,同时报农业部备案。

加强捕捞生产监控。完善海洋捕捞生产统计指标体系,逐步与国际通用指标接轨。优化海洋捕捞生产统计方法,开展海洋捕捞生产抽样调查试点,并逐步扩大试点范围。实施海洋捕捞生产渔情动态监测,建立统一的信息采集和交换处理平台,及时准确反映海洋捕捞生产、渔民收入、成本效益和渔区经济发展动态。完善渔船渔捞日志填报和检查统计制度,逐步推进渔捞日志电子化。加强渔港、渔产品批发市场建设,实行渔获物定点上岸制度,建立上岸渔获物监督检查机制。

2. 海洋空间资源管理

我国较为成熟的海洋空间资源管理制度是海洋功能区划制度,自 2002 年《海域使用管理法》颁布以来已施行两版。较为突出的海洋空间资源问题是围填海问题和海岸线保护问题,经中央深改小组审议通过的《围填海管控办法》和《海岸线保护与利用管理办法》为解决上述两个问题做了详细规定,在此逐一介绍。

（1）海洋功能区划

海洋功能区划被确立为海域管理的一项基本制度是在 2002 年。经过二十多年的理论探索和近十年的管理应用实践,海洋功能区划得到了长足发展,其定位逐步清晰,理论、方法日渐成熟,体系也趋于完善。海洋功能区划作为我国国土空间规划必不可少的一部分,在统筹协调我国海洋资源开发和环境保护、保障沿海社会经济可持续发展方面,显现出越来越重要的作用。海域资源环境约束一方面是由海洋资源本身的稀缺性造成的,另一方面也跟海域开发与管理不当有关。从上述我国海洋资源环境条件和现实负载看,突破海域资源环境约束的可能途径有:① 多方面创造条件,拓展海域资源的有效供给空间;② 提高海域开发利用效率,提升海域资源的综合价值;③ 改进利用方式,减轻对海洋生态环境的影响,增强海域对开发活动的承载能力;④ 加强海洋生态环境保护和后备资源保留,保障海洋可持续发展。这 4 点就是海洋功能区划提出和研编的核心思想。

海洋功能区划从行政管理上分为全国、省级和市县级,强化区划层级之间的有机联系,确保区划的管理政策能上下贯通,目标指标和功能布局等能被层层分解。① 全国海洋功能区划。全国海洋功能区划的范围为我国的内水、领海、毗连区、专属经济区、大陆架以及管辖的其他海域。该层次区划主要侧重于提出海洋功能区划的指导思想、基本原则和主要目标,明确海洋基本功能区类型和分类管理要求,明确我国各大海区和各重点海域的主要功能、开发保护方向,并据此制定保障海洋功能区划实施的政策措施。全国海洋功能区划不为具体海域确定功能区类型,不明确功能区的坐标位置和面积。② 省级海洋功能区划。省级海洋功能区划的范围为本省人民政府管理的海域,属于较为宏观的操作型区划。该层次区划要对本辖区内重要海洋资源的开发利用方向和开发保护格局进行综合安排,划分重点海域,明确其主要功能和开发保护方向,同时划分一级类海洋基本功能区,并明确每个一级类功能区的范围和管理要求。③ 市县级海洋功能区划。市县级海洋功能区划的范围为沿海市辖区和沿海县、县级市毗邻海域,为微观操作型区划。该级区划重点是在省级区划确定的一级类海洋基本功能区中,针对部分一级类型,划分二级类海洋基本功能区,明确每个功能区的范围和管理要求。

按照新的体系,海洋基本功能区分为 8 个一级类,22 个二级类,见表 8-3。

表 8-3　海洋基本功能区分类

一级类	二级类
农渔业区	农业围垦区
港口航运区	养殖区、增值区、捕捞区、水产种质资源保护区、渔业基础设施区、港口区、航道区、锚地区
工业与城镇用海区	工业用海区、城镇用海区
矿产与能源区	油气区、固体矿产区、盐田区、可再生能源区
旅游休闲娱乐区	风景旅游区、文体休闲娱乐区
海洋保护区	海洋自然保护区、海洋特别保护区
特殊利用区	军事区、其他特殊利用区
保留区	保留区

海洋功能区划控制体系是海域使用宏观调控的有形之手。区划成果是区划实施的操作依据,区划成果中所提的各项管理目标、原则和管理要求的管控力强弱和可操作性是发挥区划管控作用的关键。我国的海洋功能区划编制成果包括区划文本、登记表和图件,三者具有同等效力。文本提出海域使用活动原则、目标以及海洋功能区和海岸保护与利用要求,体现了对海域使用活动的控制管理。通过图件特有的直观性、精确性特点,对不同功能区的现状、边界范围、功能要求等内容加以规定,使得海域使用管理者和海域使用者能够清楚识别功能区的区域边界和功能,大大加强了区划在管理实践中的可操作性,保证了区划的严格执行和落实。登记表的重要性主要体现在其将海域使用管理要求、海洋环境保护要求落实到了每一个功能区,并针对具体功能区的现实情况提出了具体措施和要求。

（2）围填海管控

随着沿海地区经济的发展、人口膨胀和城市化进程的加快,人地矛盾日益加剧,人类通过围填海为沿海地区拓展生存和发展空间。据报道,新中国成立后,我国经历了4次大规模围填海造地运动,近40年来,全国大规模围填海造地活动使滨海滩涂面积累积损失约 2.19×10^4 km²,相当于中国滨海湿地总面积的 50%。大规模的围填海活动在带来经济效益的同时,也给滨海湿地生态环境带来了巨大的负面影响,导致湿地面积萎缩,生境丧失,斑块化,水动力条件紊乱和生物多样性严重减少等一系列生态问题。2011年,国家发展改革委、国家海洋局曾联合印发《围填海计划管理办法》,提出"围填海计划实行统一编制、分级管理,国家发展改革委和国家海洋局负责全国围填海计划的编制和管理。沿海各省(自治区、直辖市)发展改革部门和海洋行政主管部门负责本级行政区域围填海计划指标建议的编报和围填海计划管理",并且"实行审批制和核准制的涉海工程建设项目,在向发展改革等项目审批、核准部门报送可行性研究报告、项目申请报告时,应当附同级人民政府海洋行政主管部门对其海域使用申请的预审意见,预审意见应明确安排计划指标的相应额度;省以下(含计划单列市)海洋行政主管部门出具用海预审意见前,应当取得省级海洋行政主管部门安排围填海计划指标及相应额度的意见。""超计划指标进行围填海活动的,一经查实,按照"超一扣五"的比例在该地区下一年度核定计划指标中予以相应扣减。"但事实证明,受地方保护主义、土地财政和管控不力影响,围填海计划管理成效并不显著。

中央深改小组2017年审议通过的《围填海管控办法》对严格控制围填海总量、依法科学配置围填海空间、集约节约利用围填海资源及监督检查做出了详细规定。

填海热潮

① 严格控制总量。国家定期组织开展海域资源基础调查,掌握海域自然条件、环境状况和开发利用现状,综合考虑海域和陆域资源环境承载力、工程技术条件、经济可行性和围填海项目的实施情况等因素,建立围填海总量控制目标和年度计划指标测算技术体系,科学确定海洋功能区划实施期限内全国围填海的适宜区域和总量控制目标。国家发展改革委会同国家海洋局以自然岸线保护要求、围填海总量控制目标为基础,依据国民经济和社会发展规划纲要、海洋主体功能区规划、海洋功能区划,结合相关行业规划和国防安全、地方经济发展需要,制定全国围填海五年计划。每年再根据

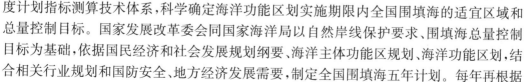

全国围填海五年计划和经济社会发展、国防安全实际需要,提出全国围填海年度计划方案。

②依法科学配置。禁止在重点海湾、海洋自然保护区、水生生物自然保护区、水产种质资源保护区的核心区、海洋特别保护区的重点保护区及预留区、重点河口区域、重要滨海湿地、重要砂质岸线及沙源保护海域、特殊保护海岛及重要渔业海域实施围填海;严格限制在生态脆弱敏感区、自净能力差的海域实施围填海。重点保障国家重大基础设施、国防工程、重大民生工程和国家重大战略规划用海;优先支持海洋战略性新兴产业、绿色环保产业、循环经济产业发展和海洋特色产业园区建设用海。禁止限制类、淘汰类项目和产能严重过剩行业新增产能项目用海;制高耗能、高污染、高排放产业项目用海。

③集约节约利用。对在一定时期内需要在特定海域安排多个围填海项目进行连片开发的,沿海市、县级人民政府按照有关规定及技术规范要求,组织编制区域建设用海规划。严格控制沿岸平推、截弯取直、连岛工程等方式的围填海,鼓励采用透水构筑物、浮式平台等用海方式。围填海项目平面设计应综合考虑围填海区域自然条件和生态环境的适宜性、工程实施的经济性,优先采用人工岛、多突堤、区块组团等方式布局,保护海岸地形地貌的原始性和多样性。围填海项目竣工验收后形成的土地,依法纳入土地管理。国家建立围填海项目后评估制度,对围填海的经济社会效益、海域资源变化、生态环境影响等进行综合评价,为完善围填海管控措施和实施海域整治修复提供决策依据。

(3)海岸线保护与利用

海岸线具有独特的地理、形态和动态特征,是描述海陆分界的最重要的地理要素,是国际地理数据委员会认定的27个地表要素之一。在全球气候变暖及海平面上升的背景下,全球超过一半的海滩遭受侵蚀而后退。然而,20世纪以来,世界沿海国家经济重心向滨海地区转移,全球已有超过一半的人口居住在离海岸线100 km的范围内,海岸带成为人类经济活动最活跃、最集中的地区。

日愈饱和与拥挤的生活与生产空间迫使一些沿海国家、区域以围填海形式向海洋要土地,使得部分区域海岸线一反全球海平面上升背景下的海岸侵蚀趋势而大规模向海扩张,海岸线正以远大于自然状态下的速度与强度在改变。海岸线的剧烈变化给世界各国沿海地区带来经济、社会、生态、环境等方面的矛盾与难题。岸线侵蚀,海岸带土地资源减少,土地承载力下降,海水入侵,淡水资源紧张;岸线固化,陆海间的水沙供给过程中断,加剧海岸带地面下沉、湿地退化以及风暴潮灾害影响;人工岸线扩张,侵占和破坏湿地资源,污染海岸带环境,加剧富营养化等问题。刘百桥等利用遥感和GIS技术对中国1990—2013年大陆海岸线的变化情况进行了分析,从海岸线空间资源可持续利用角度,构建了海岸线开发利用负荷度和易损度指标,对我国大陆海岸线资源开发利用特征进行了评估,结果显示,中国大陆海岸线的变化主要体现在海岸线长度和形态的变化两个方面,长度上,中国大陆海岸线呈现出持续增加的趋势,23年间增加了1 045.54 km;形态方面,大量的自然岸线转变为平直的人工岸线,人工岸线增加了4 398.14 km。显然,我国对海岸带生态系统保护重视不够,海岸线资源处于不可持续利用状态。

海岸线的定义与指示特征

海岸线是海洋与陆地的分界线,它的更确切的定义是海水向陆到达的极限位置的连线。由于受到潮汐作用以及风暴潮等影响,海水有涨有落,海面时高时低,这条海洋与陆地的分界线时刻处于变化之中。因此,实际的海岸线应该是高低潮间无数条海陆分界线的集合,它在空间上是一条带,而不是一条地理位置固定的线。为了管理操作的方便,相关部门和专家学者将海岸线定义为平均大潮高潮时的海陆分界线的痕迹线,一般可根据当地的海蚀阶地、海滩堆积物或海滨植物确定,具体总结如表8-4。

表8-4 常见指示岸线的定义

指示岸线分类	指示岸线	特征识别
目视可辨识线	岸壁(侵蚀陡崖)顶后底线	临海峭壁(侵蚀陡崖)的崖顶线或基底线
	人工岸线	海岸工程向海侧水陆分界线
	植被线	沙丘上植被区向海侧边界线
	滩脊线	滩脊顶部向海一侧
	杂物线	大潮高潮的长期搬运作用形成的较为稳定的杂物堆积线
	干湿分界线	大潮高潮长期淹没形成的干燥海滩与潮湿海滩分界线
基于潮汐数据的指示岸线	瞬时大潮高潮线	大潮的最高潮在沙滩上所达到的最远边界
	平均大潮高潮线	多年大潮高潮线的平均位置
	平均海平面线	平均海平面与海岸带剖面的交线

引自:毋亭,侯西勇.海岸线变化研究综述.生态学报,2016,36(4):1170-1182.

中央深改小组2017年审议通过的《海岸线保护与利用管理办法》规定,建立自然岸线保有率控制制度,到2020年,全国自然岸线保有率不低于35%(不包括海岛岸线),对岸线分类保护、岸线节约利用、岸线整治修复和监督管理办法做出了详细规定。

① 岸线分类保护。国家对海岸线实施分类保护与利用,根据海岸线自然资源条件和开发程度,分为严格保护、限制开发和优化利用三个类别。自然形态保持完好、生态功能与资源价值显著的自然岸线应划为严格保护岸线,主要包括优质沙滩、典型地质地貌景观、重要滨海湿地、红树林、珊瑚礁等所在海岸线,严格保护岸线按生态保护红线有关要求划定,除国防安全需要外,禁止在严格保护岸线的保护范围内构建永久性建筑物、围填海、开采海砂、设置排污口等损害海岸地形地貌和生态环境的活动。自然形态保持基本完整、生态功能与资源价值较好、开发利用程度较低的海岸线应划为限制开发岸线,限制开发岸线严格控制改变海岸自然形态和影响海岸生态功能的开发利用活动,预留未来发展空间,严格海域使用审批。人工化程度较高、海岸防护与开发利用条件较好的海岸线应划为优化利用岸线,主要包括工业与城镇、港口航运设施等所在岸线,优化利用岸线应集中布局,确需占用海岸线的建设项目,严格控制占用岸线长度,提高投资强度和利用效率,优化海岸线开发利用格局。

② 岸线节约利用。严格限制建设项目占用自然岸线,确需占用自然岸线的建设项目应严格进行论证和审批,海域使用论证报告应明确提出占用自然岸线的必要性与合理性

结论,不能满足自然岸线保有率管控目标和要求的建设项目用海不予批准。占用海岸线的建设项目应优先采取人工岛、多突堤、区块组团等布局方式,减少对水动力条件和冲淤环境的影响,新形成的岸线应进行生态建设,营造植被景观,促进岸线自然化和生态化。海洋休闲娱乐区、滨海风景名胜区、沙滩浴场、海洋公园等公共利用区域内的岸线,应由沿海地方人民政府向社会公布,未经批准不得改变公益用途。

第四节　自然资源有偿使用和生态补偿制度

一、自然资源有偿使用

有偿使用的自然资源,是指宪法和法律规定属于国家所有的各类自然资源(全民所有自然资源),主要包括国有土地资源、水资源、矿产资源、国有森林资源、国有草原资源、海域海岛资源等。自然资源资产有偿使用制度是生态文明制度体系的一项核心制度。改革开放以来,我国全民所有自然资源资产有偿使用制度逐步建立,在促进自然资源保护和合理利用、维护所有者权益方面发挥了积极作用,但由于有偿使用制度不完善、监管力度不足,还存在市场配置资源的决定性作用发挥不充分、所有权人不到位、所有权人权益不落实等突出问题。

2016年国务院印发的《关于全民所有自然资源资产有偿使用制度改革的指导意见》提出了"坚持发挥市场配置资源的决定性作用和更好发挥政府作用,以保护优先、合理利用、维护权益和解决问题为导向,以依法管理、用途管制为前提,以明晰产权、丰富权能为基础,以市场配置、完善规则为重点"的自然资源有偿使用试点思路。针对土地、水、矿产、森林、草原、海域海岛等六类国有自然资源资产有偿使用的现状、特点和存在的主要问题,分门别类提出改革要求。

(1)完善国有土地有偿使用制度。我国国有土地有偿使用始于20世纪80年后期的国有建设用地,现已建立比较系统完整的国有建设用地有偿使用制度,有效维护了国家所有者权益。但仍存在国有建设用地划拨范围宽、国有农用地有偿使用制度缺少国家层面的具体规定、国有农用地使用权概念和权利体系缺乏法律依据等问题。为此,国家提出要在全面落实规划土地功能分区和保护利用要求的前提下,坚持增量存量并举,以扩大范围、扩权赋能为主线,将有偿使用扩大到公共服务领域和国有农用地等,并明晰国有农用地使用权及其权能。具体是,对生态功能重要的国有土地,要坚持保护优先,其中依照法律规定和规划允许进行经营性开发利用的,应设立更加严格的审批条件和程序,并全面实行有偿使用,切实防止无偿或过度占用。完善国有建设用地有偿使用制度。扩大国有建设用地有偿使用范围,加快修订《划拨用地目录》。完善国有建设用地使用权权能和有偿使用方式。鼓励可以使用划拨用地的公共服务项目有偿使用国有建设用地。事业单位等改制为企业的,允许实行国有企业改制土地资产处置政策。探索建立国有农用地有偿使用制度。明晰国有农用地使用权,明确国有农用地的使用方式、供应方式、范围、期限、条件和程序。对国有农场、林场(区)、牧场改革中涉及的国有农用地,参照国有企业改制土地资产处置相关规定,采取国有农用地使用权出让、租赁、作价出资(入股)、划拨、授权经营等方式处置。

（2）完善水资源有偿使用制度。我国水资源有偿使用始于 20 世纪 70 年代初的地方实践,现已初步建立水资源有偿使用制度,对直接取用江河、湖泊或者地下水资源的单位和个人征收水资源费,2015 年全国征收总额约为 196 亿元,为实现所有者权益、保障水资源可持续利用发挥了重要作用。但随着我国经济社会发展,现行水资源费征收标准已总体偏低,没有充分体现水资源价值和稀缺程度,还存在超计划或者超定额取水累进收取水资源费制度落实不到位等问题。为此,国家提出要完善水资源费差别化征收标准和管理制度,推进水资源税改革试点,开展水权交易。具体是,综合考虑当地水资源状况、经济发展水平、社会承受能力以及不同产业和行业取用水的差别特点,区分地表水和地下水,支持低消耗用水、鼓励回收利用水、限制超量取用水,合理调整水资源费征收标准,大幅提高地下水特别是水资源紧缺和超采地区的地下水水资源费征收标准,严格控制和合理利用地下水。严格水资源费征收管理,按照规定的征收范围、对象、标准和程序征收,确保应收尽收,任何单位和个人不得擅自减免、缓征或停征水资源费。

（3）完善矿产资源有偿使用制度。我国矿产资源有偿使用始于 20 世纪 90 年代初,现已建立有偿取得和有偿开采相结合的矿产资源有偿使用制度,对矿产资源勘查开发者收取探矿权采矿权价款、探矿权采矿权使用费、矿产资源补偿费、资源税等,2015 年征收矿产资源税费总额 2 065 亿元,有效落实了国家所有者权益。但也存在矿产资源税费缺乏整体设计、定位不准确、功能不清晰,矿业权使用费调整机制不合理,矿业权出让未充分发挥市场决定性作用,矿业权出让审批权限与中央简政放权要求不适应等问题。为此,国家提出要在强化矿产资源保护的前提下,完善矿业权有偿出让制度、矿业权有偿占用制度和矿产资源税制度,建立矿产资源权益金制度,健全矿业权分级分类出让制度,并合理划分各级国土资源主管部门的矿业权出让审批权限,有利于提高矿业权市场化出让比重。具体是,在矿业权出让环节,取消探矿权价款、采矿权价款,征收矿业权出让收益。进一步扩大矿业权竞争性出让范围,除协议出让等特殊情形外,对所有矿业权一律以招标、拍卖、挂牌方式出让。严格限制矿业权协议出让,规范协议出让管理,严格协议出让的具体情形和范围。完善矿业权分级分类出让制度,合理划分各级国土资源部门的矿业权出让审批权限。完善矿业权有偿占用制度,在矿业权占有环节,将探矿权、采矿权使用费调整为矿业权占用费。合理确定探矿权占用费收取标准,建立累进动态调整机制,利用经济手段有效遏制"圈而不探"等行为。根据矿产品价格变动情况和经济发展需要,适时调整采矿权占用费标准。

（4）建立国有森林资源有偿使用制度。我国森林资源有偿使用虽然在《物权法》和 1998 年修订的《森林法》中有原则性规定,但目前国有森林资源基本以无偿方式让渡给国有林场等单位管理和使用,尚未建立真正意义上的有偿使用制度。长期以来,国有森林资源有偿使用缺乏相关制度规定和法律文件,现实中存在国有森林资源自发性无序流转、森林资源旅游开发不规范等现象,造成国家所有者权益受损。为此,国家提出要确定国有森林资源资产有偿使用的范围、期限、条件、程序和方式。国有天然林和公益林、国家公园、自然保护区、风景名胜区、森林公园、国家湿地公园、国家沙漠公园的国有林地和林木资源资产不得出让。对确需经营利用的森林资源资产,确定有偿使用的范围、期限、条件、程序和方式。对国有森林经营单位的国有林地使用权,原则上按照划拨用地方式管理。研究制定国有林区、林场改革涉及的国有林地使用权有偿使用的具体办法。推进国有林地使用权确权登记工作,切实维护国有林区、国有林场确权登记颁证成果的权威性和合法性。通过租赁、特许经营等方式积极发展森林旅游。本着尊重历史、照顾现实的原则,全面清理规范已经发生的国有森林资源流转行为。

(5)建立国有草原资源有偿使用制度。我国草原资源有偿使用仅在《物权法》中有原则性规定,但目前仍未建立国有草原资源有偿使用制度,实际管理中存在权属界定不清、有偿使用法律制度缺失、国有划拨草原流转不规范等问题。为此,国家提出在严格保护草原生态、健全基本草原保护制度的前提下,对已改制国有单位涉及的国有草原和流转到农民集体以外的国有草原,探索实行有偿使用。

(6)完善海域海岛有偿使用制度。① 我国海域有偿使用始于 20 世纪 90 年代初,2002年颁布实施的《海域使用管理法》确立了海域有偿使用制度,对海域使用者征收海域使用金,自《海域使用管理法》实施以来,我国累计征收海域使用金 820 多亿元,有效维护了海域资源所有者权益。但也存在海域使用权权能不完整、市场化程度不高、价格形成机制不健全等问题。为此,国家提出在严格海洋生态保护的前提下,完善海域使用权转让、抵押、出租、作价出资(入股)等权能,逐步提高经营性用海市场化出让比例,并建立海域使用金征收标准动态调整机制。② 我国无居民海岛有偿使用源于 2010 年颁布实施的《海岛保护法》,现已初步建立无居民海岛有偿使用制度,对开发利用者征收无居民海岛使用金,自《海岛保护法》实施以来,我国累计征收无居民海岛使用金约 5 亿元,对维护国家所有者权益、促进海域海岛资源保护发挥了积极作用。但还存在无居民海岛缺失权利基础、市场化程度不高、无居民海岛使用权出让最低价标准不合理等问题。为此,国家提出在采取严格生态保护措施前提下,明确无居民海岛有偿使用的范围、条件、程序和权利体系,设立无居民海岛使用权和完善其权能,并逐步扩大市场化出让范围。通过完善以上海域海岛有偿使用制度,将有助于促进海域海岛资源有效保护与可持续利用,保障国家海洋生态安全和海洋权益。

二、生态补偿

生态补偿作为人类影响下的生态环境变化格局、机理及影响系统的重要研究对象,以"人-地"关系为视域,有利于将生态补偿的终极目标与生态-经济流量关系的调控联系起来。从内涵上看,生态补偿重点回答补给谁、谁来补、补多少、怎么补等核心问题,即补偿的主客体、补偿的标准、补偿的方式、补偿的尺度等,目的是弥补地理空间上生态环境和经济利益的不平衡,涉及到人际补偿与人地补偿。中国的生态补偿实际上是在全国生态恢复与重建背景下,由单纯行政行为向经济激励机制转变的一个重要标志。如何建立合理的、能够长效运行的生态补偿机制,至今仍在积极探索中,并未得到满意的答案。自浙江省人民政府印发全国第一个省级层面的生态补偿机制文件——《浙江省人民政府关于进一步完善生态补偿机制的若干意见》(浙政发〔2005〕44 号)以来,生态补偿工作在全国各省(市、自治区)纷纷展开。近年来,中央密集出台相关文件,如《中共中央国务院关于加快推进生态文明建设的意见》(中发〔2005〕12 号)《生态文明体制改革总体方案》(2015)《国务院办公厅关于健全生态保护补偿机制的意见》(国办发〔2016〕31 号)等,对全面推进生态补偿机制做出了顶层设计。

生态补偿机制的主要原则包括：① 权责统一、合理补偿，谁受益、谁补偿。科学界定保护者与受益者权利义务，推进生态保护补偿标准体系和沟通协调平台建设，加快形成受益者付费、保护者得到合理补偿的运行机制。② 政府主导、社会参与。发挥政府对生态环境保护的主导作用，加强制度建设，完善法规政策，创新体制机制，拓宽补偿渠道，通过经济、法律等手段，加大政府购买服务力度，引导社会公众积极参与。③ 统筹兼顾、转型发展。将生态保护补偿与实施主体功能区规划、西部大开发战略和集中连片特困地区脱贫攻坚等有机结合，逐步提高重点生态功能区等区域基本公共服务水平，促进其转型绿色发展。

各领域补偿方式包括：① 森林。健全国家和地方公益林补偿标准动态调整机制，完善以政府购买服务为主的公益林管护机制。合理安排停止天然林商业性采伐补偿奖励资金。② 草原。扩大退牧还草工程实施范围，适时研究提高补助标准，逐步加大对人工饲草地和牲畜棚圈建设的支持力度。实施新一轮草原生态保护补助奖励政策，根据牧区发展和中央财力状况，合理提高禁牧补助和草畜平衡奖励标准。充实草原管护公益岗位。③ 湿地。稳步推进退耕还湿试点，适时扩大试点范围。探索建立湿地生态效益补偿制度，率先在国家级湿地自然保护区、国际重要湿地、国家重要湿地开展补偿试点。④ 荒漠。开展沙化土地封禁保护试点，将生态保护补偿作为试点重要内容。加强沙区资源和生态系统保护，完善以政府购买服务为主的管护机制。研究制定鼓励社会力量参与防沙治沙的政策措施，切实保障相关权益。⑤ 海洋。完善捕捞渔民转产转业补助政策，提高转产转业补助标准。继续执行海洋伏季休渔渔民低保制度。健全增殖放流和水产养殖生态环境修复补助政策。研究建立国家级海洋自然保护区、海洋特别保护区生态保护补偿制度。⑥ 水流。在江河源头区、集中式饮用水水源地、重要河流敏感河段和水生态修复治理区、水产种质资源保护区、水土流失重点预防区和重点治理区、大江大河重要蓄滞洪区以及具有重要饮用水源或重要生态功能的湖泊，全面开展生态保护补偿，适当提高补偿标准。加大水土保持生态效益补偿资金筹集力度。⑦ 耕地。完善耕地保护补偿制度。建立以绿色生态为导向的农业生态治理补贴制度，对在地下水漏斗区、重金属污染区、生态严重退化地区实施耕地轮作休耕的农民给予资金补助。扩大新一轮退耕还林还草规模，逐步将25度以上陡坡地退出基本农田，纳入退耕还林还草补助范围。

生态补偿的具体机制包括：① 建立稳定投入机制。多渠道筹措资金，加大生态保护补偿力度。中央财政考虑不同区域生态功能因素和支出成本差异，通过提高均衡性转移支付系数等方式，逐步增加对重点生态功能区的转移支付。中央预算内投资对重点生态功能区内的基础设施和基本公共服务设施建设予以倾斜。各省级人民政府要完善省以下转移支付制度，建立省级生态保护补偿资金投入机制，加大对省级重点生态功能区域的支持力度。完善森林、草原、海洋、渔业、自然文化遗产等资源收费基金和各类资源有偿使用收入的征收管理办法，逐步扩大资源税征收范围，允许相关收入用于开展相关领域生态保护补偿。完善生态保护成效与资金分配挂钩的激励约束机制，加强对生态保护补偿资金使用的监督管理。② 完善重点生态区域补偿机制。继续推进生态保护补偿试点示范，统筹各类补偿资金，探索综合性补偿办法。划定并严守生态保护红线，研究制定相关生态保护补偿政策。健全国家级自然保护区、世界文化自然遗产、国家级风景名胜区、国家森林公园和国家地质公园等各类禁止开发区域的生态保护补偿政策。将青藏高原等重要生态屏障作为开展生态保护补偿的重点区域。将生态保护补偿作为建立国家公园体制试点的重要内容。③ 推进横向生态保护补偿。研究制定以地方补偿为主、中央财政给予支持的横向生态保护补偿机制办法。鼓励受益地区与保护生态地区、流域下游与上游通过资金补偿、对口协作、产业转移、人才培训、共建园区等方式建立横向补偿关系。鼓励在具有重要生态功能、水资源供需矛盾突出、受各种污染危害或威胁严重的典型流域开展横向生态保护补偿试点。④ 健全配套制度体系。加快建立生态保护补偿标准体系,根据各领域、不同类型地区特点,以生态产品产出能力为基础,完善测算方法,分别制定补偿标准。加强森林、草原、耕地等生态监测能力建设,完善重点生态功能区、全国重要江河湖泊水功能区、跨省流域断面水量水质国家重点监控点位布局和自动监测网络,制定和完善监测评估指标体系。研究建立生态保护补偿统计指标体系和信息发布制度。加强生态保护补偿效益评估,积极培育生态服务价值评估机构。

但是,由于生态保护补偿涉及的利益关系复杂,实施难度较大,还存在不少矛盾和问题需要解决,主要体现在以下几方面:一是由于生态保护补偿的复杂性,关于生态保护补偿内涵和界定尚未达成一致意见,亟须系统化、规范化的生态保护补偿制度顶层设计;二是现有的各类生态保护补偿政策存在交叉或重复的现象,没有甄别出重要区域,导致一些区域重复补偿,而一些生态功能重要区域还未得到补偿,没有实现生态功能重要区域的全覆盖;三是现有部分生态保护补偿项目针对特定地区生态环境问题的提出,对区域内生产方式与生态属性相匹配的引导性不足,缺乏长效性和稳定性;四是补偿双方还没有形成整体的合力意识,一些上下游省份考虑局部的片面的自身利益,加大了工作协调的难度;五是生态保护补偿方式仍然较单一,补偿必谈"钱",多元化的补偿方式还没有建立;六是生态保护补偿的立法滞后,标准体系不完善,我国还没有生态保护补偿的专门立法,分散在多部法律中涉及生态保护补偿的规定又比较原则,缺乏系统性和可操作性。

沈满洪解读《国务院办公厅关于健全生态保护补偿机制的意见》(国办发〔2016〕31号)时指出了我国生态补偿机制建设的未来八大趋势。一是从狭义补偿拓展到广义补偿。狭义的生态补偿机制就是通过制度创新实行生态保护外部性的内部化,让生态保护成果的"受益者"支付相应的费用;通过制度设计解决好生态产品这一特殊公共产品消费中的"搭便车"现象,激励公共产品的足额提供;通过制度变迁解决好生态投资者的合理回报,激励人们从事生态保护投资并使生态资本增值的一种经济制度。广义的生态补偿则在狭义的生态补偿内涵的基础上做了两个方面的拓展:第一,从"人"对"人"的补偿扩展到"人"对"物"——生态系统的补偿,如矿山企业开发矿产资源时需要缴纳一部分生态保证金,这就是一种"人"对"物"的补偿,即矿山企业对于被破坏了的矿区进行生态修复。第二,从生态保护补偿扩展到环境损害赔偿。二是从区内补偿拓展到区际补偿。无论生态保护的正外部性还是环境损害的负外部性,均不仅体现在区域内的微观经济主体之间,而且常常体现在区域和区域之间、上游和下游之间、左岸和右岸之间。区域内部的生态补偿机制往往难以解决区域之间的外部性问题。三是从林水补偿拓展到土地补偿。《意见》明确规定,生态补偿机制建设的分领域重点任务是森林、草原、湿地、荒漠、海洋、水流、耕地。这就十分清楚地说明,生态补偿的重点领域将在以往的林业生态补偿、流域生态补偿基础上拓展耕地生态补偿、草地生态补偿、湿地生态补偿、荒地生态补偿等。四是从陆上补偿拓展到海洋补偿。海洋是极为重要的"蓝色粮仓"。在打造海洋经济强国的背景下，加强海洋生态建设和环境保护是题中应有之义。相对于陆上的水环境保护，海洋环境保护的形势更加严峻。必须看到，海洋生态保护的复杂性大于陆上，海洋生态补偿的难度也大于陆上。这是因为海洋的公共性特征更加明显，生态产权的界定更加困难。而且，海洋生态损害、生态保护等所涉及的经济主体远远多于陆上。五是从政府补偿拓展到市场补偿。生态补偿机制的基本原则之一是"谁受益，谁补偿"，因此，在"谁受益"难以界定的情况下，只能采取政府补偿的方式，如生态公益林建设中的生态补偿机制，原则上依靠政府财政投入。但是，在"谁受益"可以明确的情况下，完全可以走市场补偿的路子。六是从补偿政府拓展到补偿居民。目前，我国生态补偿机制的运行大多还是停留在补偿政府阶段。而且，补偿政府的主要用途是生态工程建设和环境工程建设，总体来看，存在对居民和企业等其他生态保护主体的受补偿权的一种漠视。为此，应该按照生态保护的贡献度大小，在政府、居民、企业之间进行分配；进一步根据不同微观经济主体生态保护的贡献度大小进行补偿金额的细分。七是从模糊补偿过渡到精准补偿。生态补偿往往是从无到有、从低到高的过程。例如，浙江省财政安排的生态补偿资金从 2006 年的 2 亿元增加到 2015 年的 18 亿元，累计已安排 122 亿元，总体上呈现出实际补偿金额越来越接近理论补偿金额的趋势。之所以呈现出这种趋势，一方面是因为政府的认识越来越到位，补偿力度逐步加大；另一方面是因为生态价值测算方法和技术的进步使得"补多少"的问题一定程度上得到解决。但是，总体上看，生态补偿的标准还是停留在决策者"拍脑袋"的阶段，深入推进生态补偿机制建设，必须解决"补多少"的技术问题。八是从单一制度演变到制度组合。生态补偿机制是生态文明建设的核心制度之一。但是，生态补偿机制建设需要进行科技创新，以扫除生态环境产权界定、生态环境价值评价等技术性障碍，也需要进行制度创新，以扫除绩效评价不够科学、实施机制缺乏落地等制度性障碍。

三、矿产资源管理

矿产资源是经济社会发展的重要物质基础，是工业的"粮食"。我国 90％左右的一次能源、80％的工业原材料、70％以上的农业生产资料来自矿产资源。中国目前已发现矿产171 种，已探明有储量的矿产 159 种，其中能源矿产 8 种，金属矿产 54 种，非金属矿产 90种，水气矿产 3 种。中国矿产资源门类比较丰富，部分矿种储量居世界前列，但人均为世界人均占有量的 58％，居世界第 53 位。

我国资源总量大，人均少，资源禀赋不佳。多数大宗矿产储采比较低，石油、天然气、铁、铜、铝等矿产人均可采资源储量远低于世界平均水平，资源基础相对薄弱。当前，我国仍处于工业化中期阶段，能源资源需求增速放缓，但需求总量仍将维持高位运行，预计到2020 年，我国一次能源消费量约为 50 亿吨标准煤，铁矿石 7.5 亿吨标矿，精炼铜 1 350 万吨，原铝 3 500 万吨。受国际矿业市场影响，国内勘查投入趋于下行，增大了我国矿产资源安全供应风险。

经过多年实践，按照规划先行、市场配置、规范准入、强化监管的矿产资源管理思路，我国基本形成了适应社会主义市场经济要求，具有中国特色的矿产资源管理体制和法律法规体系。在 1986 年颁布实施《矿产资源法》的基础上，1996 年通过了修正案，矿产资源

勘查、开发活动逐渐纳入法制化轨道,确立了我国矿产资源管理的基本法律制度,特别是矿产资源国家所有、矿产资源集中统一管理和分级负责、探矿权采矿权有偿取得、矿产资源有偿开采等制度。

我国矿产资源综合利用水平不高、利用效率偏低,是制约矿产资源领域可持续发展的重要问题。为此,我国政府将节约资源作为基本国策,国家制定了《节约能源法》和《循环经济促进法》等法律法规,把促进矿产资源节约利用、综合利用、合理利用纳入循环经济发展要求,主要采取矿产督察员督察、矿山储量动态监测、矿山"三率"(开采回收率、选矿回收率和综合利用率)考核、矿山开发利用年度检查、创建资源节约集约模范县市活动、矿产利用科技攻关等措施。

2013年开始的生态文明体制改革中,矿业权出让制度改革的重要性越发凸显,国土资源部会同财政部等部门研究制定了《矿业权出让制度改革方案》,此次矿业权出让制度改革重点是,完善矿业权竞争出让制度,严格限制矿业权协议出让,下放审批权限,强化监管服务。此后,国务院又发布《矿产资源权益金制度改革方案》规定,在矿业权出让环节,将探矿权采矿权价款调整为矿业权出让收益;在矿业权占有环节,将探矿权采矿权使用费整合为矿业权占用费;在矿产开采环节,组织实施资源税改革,同时将矿产资源补偿费并入资源税;在矿山环境治理恢复环节,将矿山环境治理恢复保证金调整为矿山环境治理恢复基金。

第五节　自然资源消耗评价考核和责任追究制度

自然资源资产与其他资产形态相比,具有如下基本属性:① 自然性。自然资源资产主要以自然状态存在,主要包括以自然状态存在的水流、森林、山岭、草原、荒地、滩涂等自然资源资产。② 基础性。自然资源资产是基础性资产,关系一个国家、一个民族或一个地区的生存和发展,关系到国家安全。自然资源安全是国家安全的重要组成部分。③ 排他性。由于自然资源资产使用权赋予某个主体后,往往由于空间的不可重叠特性,其他主体就不能再取得相应的使用权,从而自然资源资产的使用具有排他性。④ 需求刚性。自然资源资产往往具有刚性需求的特性,这主要是因为人口增长、自然资源稀缺度不断提升等原因。⑤ 有限替代性。水、土、能、矿、生等自然资源资产往往很难有替代品,替代是渐进的、有限的。⑥ 保值增值性。由自然资源资产的稀缺性、不可替代或有限替代特性所决定,自然资源资产往往具有保值增值的特点,特别是土地资产、森林资产的保值和增值特性尤其突出。⑦ 区位性。自然资源资产具有区位性或非遍布同质的特性,这也是由自然资源的区域性特点所决定的。"探索编制自然资源资产负债表,对领导干部实行自然资源资产离任审计。建立生态环境损害责任终身追究制"是十八届三中全会做出的重大决定,也是国家健全自然资源资产管理制度的重要内容。自然资源资产负债表编制和自然资源资产离任审计可作为环境管理学相互联系而又相对独立的两个方面。

一、自然资源资产负债表编制

自然资源资产负债表的编制缘起于自然资源核算与国家资产负债表研制,将自然资本价值尽可能编列在资产负债表上已成为国内外学术界的共识。20 世纪 80 年代末中国开始使用国民账户体系(System of National Accounts,SNA)衡量宏观经济发展水平。近 30 年来,不同企业、部门及行政区域在 SNA 指导下或多或少地存在过度追求经济发展和 GDP 总量,忽视经济活动引起的自然资源损耗和环境退化等问题。SNA 由于只描述经济发展未核算自然资源损耗及环境退化而一直备受争议。为此,社会与学术界为改进或提出可替代的指标或方案做出了不懈努力。其中,自然资源/环境核算及其资产负债表的编制研究,无疑对评估经济活动—资源利用—环境退化之间的互动关系具有重要作用。

自然资源核算比传统核算范畴更广,包括收入和福利核算。其目的旨在提供一个连接经济活动和自然资源库内资源利用变化的信息系统,它可以避免一个国家陷入增长假象,即经济繁荣和严重的环境与健康危害相伴随,甚至造成经济"空心化"现象。环境核算旨在通过定量分析自然资源枯竭和退化来评估经济活动和经济增长的可持续性。自然资源核算将环境价值纳入传统核算范围之内,并与经济活动关联起来,以提示经济活动如何利用自然资源和影响环境。自然资源核算包括三部分内容:基于环境经济和经济分类的物理量核算;严格按照 SNA 数据,连接物理量账户和经济流量的混合核算;考虑 SNA 核算准则差异的货币核算。

1. 自然资源核算方法研究进展

地球上自然资源种类多样,不同类型资源的实物量和价值量的核算方法差别明显,但也存在相似之处。自然资源实物量的核算即真实描述地球上相关资源在某一时点的存量情况。对于大部分自然资源而言,其存量情况已为人类所掌握。自然资源实物量传统统计方法主要是人工踏查或清查等,这些方法受限于人类的活动空间。随着科技进步,地球自然资源的存量也在发生改变。人类已经从太空和地球内部多维、多尺度来审视地球。遥感技术是从太空审视地球的最好手段,极大地提高了人类及时高效掌握土地资源和生物资源(特别是森林资源)等动态变化的效率与精度。类似地,深部钻孔探测技术对于探寻地球矿产资源和海洋资源亦具有重大意义。以矿产资源为例,过去开采深度普遍为地表以下几百米,随着深部钻探技术的发展,现在探测深度可达几千米甚至上万米。

自然资源实物量计量是其价值量评估的前提。自然资源定价或估价是以价值形式来计量其实物量,这恰好也是自然资源价值量评估的难点所在,目前尚无统一的自然资源价值化方法体系。现有自然资源价值核算往往是基于替代方法进行估算,如影子价格法、收益还原法、净价法和边际社会成本法等。然而,由于价值核算方法体系尚在摸索之中,基于不同替代方法估算的自然资源价值量往往差异较大,甚至不具可比性。这些问题进一步制约了自然资源的价值认同及其纳入国民经济核算的准确性,使人们产生了疑虑。

2. 自然资源资产负债表编制框架

自然资源资产负债表实质上是将不同自然资源以资产负债表(账户)的形式来表达自然资源的使用和再生情况。主要包括两部分:自然资源资产分类实物量表与综合价值量表。建立自然资源资产负债表,就是要核算自然资源资产的存量及其变动情况,以全面记录当期(期末—期初)自然和各经济主体对自然资源资产的占有、使用、消耗、恢复和增殖活动,评估当期自然资源资产实物量和价值量的变化(图 8-1)。

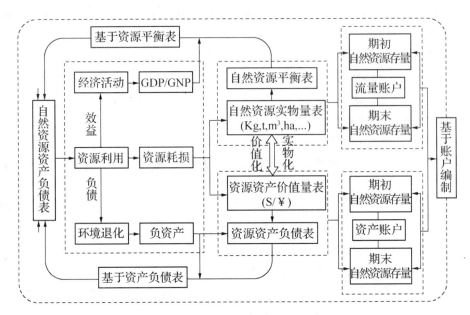

图 8-1　自然资源资产负债表框架

（1）从自然资源平衡表到自然资源资产负债表。自然资源平衡表是指用合计数相等的两组互有联系的自然资源项目（或指标）所组成的平衡表，反映了各种经济现象间的资源平衡关系和比例关系，包括单项式平衡表、综合式平衡表和矩阵式平衡表。单项平衡表用于表明或安排个别产品或个别生产要素的平衡关系，如煤炭平衡表、粮食平衡表、人口平衡表、劳动力平衡表和资金收支平衡表等；综合平衡表用于表明或安排多种产品和生产要素或一系列企事业单位等的平衡关系和运动过程；矩阵式平衡表又称棋盘式平衡表，用于表明或安排产品间、部门间、地区间在生产和消耗、收入和支出、调入和调出等方面的相互联系和平衡关系。资源平衡表广泛应用于国民经济宏观管理与统计实践。自然资源资产负债表可以参考这种方法进行编制，对单项或综合自然资源分别构建多统计指标体系，以揭示自然资源资产在国民经济中的数量变化关系与比例关系。

（2）从资产负债表到自然资源资产负债表。国家资产负债表（National Balance Sheet）是将一个经济体视为与企业类似的实体，将该经济体中所有经济部门的资产（生产性和非生产性、有形和无形、金融和非金融）以及负债分别加总，得到反映该经济问题（存量）报表。资产负债表表示企业在一定时期内（通常为各会计期末）的财务状况（即资产、负债和业主权益的状况）的主要会计报表。资产负债表利用会计平衡原则，将合乎会计原则的"资产、负债、股东权益"交易科目分为"资产"和"负债及股东权益"两大区块，在经过分录、转账、分类账、试算、调整等会计程序后，以特定日期的静态企业情况为基准，浓缩成一张报表。自然资源资产负债表可以借助资产负债表，将自然资源划分为固定资产（如土地资源、矿产资源、森林资源和能源资源等）、流动资产（如水资源与大气资源）、无形资产（旅游资源与文化资源）和自然资源利用所带来的环境损益等项目进行实物量与价值量统计，以反映某一时期内自然资源存量与流量情况。

（3）从自然资源账户到自然资源资产负债表。自然资源与环境账户旨在收集同一框架内自然资源及其演化的定性和定量资料。自然资源账户包括物理量账户和价值量账户核算,后者只有在资源价值确定之后才能编制。自然资源核算与环境核算经常可替换使用。自然资源账户的总体目标是为决策者提供自然资源利用的信息库,并促进不同层面民众和决策者对环境问题的广泛认识。

二、自然资源资产审计

1. 自然资源环境审计

所谓资源环境审计,是国家审计机关及其授予机构,依照国家相关法律法规、审计准则、会计理论、专业规程、技术标准等,对政府、企事业单位等行为主体的资源环境相关活动及其效果、社会经济活动的资源环境效果等,进行审查、监督、评价及追溯的活动。

中国资源环境审计大致经历了四个发展阶段。第一阶段:1983 年至 1998 年。没有明确提出环境审计的概念,但在审计项目中涉及到一些对环境保护资金的审计事项,例如,对 4 个城市环境保护补助资金的审计,对 13 个城市排污费的审计。第二阶段:1998 年至 2002 年。1998 年审计署成立了农业与资源环保审计司,明确了环境审计职能。期间,审计署主要从促进环境污染治理和促进生态环境保护两个方面,组织开展了多项环境审计。中国审计署于 2000 年当选为亚洲审计组织环境审计委员会主席,环境审计的国际交往日趋活跃。第三阶段:2003 年至 2013 年底。2003 年 6 月,审计署成立环境审计协调领导小组,标志着环境审计成为一项全署性的工作。《审计署关于加强资源环境审计工作的意见》,明确了资源环境审计的三大任务,即检查资源环保政策法规的贯彻执行和战略规划的实施情况,分析政府履责绩效,促进落实和完善相关政策制度,规范资源开发利用管理和环境保护工作行为;检查资源环保资金的征收、分配、使用和管理情况,揭露存在的偷漏拖欠、挤占挪用、损失浪费等问题,分析评价资源环保资金使用绩效,促进规范资金管理,提高资金使用效益;检查资源环境相关项目的建设和运营效果,揭示和查处资源开发利用管理和环境保护工作中的资源浪费、环境破坏、资产流失等问题,促进加强资源环境管理,维护国家资源环境安全。现在正在进入第四个阶段,即开展自然资源资产审计的阶段。

2. 自然资源资产审计

自然资源资产审计,是资源环境审计的重要方面。所谓自然资源资产审计,就是对一个地区的自然资源资产数量、质量、价值、使用、投资及收益分配等情况进行的审计。开展自然资源资产审计,在我国是极其必要而迫切的。其原因至少有三个方面:① 我国自然资源国情并不乐观。尽管自然资源种类齐全、总量较大,但自然资源的人均量低、品位较差,例如人均水资源量仅为世界平均水平的 1/4,人均耕地也仅为世界平均水平的 1/3。从总体上看,支撑我国社会经济可持续发展的自然资源基础并不雄厚。② 我国持续 30 多年的传统经济增长方式已经严重削弱了我国并不雄厚的自然资源基础。工业、农业的水耗、能耗、"地耗"等资源消耗水平均远高于世界平均水平,更与欧美日等发达国家有着较大差距。水污染、大气污染、土壤污染十分严重,极大地削弱了我们生存和发展的水土资源基础、环境容量。③ 保护和管理好自然资源基础是生态文明建设的重要内容。生态

文明建设至少包括资源节约、环境友好、生态保育和空间优化等核心内容。保护和管理好自然资源基础或自然资源资产，既可为社会经济发展提供物质和能量，同时也关联环境保护、生态保育和空间优化，是生态文明建设的重中之重。

3. 领导干部自然资源资产离任审计

领导干部自然资源资产离任审计，是自然资源资产审计的一种特定形式：一是将审计对象明确限定为"领导干部"，这是抓住了自然资源资产的责任主体。自然资源资产的主要责任在各级党委政府，关键在各级党委政府主要领导。无疑，自然资源保护是正外部性行为，各级党委政府确应在理念引导、规划编制、项目组织、激励奖励、约束惩罚等方面责无旁贷。加之，长期以来地方党委政府重发展经济、轻资源环境的行为惯性，及由此而导致的资源浪费、环境污染、生态破坏等问题积重难返。二是将审计时间明确限定为"离任"。这是由自然资源资产变化的长期性、累积性特点所决定的，也与干部离任审计的总体要求是一致的。因此，开展领导干部自然资源资产离任审计是十分必要而迫切的。

自然资源资产审计，其要点至少包括三个方面，即审计内容、审计责任界定、审计结果运用。其中，关于审计内容，从理论上讲，应对自然资源资产本身的变化情况进行审计，同时亦应对各级党委政府及其主要领导在自然资源资产保值增值方面的主观努力进行审计。《关于开展领导干部自然资源资产离任审计的试点方案》提出了五项内容，这些内容基本上是对试点地区党委政府自然资源资产管护工作的审计，包括指标完成、政策法规执行和专项资金用管等情况的审计。这实际上是对领导干部（与自然资源资产相关的）直接工作的审计，而不是对工作实际成效即自然资源资产本身变化情况的审计，是符合目前客观现实的。

表 8 - 4 环境审计体系框架

	主题内容	审计对象	审计实现	审计结果功效	审计主体
宏观	省级地域之资源环境审计	自然资源资产负债 • 水资源 • 土地资源 • 森林资源 • 草地 - 草场资源 …	以"党政领导干部自然资源资产离任审计"为轴心，分别资源种类展开	问责 • 履责合规性 • 履责绩效 • 履责财务	• 政府 • 政府审计机关 • 政府环保机关
中观	（市、县两级、介乎宏观、微观之间）				
微观	专项审计专题审计	• 碳市场交易为抓手的大气环境 • 垃圾处理绩效为抓手的城乡环境 • 排放权交易 …	针对经济、社会活动主体 • 企业 • 非营利机构 • 环境保护企事业	• 外部鉴证 • 内部环境管理控制	• CPA 事务所 • ISO14000认证机构 • 内部审计机构

第九章　国土空间保护与管制

国土空间是一个国家行使主权的场所,建设好、保护好、管理好国土空间是衡量执政党和政府执政行政能力,特别是空间治理能力的核心标准。十八届三中全会以来,我国把建立国土空间开发保护制度列为重要的改革任务,其主要内容包括:完善主体功能区制度,健全国土空间用途管制制度,建立国家公园体制。

第一节　主体功能区规划与政策

一、主体功能区提出的背景

从发达的市场经济国家经历了大规模推进工业化和城市化的发展阶段之后,依然能够保持国土空间开发有序的效果和途径上分析,无论是德、法、英、荷等老牌的工业化国家及后来居上的超级大国美国,还是日、韩等被公认为跳出中等收入陷阱的为数不多的新兴工业化国家,都把"空间规划"作为政府科学管治国土开发、协调区域发展的重要手段,这是非常值得借鉴的经验。

总体看,国外的空间规划具有以下几个显著共性:① 空间规划是度量政府执政能力的一个重要方面;② 空间规划是规范政府、企业和个人空间行为的法律准绳;③ 越是大发展大转型的时期,空间规划发挥的作用就越大;④ 空间规划不仅要指导"哪里应该干什么",更注重约束"哪里不应该干什么";⑤ 民生、竞争力、可持续发展成为各国空间规划越来越趋同的目标。进一步分析国外空间规划的特征:一是对土地利用功能进行管制是建构有序空间结构的有效方式和主体内容,特别是对市场机制容易忽视的自然保护区、开敞绿色空间、文化遗产地等大版块区域的严格管制更为重要。荷兰国家级景观"绿心"的保护在国土规划的任何阶段都不曾发生改变,美国把土地利用的功能性区划作为空间管制的最核心内容。二是高度关注区域之间相互依赖和相互作用产生的空间结构的合理组织——点轴系统的组织及不同区域用于生产、生活和生态的空间或土地的比例关系。如日本通过新辟都市圈、建设新干线等重塑国土空间。三是空间管制具有层次性,这不仅是由于不同空间尺度土地利用功能的不同,也是由于政府层级划分后的事权分割。如德国空间规划按照国家、联邦、区域和地方四个层级,形成完整的空间规划体系。四是随着发展观念的转变以及发展问题越来越复杂,空间管制的目标、手段也开始多样化。英国在新一轮《大伦敦空间发展战略》中,通过确定一些特别发展地区,如机遇性增长地区、强化开发地区和复兴地区,实施各有侧重的发展策略。五是空间规划具有的长期性和稳定性,成为提升国土空间规划实施价值和效果的根本保障。

环境管理与规划

　　我国拥有 960 万平方千米的陆域国土,自然地理环境和资源基础的区域差异很大,区位条件和区域间相互关系极其复杂,社会经济发展阶段和基本特征也具有鲜明的地方特色,非常需要"因地制宜"、"统筹协调"、"长远部署"。但事实上,即使是计划经济时代,我国在政府进行履行宏观调控和公共管理的职能中,一方面高度重视以产品与项目、行业和部门在时间序列上的安排为主体内容的发展规划,重视供需平衡,农—轻—重比例关系协调;非常轻视和极端弱化以人口和经济布局、不同类型区域发展模式为重点内容的空间布局类的规划。另一方面,我国一直缺失指导国土空间开发的长远规划蓝图。我国长远国土开发的总体部署是什么?区域发展的合理格局应该是什么形态?哪些区域将可能成为未来人口、产业和城市的集聚区?哪些区域应当采取保护和整治为主的措施?确定长远和整体部署,可避免导致任何一个阶段的区域发展战略——特别是当政府换届时常引发区域战略多变的情形下——产生严重的决策失误。而战略决策失误的破坏性和损失往往是根本性的、巨大的。

　　主体功能区规划是具有创新高度和面向现实需求的战略性、基础性、约束性规划。《中华人民共和国国民经济和社会发展第十一个五年规划纲要》提出了推进形成主体功能区的要求。2011 年,在《中华人民共和国国民经济和社会发展第十二个五年规划纲要》中,把主体功能区提升到战略高度。"实施区域发展总体战略和主体功能区战略,构筑区域经济优势互补、主体功能定位清晰、国土空间高效利用、人与自然和谐相处的区域发展格局"。主体功能区规划的创新高度集中体现在开发理念上,是对生态文明建设中优化国土空间开发格局的全新理性阐释。① 突出尊重自然、顺应自然的开发理念,这标志着我国规划理念的重大转变。把自然条件适宜性作为开发基础,根据不同国土空间的自然属性确定不同的开发内容;把资源环境承载力相协调作为开发的原则,根据资源环境中的"短板"因素确定可承载的人口规模、经济规模以及适宜的产业结构。② 区分不同区域具备合理主体功能的开发理念,根据主体功能定位确定开发的主体内容和发展的主要任务,从而改变了我国各地忽视自身条件、盲目追求 GDP 和工业化等统一目标的发展指向,引导各地步入因地制宜确定具有区域特色的现代化发展模式的正确轨道上来。③ 控制开发强度和调整空间结构的理念,充分体现了国土空间布局规划的核心抓手和操作途径。一方面,在尊重自然条件分异规律和社会经济发展空间组织规律的基础上,确定不同区域的生产、生活和生态空间比例关系,制定点—轴—面的空间形态布局方案;另一方面,各类主体功能区都要有节制地开发,保持适当的开发强度,做到生产空间集约高效、生活空间宜居适度、生态空间自然秀美。④ 创新了生态产品的理念,从理论上端正了发展的价值观和认识论。保护和扩大自然界提供生态产品能力的过程也是创造价值的过程,保护生态环境、提供生态产品的活动也是建设生态文明。因此,应把提供生态产品作为发展的重要内容,增强生态产品生产能力必然是国土空间开发的重要任务。

　　主体功能区划,就是以服务国家自上而下的国土空间保护与利用的政府管制为宗旨,运用并创新陆地表层地理格局变化的理论,采用地理学综合区划的方法,通过确定每个地域单元在全国和省区等不同空间尺度中开发和保护的核心功能定位,对未来国土空间合理开发利用和保护整治格局的总体蓝图的设计、规划。因此,主体功能区划是具有应用性、创新性、前瞻性的一种综合地理区划,也同时是一幅规划未来国土空间的布局总图。地域功能类型是一个非常复杂的体系。除了自然生态系统服务功能、土地利用类型、人类社会活动的空间类型等是确定地域功能类型的基础之外,从规划的视角有两个方面是确定地域功能类型的关键。① 目标导向和问题导向相结合,即未来国土空间格局的理想蓝图应该由哪些功能构成,目前中国国土空间开发和保护在功能格局上有哪些亟须解决的问题。② 空间尺度效应与不同层级政府职责相结合,在全国陆域面积的国土空间中优化开发保护格局的地域功能应该包括哪些,以及中央和省区等不同层级政府进行空间管制的职责权利和义务适用于哪些功能类型。按照这样的原则,地域功能类型确定为:城市化区域、农产品主产(粮食安全)区域、重点生态功能(生态安全)区域、自然和文化遗产保护区域等四大类。地域功能层级为:国家级和省区级。着眼制度、战略、规划和政策等政府管理需求,充分兼顾每个区域(特别是以县级行政区为地域单元时)综合发展的可能性和合理性,将一个地域发挥的主要作用界定为主体功能,按照开发方式,主体功能区类型确定为优化、重点、限制和禁止开发区,禁止开发区是叠加在前三类功能区之上的一种功能类型区。

二、主体功能区规划的主要内容

主体功能区建立在区域分异客观规律和地域功能适宜性评价的基础上,它所确定的国土空间开发格局以及政府区域管理战略指向集中体现了自然系统可持续发展和社会福利最大化的要求。主体功能区作为国土空间开发保护基础制度作用集中体现在两个层次和三个方面。两个层次指主体功能区一方面反映了空间结构自然秩序的客观规律;另一方面为完善政府区域治理体系提供战略指向。三个方面指,主体功能区确定了国土空间开发保护的整体格局,构成了完善区域政策体系的科学基础,成为整合各类空间规划的实用平台。

在 2010 年国务院印发的全国主体功能区规划中,主体功能区从两个角度进行了类型划分。根据不同区域的资源环境承载能力、现有开发强度和未来发展潜力,以是否适宜大规模高强度工业化城镇化开发为基准,分为优化开发区域、重点开发区域、限制开发区域和禁止开发区域;以提供主体产品的类型为基准,分为城市化地区、农产品主产区和重点生态功能区。根据《全国及各地区主体功能区规划》初步统计,优化开发、重点开发和限制开发区域的区县数量分别为 140 个、690 个和 1 545 个,国家级禁止开发区 2 286 个,省级禁止开发区 5 865 个。另一个显著的特征是,经济发展水平存在优化开发区、重点开发区、农产品主产区、重点生态功能区递减的基本态势。

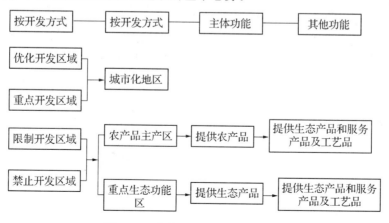

图 9‐1　主体功能区分类及其功能

推进形成主体功能区,应处理好以下重大关系:

(1) 主体功能与其他功能的关系。主体功能不等于唯一功能。明确一定区域的主体功能及其开发的主体内容和发展的主要任务,并不排斥该区域发挥其他功能。优化开发区域和重点开发区域作为城市化地区,主体功能是提供工业品和服务产品,集聚人口和经济,但也必须保护好区域内的基本农田等农业空间,保护好森林、草原、水面、湿地等生态空间,也要提供一定数量的农产品和生态产品。限制开发区域作为农产品主产区和重点生态功能区,主体功能是提供农产品和生态产品,保障国家农产品供给安全和生态系统稳定,但也允许适度开发能源和矿产资源,允许发展那些不影响主体功能定位、当地资源环境可承载的产业,允许进行必要的城镇建设。对禁止开发区域,要依法实施强制性保护。政府从履行职能的角度,对各类主体功能区都要提供公共服务和加强社会管理。

(2) 主体功能区与农业发展的关系。把农产品主产区作为限制进行大规模高强度工业化城镇化开发的区域,是为了切实保护这类农业发展条件较好区域的耕地,使之能集中各种资源发展现代农业,不断提高农业综合生产能力。同时,也可以使国家强农惠农的政策更集中地落实到这类区域,确保农民收入不断增长,农村面貌不断改善。此外,通过集中布局、点状开发,在县城适度发展非农产业,可以避免过度分散发展工业带来的对耕地过度占用等问题。

(3) 主体功能区与能源和矿产资源开发的关系。能源和矿产资源富集的地区,往往生态系统比较脆弱或生态功能比较重要,并不适宜大规模高强度的工业化城镇化开发。能源和矿产资源开发,往往只是"点"的开发,主体功能区中的工业化城镇化开发,更多地是"片"的开发。将一些能源和矿产资源富集的区域确定为限制开发区域,并不是要限制能源和矿产资源的开发,而是应该按照该区域的主体功能定位实行"点上开发、面上保护"。

(4) 主体功能区与区域发展总体战略的关系。推进形成主体功能区是为了落实好区域发展总体战略,深化细化区域政策,更有力地支持区域协调发展。把环渤海、长江三角洲、珠江三角洲地区确定为优化开发区域,就是要促进这类人口密集、开发强度高、资源环境负荷过重的区域,率先转变经济发展方式,促进产业转移,从而也可以为中西部地区腾出更多发展空间。把中西部地区一些资源环境承载能力较强、集聚人口和经济条件较好的区域确定为重点开发区域,是为了引导生产要素向这类区域集中,促进工业化城镇化,加快经济发展。把西部地区一些不具备大规模高强度工业化城镇化开发条件的区域确定为限制开发的重点生态功能区,是为了更好地保护这类区域的生态产品生产力,使国家支持生态环境保护和改善民生的政策能更集中地落实到这类区域,尽快改善当地公共服务和人民生活条件。

(5) 政府与市场的关系。推进形成主体功能区,是政府对国土空间开发的战略设计和总体谋划,体现了国家战略意图,是长远发展的战略需要。主体功能区的划定,是按照自然规律和经济规律,根据资源环境承载能力综合评价,在各地区各部门充分沟通协调基础上确定的。促进主体功能区的形成,要正确处理好政府与市场的关系,既要发挥政府的科学引导作用,更要发挥市场配置资源的基础性作用。政府在推进形成主体功能区中的主要职责是,明确主体功能定位并据此配置公共资源,完善法律法规和区域政策,综合运用各种手段,引导市场主体根据相关区域主体功能定位,有序进行开发,促进经济社会全面协调可持续发展。优化开发和重点开发区域主体功能定位的形成,主要依靠市场机制发挥作用,政府主要是通过编制规划和制定政策,引导生产要素向这类区域集聚。限制开发和禁止开发区域主体功能定位的形成,要通过健全法律法规和规划体系来约束不符合主体功能定位的开发行为,通过建立补偿机制引导地方人民政府和市场主体自觉推进主体功能建设。

推进形成主体功能区要着力构建我国国土空间的"三大战略格局":

(1)构建"两横三纵"为主体的城市化战略格局。构建以陆桥通道、沿长江通道为两条横轴,以沿海、京哈京广、包昆通道为三条纵轴,以国家优化开发和重点开发的城市化地区为主要支撑,以轴线上其他城市化地区为重要组成的城市化战略格局。推进环渤海、长江三角洲、珠江三角洲地区的优化开发,形成3个特大城市群;推进哈长、江淮、海峡西岸、中原、长江中游、北部湾、成渝、关中-天水等地区的重点开发,形成若干新的大城市群和区域性的城市群。

(2)构建"七区二十三带"为主体的农业战略格局。构建以东北平原、黄淮海平原、长江流域、汾渭平原、河套灌区、华南和甘肃新疆等农产品主产区为主体,以基本农田为基础,以其他农业地区为重要组成的农业战略格局。东北平原农产品主产区,要建设优质水稻、专用玉米、大豆和畜产品产业带;黄淮海平原农产品主产区,要建设优质专用小麦、优质棉花、专用玉米、大豆和畜产品产业带;长江流域农产品主产区,要建设优质水稻、优质专用小麦、优质棉花、油菜、畜产品和水产品产业带;汾渭平原农产品主产区,要建设优质专用小麦和专用玉米产业带;河套灌区农产品主产区,要建设优质专用小麦产业带;华南农产品主产区,要建设优质水稻、甘蔗和水产品产业带;甘肃新疆农产品主产区,要建设优质专用小麦和优质棉花产业带。

(3)构建"两屏三带"为主体的生态安全战略格局。构建以青藏高原生态屏障、黄土高原-川滇生态屏障、东北森林带、北方防沙带和南方丘陵山地带以及大江大河重要水系为骨架,以其他国家重点生态功能区为重要支撑,以点状分布的国家禁止开发区域为重要组成的生态安全战略格局。青藏高原生态屏障,要重点保护好多样、独特的生态系统,发挥涵养大江大河水源和调节气候的作用;黄土高原-川滇生态屏障,要重点加强水土流失防治和天然植被保护,发挥保障长江、黄河中下游地区生态安全的作用;东北森林带,要重点保护好森林资源和生物多样性,发挥东北平原生态安全屏障的作用;北方防沙带,要重点加强防护林建设、草原保护和防风固沙,对暂不具备治理条件的沙化土地实行封禁保护,发挥"三北"地区生态安全屏障的作用;南方丘陵山地带,要重点加强植被修复和水土流失防治,发挥华南和西南地区生态安全屏障的作用。

《全国主体功能区规划》把"陆海统筹"作为五大原则之一,要根据陆地国土空间与海洋国土空间的统一性,以及海洋系统的相对独立性进行开发,促进陆地国土空间与海洋国土空间协调开发,并明确"鉴于海洋国土空间在全国主体功能区中的特殊性,国家有关部门将根据本规划编制全国海洋主体功能区规划,作为本规划的重要组成部分,另行发布实施"。2015年,国务院批准发布了《全国海洋主体功能区规划》。根据到2020年主体功能区布局基本形成的总体要求,《全国海洋主体功能区规划》的主要目标是:

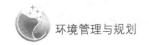

（1）海洋空间利用格局清晰合理。坚持点上开发、面上保护，形成"一带九区多点"海洋开发格局、"一带一链多点"海洋生态安全格局、以传统渔场和海水养殖区等为主体的海洋水产品保障格局、储近用远的海洋油气资源开发格局。

（2）海洋空间利用效率提高。沿海产业与城镇建设用海集约化程度、海域利用立体化和多元化程度、港口利用效率等明显提高，海洋水产品养殖单产水平稳步提升，单位岸线和单位海域面积产业增加值大幅增长。

（3）海洋可持续发展能力提升。海洋生态系统健康状况得到改善，海洋生态服务功能得到增强，大陆自然岸线保有率不低于35％，海洋保护区占管辖海域面积比重增加到5％，沿海岸线受损生态得到修复与整治。入海主要污染物总量得到有效控制，近岸海域水质总体保持稳定。海洋灾害预警预报和防灾减灾能力明显提升，应对气候变化能力进一步增强。

三、主体功能区配套政策

推动各地按照主体功能区定位精准落地，关键在于配套政策与制度体系设计。截至目前，国家层面发布的主体功能区配套政策主要有：2013年国家发展改革委发布的《贯彻落实主体功能区战略推进主体功能区建设若干政策的意见》（发改规划〔2013〕1154号），2015年环境保护部发布的《关于贯彻实施国家主体功能区环境政策的若干意见》（环发〔2015〕92号），以及中共中央、国务院于2017年印发的《关于完善主体功能区战略和制度的若干意见》。

政策体系的设计应该充分体现主体功能区建设的核心内涵，即发展模式的区域差异以及发展成果的公平共享。针对不同区域的主体功能定位，政府采用产业政策、土地政策和投融资政策等作用着力点和方式有所不同。如对优化开发区土地供给规模进行控制，通过土地价格杠杆促使提升土地利用的收益，从而达到优化开发区域转变经济增长方式，实现功能升级和国土空间的优化开发利用。同时还要完善、创新区域财政转移支付政策、人口迁移政策和碳排放交易政策等，鼓励和扶持限制开发区特色经济和生态经济的发展以及人口的合理转移，使得生态重点建设地区生态产品的市场价值得到充分体现，使得限制开发区和禁止开发区的老百姓，和生活在优化开发区、重点开发区的老百姓享受的基本公共服务水平甚至生活水平达到大体的均衡。政府绩效考核评价体系也应该围绕主体功能区建设进行相应的调整。主体功能区建设要求强化对优化空间布局、提供公共服务、提高创新能力等方面的评价，增加开发强度、耕地保有量、生态环境质量、社会保障覆盖面等评价指标。主体功能区建设同时要求实行各有侧重的绩效考核评价办法，优化开发区域强化对自主创新能力、生态空间建设、产业结构升级以及外来人口公共服务覆盖面等指标的评价。重点开发区域要综合评价经济增长、吸纳人口、质量效益、生态环境以及外来人口公共服务覆盖面等内容。农产品主产区实行农业发展优先的绩效评价，生态功能区实行生态保护优先的绩效评价，禁止开发区要强化对自然文化资源原真性和完整性保护情况的评价。

陆域主体功能区配套政策由九方面构成，海洋主体功能区则由五方面构成。

表 9 - 1　主体功能区配套政策体系

空间	政策方面	政策内容
陆域	1. 财政政策	• 加大均衡性转移支付力度 • 鼓励探索建立地区间横向援助机制 • 加大各级财政对自然保护区的投入力度
	2. 投资政策	• 按主体功能区安排的投资,主要用于支持国家重点生态功能区和农产品主产区特别是中西部国家重点生态功能区和农产品主产区的发展,包括生态修复和环境保护、农业综合生产能力建设、公共服务设施建设、生态移民、促进就业、基础设施建设以及支持适宜产业发展等 • 按领域安排的投资,要符合各区域的主体功能定位和发展方向,逐步加大政府投资用于农业、生态环境保护方面的比例 • 鼓励和引导民间资本按不同区域的主体功能定位投资。对优化开发和重点开发区域,鼓励和引导民间资本进入法律法规未明确禁止准入的行业和领域。对限制开发区域,主要鼓励民间资本投向基础设施、市政公用事业和社会事业等
	3. 产业政策	• 修订现行《产业结构调整指导目录》、《外商投资产业指导目录》和《中西部地区外商投资优势产业目录》,进一步明确不同主体功能区鼓励、限制和禁止的产业 • 编制专项规划、布局重大项目,必须符合主体功能定位 • 严格市场准入制度,对不同主体功能区的项目实行不同的占地、耗能、耗水、资源回收率、资源综合利用率、工艺装备、"三废"排放和生态保护等强制性标准 • 在资源环境承载能力和市场允许的情况下,依托能源和矿产资源的资源加工业项目,优先在中西部重点开发区域布局 • 建立市场退出机制,对限制开发区域不符合主体功能定位的现有产业,要通过设备折旧补贴、设备贷款担保、迁移补贴、土地置换等手段,促进产业跨区域转移或关闭
	4. 土地政策	• 按照不同主体功能区的功能定位和发展方向,实行差别化的土地利用和土地管理政策,科学确定各类用地规模 • 探索实行城乡之间用地增减挂钩的政策,城镇建设用地的增加规模要与本地区农村建设用地的减少规模挂钩 • 探索实行城乡之间人地挂钩的政策,城镇建设用地的增加规模要与吸纳农村人口进入城市定居的规模挂钩 • 探索实行地区之间人地挂钩的政策,城市化地区建设用地的增加规模要与吸纳外来人口定居的规模挂钩 • 严格控制优化开发区域建设用地增量,相对适当扩大重点开发区域建设用地规模,严格控制农产品主产区建设用地规模,严禁改变重点生态功能区生态用地用途 • 将基本农田落实到地块并在土地承包经营权登记证书上标注,严禁改变基本农田的用途和位置 • 妥善处理自然保护区内农牧地的产权关系,使之有利于引导自然保护区核心区、缓冲区人口逐步转移

续表

空间	政策方面	政策内容
陆域	5. 农业政策	• 逐步完善国家支持和保护农业发展的政策,加大强农惠农政策力度,并重点向农产品主产区倾斜 • 调整财政支出、固定资产投资、信贷投放结构,保证各级财政对农业投入增长幅度高于经常性收入增长幅度 • 健全农业补贴制度,规范程序,完善办法,特别要支持增产增收,落实并完善农资综合补贴动态调整机制 • 完善农产品市场调控体系,稳步提高粮食最低收购价格 • 支持农产品主产区依托本地资源优势发展农产品加工业
	6. 人口政策	• 优化开发和重点开发区域要实施积极的人口迁入政策,加强人口集聚和吸纳能力建设,放宽户口迁移限制 • 限制开发和禁止开发区域要实施积极的人口退出政策 • 完善人口和计划生育利益导向机制
	7. 民族政策	• 优化开发和重点开发区域要注重扶持区域内少数民族聚居区的发展,改善城乡少数民族聚居区群众的物质文化生活条件 • 限制开发和禁止开发区域要着力解决少数民族聚居区经济社会发展中的突出民生问题和特殊困难
	8. 环境政策	• 优化开发区域要实行更严格的污染物排放标准和总量控制指标,大幅度减少污染物排放,重点开发区域要结合环境容量,实行严格的污染物排放总量控制指标,较大幅度减少污染物排放量,限制开发区域要通过治理、限制或关闭污染物排放企业等措施,实现污染物排放总量持续下降和环境质量状况达标,禁止开发区域要依法关闭所有污染物排放企业,确保污染物"零排放",难以关闭的,必须限期迁出 • 优化开发区域要按照国际先进水平,实行更加严格的产业准入环境标准,重点开发区域要按照国内先进水平,根据环境容量逐步提高产业准入环境标准,农产品主产区要按照保护和恢复地力的要求设置产业准入环境标准,重点生态功能区要按照生态功能恢复和保育原则设置产业准入环境标准,禁止开发区域要按照强制保护原则设置产业准入环境标准 • 优化开发区域要严格限制排污许可证的增发,完善排污权交易制度,制定较高的排污权有偿取得价格,重点开发区域要合理控制排污许可证的增发,积极推进排污权制度改革,制定合理的排污权有偿取得价格,鼓励新建项目通过排污权交易获得排污权,限制开发区域要从严控制排污许可证发放,禁止开发区域不发放排污许可证 • 优化开发和重点开发区域要注重从源头上控制污染,建设项目要加强环境影响评价和环境风险防范,开发区和重化工业集中地区要按照发展循环经济的要求进行规划、建设和改造,限制开发区域要尽快全面实行矿山环境治理恢复保证金制度,并实行较高的提取标准,禁止开发区域的旅游资源开发要同步建立完善的污水垃圾收集处理设施 • 研究开征适用于各类主体功能区的环境税 • 优化开发区域要以提高水资源利用效率和效益为核心,合理配置水资源,控制用水总量增长,加强城市重点水源地保护,保护和修复水生态环境,重点开发区域要合理开发和科学配置水资源,控制水资源开发利用程度,在加强节水的同时,限制排入河湖的污染物总量,保护好水资源和水环境,限制开发区域要加大水资源保护力度,适度开发利用水资源,实行全面节水,满足基本的生态用水需求,加强水土保持和生态环境修复与保护,禁止开发区域严格禁止不利于水生态环境保护的水资源开发活动,实行严格的水资源保护政策

空间	政策方面	政策内容
陆域	9. 应对气候变化政策	• 城市化地区要积极发展循环经济,实施重点节能工程,积极发展和利用可再生能源,加大能源资源节约和高效利用技术开发和应用力度,建设低碳城市,降低温室气体排放强度 • 农产品主产区要继续加强农业基础设施建设 • 重点生态功能区要推进天然林资源保护、退耕还林还草、退牧还草、风沙源治理、防护林体系建设、野生动植物保护、湿地保护与恢复等,增加陆地生态系统的固碳能力
海洋	1. 财税政策	加大对海域海岛整治、保护和管理的财政投入,对资金使用实施严格监督和审计。按照基本公共服务均等化要求,加强对边远海岛地区的财政转移支付,重点向劳动就业、社会保障、医疗卫生、环境保护、基础教育、职业教育等领域倾斜。加大对深远海油气资源勘探的扶持力度,在专属经济区和大陆架开采油气的企业可按国家规定享受有关税收优惠政策。对渔民养殖用海,按规定减免海域使用金。对符合条件的渔民转产就业、最低生活保障、渔业互助保险以及增殖放流、海洋牧场建设等给予重点支持。
	2. 投资政策	加强海洋监测、观测等能力建设,提高海洋立体观测能力。加大渔业公益和基础设施投入,支持渔港、水产种质资源保护区建设以及增殖放流、人工鱼礁建设等渔业资源修复活动。加大海堤、海岸防护林等建设投入。强化海洋灾害应急和防御能力,督促相关企业加强重大生产安全事故应急和防范能力建设。
	3. 产业政策	严格控制高耗能、高污染项目建设,避免低水平重复建设,促进临海产业合理布局。鼓励引导社会资本合理开发海洋资源。科学发展海水养殖,推广海水生态健康养殖模式,鼓励有条件的企业拓展离岸养殖和集约化养殖,支持远洋渔业发展。支持深远海油气资源勘探开发,加强深水核心技术装备研发及配套能力建设。支持海水淡化和综合利用、海洋药物与生物制品、海洋工程装备制造、海洋可再生能源等产业发展。积极培育海洋主题公园、海岛旅游等新兴旅游业态,重点发展休闲渔业、海上运动休闲旅游。
	4. 海域政策	根据海洋主体功能区功能定位,完善海域管理政策措施。严格落实海洋功能区划,加强围填海总量控制和计划管理。加强用海项目环境影响评价制度、海域使用论证制度和海域有偿使用制度实施情况监督。制定用海工程和围填海建设标准,明确海拔高度、污染排放、防灾减灾等要求,对用海项目建设实行全过程监管。科学划定海水增养殖区域,控制近海养殖密度。严格控制河口行洪区、重点增养殖区域建设用海。沿海地区或海岛大规模风能建设要充分考虑对相关海域影响。
	5. 环境政策	以改善海洋环境质量、提升海洋生态服务功能为目标,实施分类管理。实施最严格的源头保护制度,落实环境影响评价制度,未依法进行环境影响评价的开发利用规划不得组织实施、建设项目不得开发建设。严格执行海洋伏季休渔制度,控制近海捕捞强度,减少渔船数量和功率总量。加强物种保护,新建一批水生生物自然保护区和水产种质资源保护区。制定海洋生态损害赔偿和损失补偿相关规定。完善海洋生态环境监管和执法机制,加强海洋突发环境事件应急管理。严格实施《水污染防治行动计划》及相关污染防治规划,加强近岸海域环境保护,制定实施近岸海域污染防治方案,建立水污染防治联动协作机制,探索建立陆海统筹的海洋生态环境保护修复机制。

第二节　生态保护红线

一、生态保护红线的缘起与概念

"红线"其渊源应来自于英语中 Red Line 的字面直译,根据《牛津英语》的词源解释,特指一种标注在飞行器速度指示器上的红色标识,以便警示飞行员最大安全飞行速度,或者为标注出其他危险基数的红色线条。"生态保护红线"这一概念,与生态安全及生态风险有着天然的紧密联系。在现代公共管理中,"红线"一词起源于城市规划,在规划单位的建筑用地示意图中,用来表示建筑物占用土地的边界线。随着"红线"概念的不断深化,"红线"一词也逐渐被运用到环境领域,2011 年发布的《国务院关于加强环境保护重点工作的意见》中,首次提出"生态红线"一词,要求国家编制环境功能区划,在重要生态功能区、陆地和海洋生态环境敏感区、脆弱区等区域划定生态保护红线。《中央关于全面深化改革若干重大问题的决定》《生态文明体制改革总体方案》《国民经济和社会发展第十三个五年规划纲要》均在生态文明制度建设中明确提出了划定并严守生态保护红线。2017年,中办、国办印发《关于划定并严守生态保护红线的若干意见》,从划定与严守两方面阐释了国家生态保护红线制度的核心要义和顶层设计。

在生态保护红线概念提出前,我国已建立了以自然保护区等为主体的保护地体系,但存在诸多问题:自然保护区等各类已建保护区隶属不同部门管理,空间上存在交叉重叠,布局不够合理,生态保护效率不高;重要生态功能区、生态敏感区、脆弱区、生物多样性保护优先区面积大,分布广,关键生态区域未能得到有效保护,导致生态服务与调节功能仍在恶化,自然灾害多发,威胁人居环境安全;生态环境保护体制建设落后于污染控制,政府的生态保护管理职能分散在各个部门,采取按生态和资源要素分工的部门管理模式,缺乏强统一的、有力的生态保护监督管理机制,这些都导致"应保尽保差距很大,部分地区过度保护"。

生态保护红线是中国在环境保护方面的一项制度创新,其目的是维护国家和区域的生态安全,保障人民群众健康,实现社会经济的可持续发展。生态空间是指具有自然属性、以提供生态服务或生态产品为主体功能的国土空间,包括森林、草原、湿地、河流、湖泊、滩涂、岸线、海洋、荒地、荒漠、戈壁、冰川、高山冻原、无居民海岛等。生态保护红线是指在生态空间范围内具有特殊重要生态功能、必须强制性严格保护的区域,是保障和维护国家生态安全的底线和生命线,通常包括具有重要水源涵养、生物多样性维护、水土保持、防风固沙、海岸生态稳定等功能的生态功能重要区域,以及水土流失、土地沙化、石漠化、盐渍化等生态环境敏感脆弱区域。其目标是:① 生态功能不降低。生态保护红线的核心目标就是保住以下三条线,有效维护与改善生态功能。通过生态服务保障线提供生态调节与文化服务功能,通过人居环境安全屏障线提供生态敏感区和脆弱区生态维持功能,通过生物多样性维持线提供关键物种、生态系统与种质资源保护功能,保障国家生态安全格局和基本生态支持功能。② 保护面积不减少。生态保护红线的基本要求是对保护面积的刚性约束。为维持最低限度内一定面积规模的保护区域基本生态功能,生态保护红线边界应保持相对稳定,面积规模不减少,以有效控制不合理的开发活动,发挥生态保护红线的生态安全底线保障作用。③ 用地性质不改变。生态保护红线的核心要求是生态用地性质的稳定。生态保护红线区要以自然生态用地为主,强化各类生态用地空间用途管制,严禁生态用地随意改变为非生态用途。

二、生态保护红线的划定

红线划定具有较强综合性。传统的保护区保护对象主要是生物多样性、自然遗迹和文化遗产,而生态红线划分的依据是重要生态功能区和生态脆弱区/敏感区。除了生物多样性保护外,其他生态功能如淡水和产品供给、土壤保持和防风固沙、水体净化、气候调节、水源涵养也是进行生态红线划分需要考虑的因素,从这个意义上讲生态红线的内涵相对更广。评价对象的生态功能重要性和生态脆弱性/敏感性取决于规划区域生态环境问题的类型和严重程度以及该区域对生态服务功能需求的紧迫性,而不仅仅是评价对象自身的生态属性。生态功能重要性和生态脆弱性/敏感性评价需要结合区域生态环境状况进行评价。另外,评价对象的生态功能重要性除了取决于其自身生态属性外,还取决于它所在景观或者区域中的空间位置,它在维护景观或者区域安全格局中的作用。鉴于生态红线划分和管理的目的是维护国家或者区域的生态安全,保护生态系统的完整性和连续性,区域水平上的空间背景因素和评价对象在区域安全格局中的作用需重点考虑。

林勇等提出了生态保护红线划分的五项基础理论:

(1) 生态适宜性分析。生态适宜性分析根据规划对象或者评价单元的尺度独特性、抗干扰性、生物多样性、空间效应等,选择自然社会经济因子构建评价指标体系和指标权重,通过建立适宜性指数模型计算适宜性指数,确定评价单元对某种使用方式的适宜性和限制性,进而划分适宜性等级。适宜性分析是空间规划的重要工具,广泛地应用于保护区选址、种(养)殖区区划、环境影响评价、动植物生境适宜性分析和土地利用格局优化中。通过适宜性分析确定不同地域、海域的使用方式,对于解决资源使用冲突、缓解生态环境退化问题和提高区域的生态功能和服务综合价值具有重要意义。现在适宜性分析已经从简单的多属性单目标(单一使用方式适宜性评价)阶段发展到多目标(多种使用方式综合适宜性评价)整体优化阶段,利用线性或者非线性优化算法,确定研究区域的最优使用方式。

(2) 景观/区域生态安全格局理论。在景观和区域尺度上,生态系统的空间分布格局对生态系统的结构功能和生态服务价值具有重要影响。作为土地利用规划的指导思想,"全球思维,区域规划,局地实施"理念非常强调空间背景对景观和区域生态规划的重要性,认为在进行景观和区域生态规划时必须考虑周围景观和区域的影响。某个地域是否具有生态保护重要性,不仅取决于其本身的各种自然、社会和经济属性,而更取决于其在景观和区域中保护生态系统完整性和连通性的价值。景观中的某些关键性的局部,位置和空间联系如盆地的出水口、廊道的断裂处或瓶颈、河流交汇处的分水岭、动物迁徙途中的踏脚石、大型自然斑块、宽阔的河流廊道、多种生态系统的交错区对维护或控制某种生态过程有着异常重要的意义,在景观和区域规划和设计中保护和维护其空间格局对于优化景观功能、维持生态功能和服务价值的可持续性具有重要作用。景观中这些关键局部位置和空间联系构成了景观生态安全格局。与此类似,区域生态安全格局研究也是基于格局与过程相互作用的原理寻求解决区域生态环境问题的对策,但是它更强调区域尺度生态环境问题的发生与作用机制,例如干扰的来源,社会经济的驱动以及文化伦理的影响等;强调通过不同尺度上格局与过程的干扰效应研究,集中解决生物保护、生态系统恢复及景观稳定等一系列问题;根据干扰对某一尺度格局与过程的作用,提出相应的解决对策。景观/区域空间格局决定景观/区域区域功能,生态功能反过来又影响空间格局。保护宽阔的河流廊道,减少自然景观破碎度,通过设置廊道和踏脚石的方式提高景观连通度,保护大型自然斑块是制定生态安全格局的指导思想。生态红线划分依据不单是评价单元在生态系统层次上生态重要性和脆弱性/敏感性,而更为重要的是评价单元在区域和景观安全格局上的生态重要性。如从生物保护角度讲,在小的局域尺度上某生态系统面积小生物多样性低而生态保护价值不大,但其在景观和区域尺度上可能由于空间位置特殊性(是鸟类迁徙途中极为重要的踏脚石),同样需要重点保护。

(3)海陆统筹理论。陆地对海洋的影响在很大程度上体现在来自于陆地污染物的输入。近海富营养化是海洋面临的最主要生态问题,其主要成因就是上游流域面源营养盐污染大量排放。上游流域土地利用/土地覆盖格局变化将影响入海淡水的数量、质量和动态变化特征,从而对海岸带地区的生物多样性产生重要影响,如一些洄游海洋生物对上游河流的枯水期、丰水期的水位、流速和出现时间以及持续长度非常敏感。另外,海岸带和海洋生态系统面临的气候变化、生物多样性下降,生境破坏和破碎化、外来生物入侵等威胁都与近岸陆地上的人类活动有关。近海和流域通过水文联系而成为海岸带综合管理中有机整体。在海洋的生态环境治理中避免"头疼医头,脚疼医脚",强调海陆统筹、源头治理是海洋和海岸带管理的发展趋势。确定陆源干扰的种类和干扰机制,在此基础上进行生态红线划分,将有助于提高生态红线区划分结果的科学性。

(4)干扰生态学理论。干扰一般是指能显著改变系统自然格局的离散事件,它导致景观中各类资源的改变和景观结构的重组。自然干扰可以促进生态系统的演化更新,是生态系统演变过程中不可或缺的自然现象。但是,人类干扰或人类干扰诱发的自然灾害却成为区域生态环境恶化的主要原因。生态系统退化的程度与人为干扰状况(即干扰的强度、时间和频度)有关。停止干扰后生态系统有自动恢复的功能,但其能力是有限的,退化生态系统自身能否恢复及恢复的速度与所经受的干扰强度和时间长度有关。改变人为干扰的机制,减少退化生态系统的外部干扰压力,有利于退化生态系统的恢复。在景观生态研究中,很强调自然干扰机制的保持,保护区的面积应该足以保证某些自然干扰的完整性是保护区设计的重要原则。人类活动带来一系列的生态、环境问题在很大程度上与人类活动改变了某些自然干扰机制有关,而自然干扰机制是景观或区域内一些生态功能和过程正常运行的前提和基础。把人类活动对某些自然干扰的影响减少到适当的程度是实现景观功能优化的重要措施。人类活动对生态系统或景观功能和过程的影响主要体现在对自然干扰机制的破坏或改变上。如在河流景观中,河流和冲击滩是通过洪水联系起来的,很多生态过程的速率和发生时间取决于洪水的脉动规律。而河道取直、堤坝建设等人为活动改变了洪水的自然干扰模式,结果引起景观功能的退化和生物多样性的丧失。将干扰生态学理论结合到生态红线划分中,注意保持和维护自然干扰机制,减少人为干扰的不利影响,将有助于提高生态红线划分的科学性。

（5）生态系统管理和适应性理论。生态系统管理是在对生态系统组成、结构和功能过程加以充分理解的基础上,制定适应性的管理策略,以恢复或维持生态系统整体性和可持续性。保护生物多样性、保护关键的生态过程和维持生态系统完整性是生态系统管理的主要目标。生态系统管理是综合管理,管理边界是生态系统的自然边界而不是行政边界,根据生态过程的影响范围确定管理边界是生态系统管理的基础。在陆地上,流域边界常常用于界定生态管理边界,而在海岸带综合管理中,上游流域边界也常用于确定海岸带管理边界。生态系统管理强调公众参与,管理目标明确,具有可操作性,在调解利益相关方之间的各种冲突基础上综合考虑和设定生态、社会和经济多种目标。在生态系统管理中,人类被看作是生态系统的有机组成部分,人类活动对生态系统的影响研究是生态系统管理的基础。由于生态系统的不确定性、复杂性、时滞性,人类对生态系统主要驱动力及生态系统行为和响应的认识能力有限,生态系统管理强调适应性管理理念,需要通过不断调整战略、目标及方案等,以适应快速变化的社会经济状况与环境变化。生态系统管理的主要途径有生态风险评价、退化生态系统恢复、自然保护区设计和生态工程和生态建设。

依据《生态保护红线划定技术指南》,生态保护红线的划定可分为四步:

（1）生态保护红线划定范围识别。依据《全国主体功能区规划》《全国生态功能区划》《全国生态脆弱区保护规划纲要》《全国海洋功能区划》《中国生物多样性保护战略与行动计划》等国家文件和地方相关空间规划,结合经济社会发展规划和生态环境保护规划,识别生态保护的重点区域,确定生态保护红线划定的重点范围。

（2）生态保护重要性评估。依据生态保护相关规范性文件和技术方法,对生态保护区域进行生态系统服务重要性评估和生态敏感性与脆弱性评估,明确生态保护目标与重点,确定生态保护重要区域。

（3）生态保护红线划定方案确定。对不同类型生态保护红线进行空间叠加,形成生态保护红线建议方案。根据生态保护相关法律法规与管理政策,土地利用与经济发展现状与规划,综合分析生态保护红线划定的合理性和可行性,最终形成生态红线划定方案。

（4）生态保护红线边界核定。根据生态保护红线划定方案,开展地面调查,明确生态保护红线地块分布范围,勘定生态红线边界走向和实地拐点坐标,核定生态保护红线边界。调查生态保护红线区各类基础信息,形成生态保护红线勘测定界图。

三、生态保护红线管理政策

目前,生态保护红线管理政策尚未真正落地,中办国办《关于划定并严守生态保护红线的若干意见》对此做出了顶层设计,旨在落实地方各级党委和政府主体责任,强化生态保护红线刚性约束,形成一整套生态保护红线管控和激励措施。

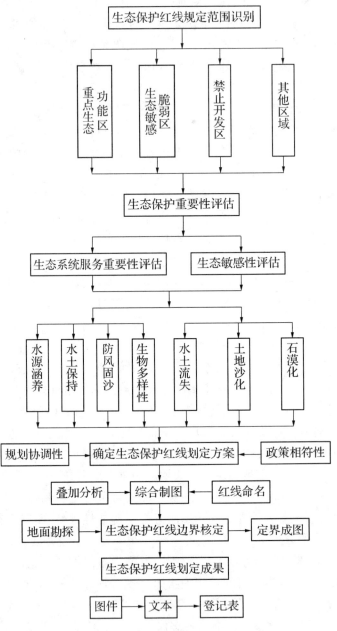

图9-2 生态保护红线划定技术流程

从全周期管控看,生态保护红线要求:① 源头严防。必须在源头把关,坚持生态保护红线的"预防为主,保护优先"原则。一是以切实有效的宣传教育,在各级领导干部、企事业单位和个人心中形成守护生态保护红线的意识;二是以全面严格的制度安排严控在生态保护红线区域内的各项开发建设及资源利用活动,切断侵占破坏生态保护红线的源头。② 过程严管。要在过程中严格管理,坚持生态保护红线的过程防控原则。一是以全天候的天地一体化监测手段对生态保护红线区域实施常态化监测,掌握第一手数据资料;二是以全天候的自动监控与人工监察执法对生态保护红线区域内的各项活动实施严密监控。

③ 后果严惩。要在破坏后通过严惩形成震慑作用,坚持生态保护红线的责任担当原则。一是对决策损害生态保护红线区域的各级领导干部依法依规严惩,决不姑息;二是对侵占破坏生态保护红线区域的单位和个人严肃追责。

生态保护红线的具体政策导向包括:

(1) 确立生态保护红线优先地位。生态保护红线划定后,相关规划要符合生态保护红线空间管控要求,不符合的要及时进行调整。空间规划编制要将生态保护红线作为重要基础,发挥生态保护红线对于国土空间开发的底线作用。

(2) 实行严格管控。生态保护红线原则上按禁止开发区域的要求进行管理。严禁不符合主体功能定位的各类开发活动,严禁任意改变用途。生态保护红线划定后,只能增加、不能减少,因国家重大基础设施、重大民生保障项目建设等需要调整的,由省级政府组织论证,提出调整方案,经环境保护部、国家发展改革委会同有关部门提出审核意见后,报国务院批准。因国家重大战略资源勘查需要,在不影响主体功能定位的前提下,经依法批准后予以安排勘查项目。

(3) 加大生态保护补偿力度。国家加大对生态保护红线的支持力度,加快健全生态保护补偿制度,完善国家重点生态功能区转移支付政策。推动生态保护红线所在地区和受益地区探索建立横向生态保护补偿机制,共同分担生态保护任务。

(4) 加强生态保护与修复。实施生态保护红线与修复,作为山水林田湖生态保护和修复工程的重要内容。以县级行政区为基本单元建立生态保护红线台账系统,制定实施生态系统保护与修复方案。优先保护良好生态系统和重要物种栖息地,建立和完善生态廊道,提高生态系统完整性和连通性。分区分类开展受损生态系统修复,采取以封禁为主的自然恢复措施,辅以人工修复,改善和提升生态功能。选择水源涵养和生物多样性维护为主导生态功能的生态保护红线,开展保护与修复示范。有条件的地区,可逐步推进生态移民,有序推动人口适度集中安置,降低人类活动强度,减小生态压力。按照陆海统筹、综合治理的原则,开展海洋国土空间生态保护红线的生态整治修复,切实强化生态保护红线及周边区域污染联防联治,重点加强生态保护红线内入海河流综合整治。

(5) 建立监测网络和监管平台。建设和完善生态保护红线综合监测网络体系,充分发挥地面生态系统、环境、气象、水土保持、海洋等监测站点和卫星的生态监测能力,布设相对固定的生态保护红线监控点位,及时获取生态保护红线监测数据。建立国家生态保护红线监管平台。依托国务院有关部门生态环境监管平台和大数据,运用云计算、物联网等信息化手段,加强监测数据集成分析和综合应用,强化生态气象灾害监测预警能力建设,全面掌握生态系统构成、分布与动态变化,及时评估和预警生态风险,提高生态保护红线管理决策科学化水平。实时监控人类干扰活动,及时发现破坏生态保护红线的行为,对监控发现的问题,通报当地政府,依据各自职能组织开展现场核查,依法依规进行处理。

(6) 开展定期评价。环境保护部、国家发展改革委会同有关部门建立生态保护红线评价机制。从生态系统格局、质量和功能等方面,建立生态保护红线生态功能评价指标体系和方法。定期组织开展评价,及时掌握全国、重点区域、县域生态保护红线生态功能状况及动态变化,评价结果作为优化生态保护红线布局、安排县域生态保护补偿资金和实行领导干部生态环境损害责任追究的依据。

第十章　环境风险管理

　　环境风险是指由自然原因或人类活动引起的,通过降低环境质量及生态服务功能,从而能对人体健康、自然环境与生态系统产生损害的事件及其发生的可能性(概率)。近30多年,我国社会经济发展、工业化和城市化取得了举世瞩目的成就,但环境管理水平的滞后致使各类环境风险事件频发,不仅对生态环境造成了极大的破坏,同时危及人民的生命和健康,也引发了多起群体性事件,对社会稳定产生了极大危害。严峻的环境风险形势引起了我国政府和全社会的高度关注,自2005年松花江水污染事故以来,我国开始逐步探索构建环境风险防控和管理体系,环境风险管理体系不断得到完善。但总体上看,目前我国环境风险管理理论薄弱,环境风险事前防范、事中应急、事后处置的全过程防控技术体系和关键技术缺乏,管理模式落后,科学决策能力不够等问题仍然存在,对国家环境安全支撑能力严重不足。“十三五”是我国经济结构调整、社会发展转型以及全面建成小康社会的关键时期。“十三五”乃至未来的一段时间内,我国严峻的环境风险形势将继续存在,是我国未来经济社会可持续发展的重大制约因素。环境风险防控已经成为当前我国面临的重大课题,《国民经济和社会发展第十三个五年规划纲要》和《“十三五”生态环境保护规划》也提出了实施环境风险全过程管理,系统构建事前严防、事中严管、事后处置的全过程、多层级风险防范体系。

第一节　环境风险管理简介

一、环境风险概念

　　风险的定义大致可分为两类:第一类定义强调风险的不确定性,称为广义风险;第二类定义强调风险损失的不确定性,称为狭义风险。严格说来,风险和不确定性是有区别的。风险是指事前可以知道所有可能的后果以及每种后果的概率;不确定性是指事前不知道所有可能后果或者虽知道可能后果但不知道它们出现的概率。但在面对实际问题时两者很难区分。因此在实际工作中对风险和不确定性不作区分,都视为风险,并把风险理解为可测定概率的不确定性。概率的测定有两种:一种是客观概率,是指根据大量历史数据推算出来的概率;另一种是主观概率,是在没有大量实际资料的情况下,根据有限资料和经验做出的合理估计。通常情况下,人们对意外损失比对意外收益更关注。因此,人们侧重于减少风险损失,主要从不利方面来考察风险,经常把风险看成是不利事件发生的可能性。

　　环境风险是由自然原因和人类活动引起、通过环境介质传播、能对人类社会及自然环境产生破坏、损害及毁灭性作用等环境污染事件发生的概率及其后果(胡二邦,2009)。即人们在建设、生产和生活过程中,所遭遇的突发性事故对环境或人体健康乃至社会经济的危害程度。风险值用 R 表征,定义为事故发生概率 P 与事故造成的环境或人体健康乃至社会经济的后果 C 的乘积,即 $R=P*C$。风险表征的要旨在于客观地向风险决策者及其他受众反馈已知的科学信息,包括风险因子引起不利效应的性质、关键暴露参数、相关的毒理数据、受体信息、模型与数据的变化和不确定性以及其他相关信息(Williamsand Paustenbach,2002)。

科学合理的环境风险分类,是有效进行环境识别、管理与决策的重要基础。基于环境风险系统、事故风险诱因及演变过程,可以分为安全事故类、违法排污类、遗留隐患类、长期累积类、交通事故类、自然灾害类、布局问题类等环境风险类型(卢静等,2012)。

按照不同的划分标准,环境风险类型又可概括为以下类别,见表10-1。在实际应用中,环境风险分类需结合当地环境管理需求、环境受体状况、主要危害物质类别等诸多因素综合考虑,选择合适的环境风险分类方法(魏科技等,2010)。

表 10-1 不同分类原则下的环境风险类型

分类原则	环境风险类型
事故出发形式	泄露扩散污染事故、爆炸性污染事故
控制机制的失效方式	突发型环境风险、缓发型环境风险
释放的风险因子	有毒有害物质类、易燃易爆物质类、油类、重金属类等
环境风险的时空分布	局域环境风险、区域环境风险、全球环境风险
环境事故的风险根源	固有型、结构布局型、环境管理型环境风险
环境事故受体	人体健康、社会经济、生态环境(水、大气、土壤环境)

二、环境风险评价

1. 环境风险评价的目的和重点

环境风险评价的目的是分析和预测建设项目存在的潜在危险、有害因素,项目建设和运行期间可能发生的突发性事件和事故(一般不包括人为破坏级自然灾害),引起有毒有害和易燃易爆等物质泄漏,所造成的人身安全与环境影响和损害程度,提出合理可行的防范、应急与减缓措施,以使建设项目事故率、损失和环境影响达到可接受水平。

环境风险评价应把事故引起厂(场)界外人群的伤害、环境质量的恶化及生态系统影响的预测和保护作为评价工作重点。

环境风险评价在条件允许的情况下,可利用安全评价数据开展环境风险评价。环境风险评价与安全评价的主要区别是:环境风险评价关注点是事故对厂(场)界外环境的影响。

2. 环境风险评价工作等级

根据评价项目的物质危险性和功能单元重大危险源判定结果,以及环境敏感程度等

因素,将环境风险评价工作划分为一、二级。评价工作级别按表 10 - 2 划分。

表 10 - 2　评价工作级别(一、二级)

	剧毒危险性物质	一般毒性危险物质	可燃、易燃危险性物质	爆炸危险性物质
重大危险源	一	二	一	一
非常重大危险源	二	二	二	二
环境敏感地区	一	一	一	一

3. 环境风险评价的基本内容

环境风险评价的基本内容由风险识别、源项分析、后果计算、风险计算和评价以及风险管理五项内容组成。二级评价可选择风险识别、最大可信事故及源项、风险管理及减缓风险措施等项进行评价。

风险评价及
保险

三、环境风险管理

1. 环境风险管理的基本概念

目前,对环境风险管理概念的认识存在两种观点,一种是相对狭义的理解,认为环境风险管理是环境风险评估的后续过程,指根据环境风险评估的结果采取相应的应对措施,以经济有效地降低环境危害。例如,美国国家科学院认为,环境风险评估与环境风险管理是两个既联系紧密又需要区分的过程,风险评估是一个基于科学研究的技术过程,其结果是风险管理的基础,风险管理中的决策需要考虑政治、经济和技术因素;另一种观点是相对广义的,将环境风险管理视为风险管理在环境保护领域的应用,环境风险评估是环境风险管理的一部分,具体指环境管理部门、企业事业单位和环境科研机构运用相关的管理工具,通过系统的环境风险分析、评估,提出决策方案,力求以较小的成本获得较多的安全保障。

环境风险管理是根据环境风险评价的结果,按照恰当的法规条例选用有效的控制技术,进行削减风险的费用和效益分析,确定可接受风险度和可接受的损害水平,并进行政策分析及考虑社会经济和政治因素,从而决定适当的管理措施并付诸实施,以降低或消除事故风险度,保护人群健康与生态系统的安全。

2. 中国环境风险管理的现状

基于环境风险系统的定义,环境风险源在经历了风险因子释放、初级控制机制失效、形成风险场、次级控制机制失效并与受体接触造成危害整个过程后,环境污染事故爆发,即环境污染事故是环境风险爆发的结果。环境风险是对人、财产、环境构成威胁的一种潜在危险状态,而环境污染事故则是对人类生命财产造成严重损失的事实。环境风险不一定会引发环境污染事故,但环境污染事故一旦发生则肯定曾存在环境风险。

由于环境风险的潜在性,难以察觉,尤其是对某一区域环境风险进行识别评估时,由于风险源数量多、分布广、类型多样,存在诸多的可能性与不确定性,同时还受到环境、人口、经济等众多因素的影响,评价工作缺乏系统性的基础工作及研究数据支持,工作开展难度大。

3. 环境风险全过程管理思路

一般而言,形成环境风险必须具有以下因素:存在诱发环境风险的因子,即环境风险源;环境风险源具备形成污染事件的条件,即环境风险源的控制管理机制;在环境因子影响范围内有人、有价值物体、自然环境等环境敏感目标,即环境风险受体(毕军等,2006)。这三个因素相互作用、相互影响、相互联系,形成了一个具有一定结构、功能、特征的复杂的环境风险体系。因此,环境风险管理应从环境风险源、控制管理机制、环境风险受体三个因素入手,针对污染事件的各个环节建立起环境风险全过程管理体系,具体思路见图10-1(邵超峰,2009)。

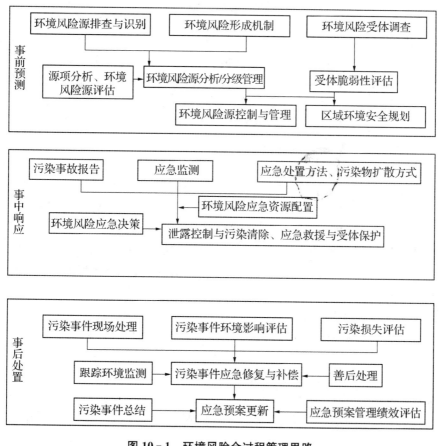

图 10-1 环境风险全过程管理思路

第二节 主要突发环境污染与破坏事故

突发环境污染事故没有固定的排放方式和排放途径,突然发生,来势凶猛,在瞬时和短时间内大量地排放污染物质,对环境造成严重污染和破坏,给人民和国家财产造成重大损失。根据污染物性质及常发生的方式,突发环境污染事故可分为四大类:① 核污染事

故;② 溢油事故;③ 有毒化学品的泄露、爆炸、扩散污染事故;④ 非正常大量排放废水造成的污染事故)。突发环境污染事故呈现的主要特性可总结为:发生的突发性、形式的多样性、危害的严重性和处置的艰巨性。

一、核污染事故

日本福岛第一核电站爆炸事故　日本福岛第一核电站爆炸泄露。2011 年 3 月 11 日,日本发生里氏 9.0 级地震并引发高达 10 米的强烈海啸,日本福岛核电站建筑物不幸爆炸,引发了高温核燃料泄漏的消息。严重的福岛核泄漏之后,福岛第一核电站的运营商东京电力公司为求生存,采用核废水排进太平洋等极其不负责任的处理方式。2011 年 4 月,东电公司决定,将 11 500 吨含有放射性物质的污染水倒入大海。

三里岛核事故　1979 年 3 月 28 日凌晨 4 时,在美国宾夕法尼亚州的三里岛核电站第 2 组反应堆的操作室里,人声鼎沸,一片慌乱。大量放射性物质在两个小时后大量溢出。这次出人意料的核泄漏事件是由于二回路的水泵发生故障。所幸的是在这次事故中,主要的工程安全设施都自动投入,加之反应堆有几道安全屏障(燃料包壳,一回路压力边界和安全壳等),没有人员伤亡,仅三位工作人员受到了略高于半年的容许剂量的照射。三里岛事故对环境的影响相对比较小,核电厂附近 80 千米以内的公众受到的辐射剂量不到一年内天然本底的百分之一。

二、溢油事故

中海油渤海湾漏油事故　美国康菲公司与中海油合作开发的蓬莱 19 - 3 油田于 2011 年 6 月发生溢油事故,康菲被指责处理渤海漏油事故不力;12 月,康菲公司遭到百名养殖户的起诉。2012 年 4 月下旬,康菲和中海油总计支付 16.83 亿元用以赔偿溢油事故。种种违规作业,以及出现事故隐患征兆没有有效处置,都证实了康菲石油中国有限公司没有做到守规生产、审慎作业,且关键岗位职责不落实,没有针对重大隐患及时采取应急措施,造成海洋污染和环境破坏,污染海洋面积达 6 200 平方千米。这起溢油污染事故性质被认定为是一起造成重大海洋溢油污染的责任事故。

"现代开拓"和"地中海伊伦娜"轮碰撞溢油事故　2004 年 12 月 7 日,船长为 182 米的巴拿马籍集装箱船"现代促进"轮由深圳盐田港驶往新加坡途中,与由深圳赤湾驶往上海的船长为 300 米德国籍集装箱船"地中海伊伦娜"轮发生碰撞。"地中海伊伦娜"轮燃油舱破损,导致 1 200 多吨船舶燃料油溢出,在海上形成一条长 9 海里(约 16.5 千米)的油带,成为中国船舶碰撞最大的一次溢油事故,造成珠江口海域污染,全部损失达 6 800 万元。所幸事件发生后,交通部和广东省政府组织各有关单位,积极行动,在海上有效地控制和清除了泄漏的燃油,没有造成岸线污染,保护了珠江口水域的敏感资源,使损失没有进一步扩大。

海上船舶溢油事故,不仅使自然环境、生态资源受到损害,经济蒙受损失,而且严重危害人体健康。溢油事故引发的火灾,还可能会导致海上和沿岸设施、船舶的损坏。上述国际、国内的船舶溢油事件充分说明了溢油风险的严峻性和溢油污染的灾难性,中国政府正积极履行相关国际公约,努力发挥政府部门的指导作用,健全海上溢油应急防御体系,提高公众的认识,动用全社会的力量,最大限度地将溢油污染对环境的影响降到最小。

三、有毒化学品的泄露、爆炸、扩散污染事故

美国多诺拉烟雾事件 美国多诺拉烟雾事件是世界有名的公害事件之一,1948 年 10 月 26—31 日发生在美国多诺拉镇。这次烟雾事件发生的主要原因,是由于小镇上的工厂排放的含有二氧化硫等有毒有害物质的气体及金属微粒在气候反常的情况下聚集在山谷中积存不散,这些毒害物质附着在悬浮颗粒物上,严重污染了大气。人们在短时间内大量吸入这些有毒害的气体,引起各种症状,以致暴病成灾。

大气中的污染物主要来自煤、石油等燃料的燃烧,以及汽车等交通工具在行驶中排放的有害物质。全世界每年排入大气的有害气体总量为 5.6 亿吨,其中一氧化碳(CO)2.7 亿吨,二氧化碳(CO_2)1.46 亿吨,碳氢化合物(C_xH_y)0.88 亿吨,二氧化氮(NO_2)0.53 亿吨。美国每年因大气污染死亡人数达 5.3 万多人,其中仅纽约市就有 1 万多人。大气污染能引起各种呼吸系统疾病,由于城市燃煤煤烟的排放,城市居民肺部煤粉尘沉积程度比农村居民严重得多。

兰州苯污染事件 2014 月 10 日 17 时,检测数据显示,由兰州威立雅水务集团(下称威立雅)出厂的自来水苯含量高达 118 $\mu g/L$,22 时自流沟苯含量为 170$\mu g/L$,4 月 11 日凌晨 2 时检测值为 200 $\mu g/L$,均远超出国家限值的 10 $\mu g/L$ 的标准多达 20 倍。2014 年 4 月 12 日 13:13 原因已经查明:兰州自来水苯超标系兰州石化管道泄漏所致。

漳州 PX 项目爆炸事故 2015 年 4 月 6 日 18 时 55 分左右在福建漳州古雷腾龙芳烃 PX 项目发生了一场安全生产责任爆炸事故。有 2 人重伤被送往漳浦县医院救治,12 人伤势较轻。前方无发现人员死亡,个别人员被爆炸玻璃碎片划伤。漳州古雷 PX 事故是由于二甲苯装置在运行过程中输料管焊口由于焊接不实而导致断裂,泄露出来的物料被吸入到炉膛,因高温导致燃爆。设备安装过程中就存在重大隐患。

四、非正常大量排放废水造成的污染事故

广西龙江镉污染事件 2012 年 1 月 15 日,广西龙江河拉浪水电站网箱养鱼出现少量死鱼现象被网络曝光,龙江河宜州市拉浪乡码头前 200 米水质重金属超标 80 倍。时间正值农历龙年春节,龙江河段检测出重金属镉含量超标,使得沿岸及下游居民饮水安全遭到严重威胁。这是自 2011 年 8 月云南曲靖重金属污染水库水体被曝光以来,第二起由网络民意全程关注并推动解决的水源污染事件,是网络监督以腐败官员为目标向以腐败行政为重点成功转移的又一范例。

四川沱江特大水污染案 四川沱江特大水污染案,3 人被判环境监管失职罪。2004 年 2—4 月,四川川化股份有限公司将工业废水排入沱江干流水域,造成特大水污染事故,给成都、资阳等 5 市的工农业生产和人民生活造成了严重的影响和经济损失。经农业部长江中上游渔业生态环境监测中心评估,仅天然渔业资源损失就达 1 569 万余元。

第三节　环境污染事故应急管理

　　根据《国家突发环境事件应急预案》,按照突发事件严重性和紧急程度,突发环境事件分为特别重大环境事件(Ⅰ级)、重大环境事件(Ⅱ级)、较大环境事件(Ⅲ级)和一般环境事件(Ⅳ级)四级。

环境事件等级

　　池宏(2005)将突发性环境污染事件的发生发展总结为爆发前、爆发后和消亡后三个阶段,认为应急管理就是这整个时期内,采用科学的方法对突发事件进行控制,使其造成的损失达到最低。郭济等(2004)将应急管理定义为:以政府为主体,按照组织性计划性原则,进行的一系列管理过程,以此来有效预防和应对各种突发性环境污染事件,有效减少环境污染事件造成的负面影响。

　　突发环境事件应急管理构建体系是以应急指挥中心、应急专家库、决策支持系统、应急工作机制、应急预案、应急演练、应急物资储备、应急处理、应急救援、新闻发布会、应急监测等环节构建全过程突发环境事件应急管理体系,是以风险防控为核心,以全过程管理为主线的环境应急管理体系。突出事前预防、强化事中应对、完善事后管理。其中应急处置是重点,日常管理是基础,只有这些都做好了,才能真正保障环境安全。

一、应急指挥中心

　　根据《国家突发环境事件应急预案》,国家环境应急指挥部主要由环境保护部、中央宣传部(国务院新闻办)、中央网信办、外交部、发展改革委、工业和信息化部、公安部、民政部、财政部、住房城乡建设部、交通运输部、水利部、农业部、商务部、卫生计生委、新闻出版广电总局、安全监管总局、食品药品监管总局、林业局、气象局、海洋局、测绘地信局、铁路局、民航局、总参作战部、总后基建营房部、武警总部、中国铁路总公司等部门和单位组成,根据应对工作需要,增加有关地方人民政府和其他有关部门。

　　1. 污染处置组

　　污染处置组由环境保护部牵头,公安部、交通运输部、水利部、农业部、安全监管总局、林业局、海洋局、总参作战部、武警总部等参加。

　　主要职责:收集汇总相关数据,组织进行技术研判,开展事态分析;迅速组织切断污染源,分析污染途径,明确防止污染物扩散的程序;组织采取有效措施,消除或减轻已经造成的污染;明确不同情况下的现场处置人员须采取的个人防护措施;组织建立现场警戒区和交通管制区域,确定重点防护区域,确定受威胁人员疏散的方式和途径,疏散转移受威胁人员至安全紧急避险场所;协调军队、武警有关力量参与应急处置。

　　2. 应急监测组

　　应急监测组由环境保护部牵头,住房城乡建设部、水利部、农业部、气象局、海洋局、总参作战部、总后基建营房部等参加。

主要职责:根据突发环境事件的污染物种类、性质以及当地气象、自然、社会环境状况等,明确相应的应急监测方案及监测方法;确定污染物扩散范围,明确监测的布点和频次,做好大气、水体、土壤等应急监测,为突发环境事件应急决策提供依据;协调军队力量参与应急监测。

3.医学救援组

医学救援组由卫生计生委牵头,环境保护部、食品药品监管总局等参加。

主要职责:组织开展伤病员医疗救治、应急心理援助;指导和协助开展受污染人员的去污洗消工作;提出保护公众健康的措施建议;禁止或限制受污染食品和饮用水的生产、加工、流通和食用,防范因突发环境事件造成集体中毒等。

4.应急保障组

应急保障组由发展改革委牵头,工业和信息化部、公安部、民政部、财政部、环境保护部、住房城乡建设部、交通运输部、水利部、商务部、测绘地信局、铁路局、民航局、中国铁路总公司等参加。

主要职责:指导做好事件影响区域有关人员的紧急转移和临时安置工作;组织做好环境应急救援物资及临时安置重要物资的紧急生产、储备调拨和紧急配送工作;及时组织调运重要生活必需品,保障群众基本生活和市场供应;开展应急测绘。

5.新闻宣传组

新闻宣传组由中央宣传部(国务院新闻办)牵头,中央网信办、工业和信息化部、环境保护部、新闻出版广电总局等参加。

主要职责:组织开展事件进展、应急工作情况等权威信息发布,加强新闻宣传报道;收集分析国内外舆情和社会公众动态,加强媒体、电信和互联网管理,正确引导舆论;通过多种方式,通俗、权威、全面、前瞻地做好相关知识普及;及时澄清不实信息,回应社会关切。

6.社会稳定组

社会稳定组由公安部牵头,中央网信办、工业和信息化部、环境保护部、商务部等参加。

主要职责:加强受影响地区社会治安管理,严厉打击借机传播谣言制造社会恐慌、哄抢物资等违法犯罪行为;加强转移人员安置点、救灾物资存放点等重点地区治安管控;做好受影响人员与涉事单位、地方人民政府及有关部门矛盾纠纷化解和法律服务工作,防止出现群体性事件,维护社会稳定;加强对重要生活必需品等商品的市场监管和调控,打击囤积居奇行为。

7.涉外事务组

涉外事务组由外交部牵头,环境保护部、商务部、海洋局等参加。

主要职责:根据需要向有关国家和地区、国际组织通报突发环境事件信息,协调处理对外交涉、污染检测、危害防控、索赔等事宜,必要时申请、接受国际援助。工作组设置、组成和职责可根据工作需要作适当调整。

二、应急专家库

根据《环境保护部环境应急专家管理办法》，环境应急专家由应急管理、环境工程、环境科学、环境监测、环境法学、化学、医学及其相关专业等领域的国内知名学者组成。

环境保护部环境应急指挥领导小组办公室(以下简称"环境保护部应急办")具体负责专家组和专家库的建设、联络和管理工作。具体工作如下：① 建立专家信息库，记录专家的主要学术活动、学术研究成果和环境应急工作；② 协助专家组组长组织和召集专家组专家会议；③ 组织和协助专家完成环境保护部委托的工作；④ 组织专家开展学术交流和有关培训活动；⑤ 联络专家，处理其他相关事宜。

1. 应急专家的基本条件

根据《环境保护部环境应急专家管理办法》第五条，环境应急专家应当具备以下基本条件：

(1) 拥护中国共产党的基本路线、基本纲领、基本方针。坚持原则、作风正派、廉洁奉公、遵纪守法，具有良好的学术道德。

(2) 熟悉突发事件应对和环境保护法律、法规、政策和标准，了解环境应急管理工作及基本程序，能以科学严谨、认真负责的态度履行职责，能积极参加突发环境事件应急处置或其他环境应急管理工作，为环境应急管理工作提供技术指导和政策咨询。

(3) 具有高级以上专业技术职称，在其专业领域 10 年以上工作经验，熟知其所在专业或者行业的国内外情况和动态，专业造诣较深，享有一定知名度和学术影响力，具有现场处置和一定管理经验。

(4) 年龄一般不超过 65 周岁(资深专家和两院院士除外)，健康状况良好，能够保证正常地参加各类环境应急咨询、技术支持工作和相关活动。

2. 应急专家的主要工作

根据《环境保护部环境应急专家管理办法》第十二条，环境应急专家的主要工作包括：

(1) 协助处理突发环境事件，指导和制定应急处置方案。必要时参加现场应急处置工作，提供决策建议。

(2) 参与特别重大或重大突发环境事件的环境污染损害评估。

(3) 参与环境应急管理重大课题研究，参与环境应急相关法律法规制定，为环境应急管理提供依据。

(4) 参与环境应急管理教育培训工作及相关学术交流与合作。

(5) 承担其他与环境应急有关的工作。

三、应急工作机制

应急工作机制与突发事件应急响应工作流程如图 10-2 和图 10-3 所示。

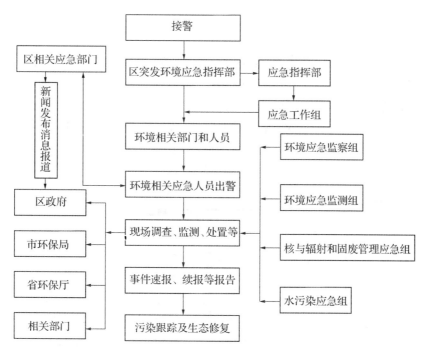

图 10-2 应急工作机制

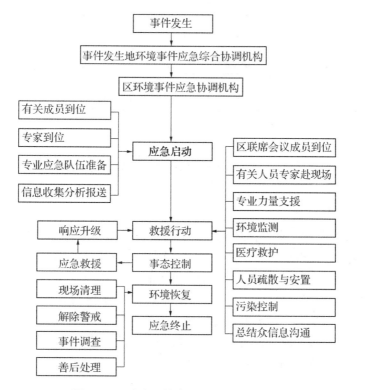

图 10-3 突发环境事件应急响应流程图

四、应急演练

应急演练是政府检验应急预案、完善应急准备、锻炼专业应急队伍、磨合应急机制以及开展科普宣教的主要手段,是政府和企事业单位提高应急准备能力的重要环节。为了提高环境监测部门开展应急监测的综合能力和实战水平,建立健全应急监测制度和运行机制,检验应急监测预案的科学性、响应的及时性、数据的准确性和报告的可行性,近年来各地环保部门开展了一系列应急监测演练活动,图10-4为应急演练流程。

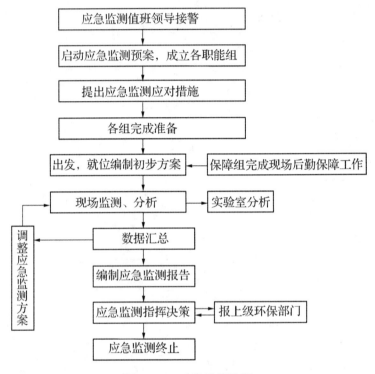

图10-4 应急演练流程

五、应急监测

实施应急监测是做好突发性环境污染事故救援工作和应急处理处置的前提和关键,是及时、正确地对污染事故进行应急处理、减轻事故危害和制定恢复措施的根本依据,也是做好善后处理的基础。但是,由于环境污染事故发生突然,来势凶猛,如果事故发生时,没有一套实用有效的指导性文件,应急监测工作人员很难做到有条不紊地开展应急监测工作。因此,为确保从容应对突发性环境污染事故,提高预防和处置突发性环境污染事故的应急监测能力,预防和减少各类突发性环境污染事故及其造成的损失,针对区域内具体情况,编制相应的应急监测预案就显得尤为重要。

第四节 环境风险防范管理体系

一、中国环境风险防范管理体系——"四维一体"

在国家层面考虑环境风险防控与管理,应重点围绕人体健康与生态安全,以全方位的视角统筹考虑环境风险防范管理的主体、对象、过程以及区域等要素,同时,注重法律、法规、政策、标准以及相关基础研究的保障和支撑作用,实施系统化设计,据此提出了"四维一体"的环境风险防范管理体系。如图 10‐5 为"四维一体"的环境风险防范管理体系(王金南等,2013):

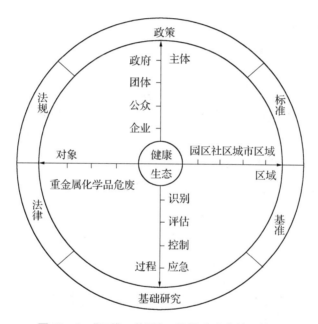

图 10‐5 "四维一体"的环境风险防范管理体系

1. 主体

环境风险涉及面广、不确定性强,其防控与管理需要包括政府、企业、公众以及社会团体等不同主体在内的多方参与,应明晰企业环境风险防控的主体地位,充分发挥政府的监管和引导作用,广泛实施公众参与,发挥公众的社会监督作用,调动社会团体力量提供监督保障与技术支撑。

2. 对象

环境风险的产生与来源复杂,实施防控与管理应抓住重点对象。中国目前重金属、危险废物、持久性有机污染物、化学品、危废等环境风险问题突出,环境风险防控应以此类污染物为主要对象,实施重点防控,着力解决涉及人体健康与生态安全的突出的环境风险问题。

3．过程

全过程管理是现代风险管理的一个重要趋势,环境风险防控与管理遵循风险管理的一般步骤,即风险识别、风险评估、风险控制以及事故应急。应坚持全过程动态管理,通过系统的风险识别、科学的风险评估、恰当的风险控制与应急措施,以最小的代价获取最大的环境安全效益。

4．区域

环境风险的产生和环境污染事故的发生往往具有显著的区域特征,环境风险防控与管理应坚持"属地原则",体现区域性,根据企业、园区、社区、城市以及更大区域范围的不同环境风险的特征,采用不同的防控与管理措施。

二、布局性环境风险调控

布局性环境风险考虑因素:
（1）与饮用水源地的距离。
（2）是否附近有自然保护区森林公园。
（3）危险属性高,存储或者生产危险物质超临界量。
（4）有多次发生环境事件的风险源。
（5）与居民区、学校、商业区混合交叉布局的风险源。

三、建设用地环境风险管理防范措施

（1）选址、总图布置和建筑安全防范措施。厂址及周围居民区、环境保护目标设置卫生防护距离,厂区周围工矿企业、车站、码头、交通干道等设置安全防护距离和防火间距。厂区总平面布置符合防范事故要求,有应急救援设施及救援通道、应急疏散及避难所。

（2）危险化学品贮运安全防范措施。对贮存危险化学品数量构成危险源的贮存地点、设施和贮存量提出要求,与环境保护目标和生态敏感目标的距离符合国家有关规定。

（3）工艺技术设计安全防范措施。自动监测、报警、紧急切断及紧急停车系统;防火、防爆、防中毒等事故处理系统;应急救援设施及救援通道;应急疏散通道及避难所。

危化品管理

（4）自动控制设计安全防范措施。有可燃气体、有毒气体检测报警系统和在线分析系统设计方案。

（5）电气、电讯安全防范措施。爆炸危险区域、腐蚀区域划分及防爆、防腐方案。

（6）消防及火灾报警系统。紧急救援站或有毒气体防护站设计。

第五节　我国环境风险管理形势与改革方向

一、基本形势

《中国环境统计年鉴》数据表明，自 1993 以来，我国突发环境事件数量总体呈现出波动下降的趋势，2005 年之后下降趋势明显，2007 年后维持在每年 500 起左右平稳波动。这与我国近年来环境风险管理和应急水平得到不断提升有关，但同时重大突发环境事件仍然时有发生，如 2015 年天津滨海新区危化品仓库爆炸事件，突发环境事件风险仍然不容轻视。总的来看，我国已进入环境高风险时期，耦合性、全面性的高风险是我国经济增长方式与环境资源管理深层次矛盾的表现。仅按常规状况实施总量控制与对个别案例进行应急处置已不能推进我国环境与经济协调发展，简单引用国外的方法也不足以控制日益严峻的环境风险。实现跨越式的环境风险管理，是积极探索中国特色环境保护新道路的必然要求。

当前，我国环境风险呈现如下特点：一是环境风险呈区域复合态势。随着我国以园区经济为代表的区域性发展战略的不断推进，区域环境风险日益凸显。区域环境风险具有多源和多途径的特点，污染因素相互作用、相互影响，通过协同、拮抗、累加等效应，呈现区域性蔓延势态。虽然当前已经严重污染地区的生态环境在缓慢地恢复，但优质生态环境却在很快地减少。面对不断增长的优质环境资源需求，生态系统的区域性变异使环境资源受污染的风险状况变得更为复杂。二是环境高压态势下环境风险事件呈陡增趋势。高速发展的经济处处酝酿着高污染风险，最佳状态下达标意味着非正常工况下的大量超标、漏排、事故排放。当前，我国大部分企业与地区的诸多生产设施安全防护不足，更未考虑不利自然条件下的耦合事故排放，由此形成的环境风险事件不断；尤其值得关注的是，不断抬高的环保准入门槛使习惯于占环境资源便宜之徒或"暗修排管"或"落草为寇"（建黑厂），故意人为的隐性环境风险事故此起彼伏。三是环境痕量毒害污染物成为普遍性环境风险。我国粗放的低端产业排放积累的"三废"中，环境痕量毒害污染物已形成长期性环境风险。即使人们认为是清洁的产业，也可能隐藏着环境痕量毒害污染物并影响到生态环境安全。向广大农村与山区蔓延的滥用化学品、激素等可能将国人推入"饮水吃饭都如吃药"的境地。我国消费品的快速商品化更使痕量污染物普及到所有人生活的每个角落。然而，目前我国环境痕量污染物大部分尚未列入国家环境监控体系，这在水环境中尤为突出，构成了水环境的普遍性环境风险。四是区域性生态失衡风险已构成生存环境安全的潜在威胁。譬如，为满足经济社会不断增长的用水量需求，我国建设了巨量的水利工程，已使我国水环境形成了"北方有河常年没水，南方河有水常年没流动"的非自然格局。而生产生活常年排入水体的巨量氮、磷营养物已使水生境发生了根本性的变化；工业化、城市化过程的用水排水矛盾由局部扩展到全域。

二、面临问题

1. 环境信息公开制度推进缓慢，污染事故信息传输不畅

阅读案例

环境信息公开是环境污染的加剧和环保运动的勃兴后环境管理的必然要求，环境信息公开有利于推动环境质量改善、减少污染物排放、降低环境事故风险、减少环境冲突事件的发生等。目前，中国在政府和企业环境信息公开方面都取得了长足进步，但仍处于初期发展阶段，在制度、管理和技术等方面存在很多问题。

公众对环境安全需求的不断提升使得新时期环境风险管理需要更加重视环境风险交流与公众参与的作用。其中环境风险信息公开则是环境风险交流的重要基础。目前，我国环境质量信息公开领域长足改善，特别是遍布全国的空气质量监测点及地表水国控监测点能够保证大气、地表水质环境信息的精确度和及时性，但诸如土壤污染信息、地下水水质和部分地方水质监测信息仍存在全面性不足和数据质量差的问题，引起公众的广泛担忧。而在污染源信息公开环节则较为薄弱，企业的环境信息公开积极性不高，2014年出台的《企业事业单位环境信息公开办法》明确规定了有关单位的信息公开责任，但是企业的信息公开效果仍不够理想。我国的环境风险交流与公众参与机制也日趋完善，但仍需考虑公众参与方式及手段的可操作性。《环境保护公众参与办法》规定了公众参与环境保护的权利和方式，但如何保证有效传达公众的意见，防止公众参与流于形式，需要更详细的思考与实践。更重要的一点是，我国暂未形成环境风险控制目标与公众需求的协调机制，对于在了解公众对环境风险的认知情况后，如何将风险管理政策中设定的可接受风险水平与公众期望相协调，暂无相关的规定。

例如2010年的紫金矿业铜矿湿法厂泄漏事故凸显了中国环境信息公开制度推进缓慢，污染事故信息传输不畅以及环境执法能力的孱弱。在此次严重污染事故之前，紫金矿业已屡次遭到环保部门点名，甚至就在事故发生两个月之前，还遭到环境保护部通报批评。然而，该公司却可以在监管者的眼皮底下"边整改边出事，"可见我们的环境监管往往雷声大雨点小，对污染企业威慑作用极为有限。另外，在此次事件中，紫金矿业在事故发生六天之后才发出"姗姗来迟"的公告，严重延误了对事故影响的控制，对周边社区和投资者都造成了损害。污染企业之所以频繁使用这种"拖"和"捂"的伎俩，也正是因为环境信息公开制度的不健全，没有强制要求企业向社会及时准确地公布环境信息所致。

因此，应推动环境信息公开立法，明确环境信息权利救济途径，进一步完善环境信息公开制度，为环境信息的公开提供法律保障；建立健全政府环境信息管理体系，加强环境信息人才队伍建设，强化公众参与机制建设，为环境信息的公开提供制度保障；推动环境税管理和绿色金融建设，为环境信息的公开提供经济保障；加强信息采集技术研究与应用，加强信息集成技术平台建设，加强环境会计制度研究，为环境信息的公开提供技术保障。

2. 环境污染事故事后赔偿制度尚未建立

改革开放以来，随着经济的快速发展，环境污染问题日益严重。环境污染必然导致社会公共利益以及个人利益的损害,然而中国在环境立法方面并不成熟,环境法制不够完备。当环境污染事故发生,损害问题凸显之时,加害人与受害人之间往往不能顺利解决损害赔偿等问题。在大连漏油事件整个过程中,清晰体现了环境污染事故事后赔偿制度尚未建立的问题。

石油泄漏的生态巨灾仍在墨西哥湾扩散时,大连湾储油罐爆炸导致石油泄漏却提醒中国公众:这样的事件绝非偶然——只要我们的经济发展依然高度依赖化石能源,泄漏之剑总会高悬。而此次泄漏给当地海洋生态环境和渔民带来的深远损失目前并未完全显现,有效的灾后反应与补偿机制依然缺失,警钟还得长鸣下去。

《中华人民共和国环境保护法》第四十一条规定,造成环境污染危害的,有责任排除危害,并对直接受到损害的单位或者个人赔偿损失。赔偿责任和赔偿金额的纠纷,可以根据当事人的请求,由环境保护行政主管部门或者其他依照法律规定行使环境监督管理权的部门处理,当事人对处理决定不服的,当事人也可以直接向人民法院起诉。

总之,建立并完善环境污染事故事后赔偿制度既是对环境违法行为的有力惩处,更是对受害人以及公共社会利益的救济。我们应该重视环境法制建设,加强和完善立法,使得受害人能够得到及时充分的救济,同时促使人们加强环境保护意识,避免环境污染事故的发生。

3. 环境监测监管能力不足

环境监测监管工作是指在环境监测的全过程中为保证监测数据和信息的代表性、准确性、精密性、可比性和完整性所实施的全部活动和措施,为加强环境监测质量管理,推进环境监测质量制度建设,强化环境监测基础能力,提升环境监测技术水平,环境保护部制定了《环境监测质量管理三年行动计划(2009—2011 年)》,对于进一步加强环境监测监管,推进环境监测监管事业的科学发展具有十分重要的意义,但此项工作仍存在不足。

2010 年 1 月 25 日至 2 月 5 日,武汉市农业局在抽检中发现来自海南省英洲镇和崖城镇的 5 个豇豆样品水胺硫磷农药残留超标,消息一出,全国震惊。而同时,又曝出"不排除其他农产品涉'毒'可能",使事件又平添变数。

据统计,仅 2008 年中国的农药使用量便有 167 万吨,居世界第一位。大量施用农药已经造成了严重的水污染、土壤污染、空气污染,并威胁生物多样性,不仅如此,环境中的农药对人体健康也存在极大的威胁。民以食为天,然而近来中国人餐桌上事故不断。我们希望,无论是政府还是企业,都能够加强各项监管,切实担负起为公众提供健康、放心食物的职责。

4. 环境应急预案"梗阻"或失灵问题突出

在建设项目环保竣工验收过程中,由于缺乏相应指标体系和标准规范的支持,环境风险应急预案通常被简化甚至忽略。环境风险内容通常包括以下两个方面:一是事故风险的环保应急计划,即环保管理制度、环保应急预案等的制定;二是事故风险的环保应急措施,包括应急事故池、临时或永久固体废弃物堆放场所、危险化学品储存地管理、雨水排口自动切换装置等的建设等。但是,这些内容仅以要点形式简单罗列,没有配套实施方法及细则,监测人员仅能凭借个人经验主观把握,无法量化,缺乏风险依据。尤其是环保应急

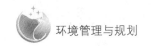

预案,企业间差异较大,环保验收监测报告中通常只给出如下结论"企业已制定环保应急预案",对其可行性或操作性并无论述和评价。

2015 年 8 月 12 日 23:30 左右,位于天津市滨海新区天津港的瑞海公司危险品仓库发生火灾爆炸事故,造成 165 人遇难(其中参与救援处置的公安现役消防人员 24 人、天津港消防人员 75 人、公安民警 11 人,事故企业、周边企业员工和居民 55 人)、8 人失踪(其中天津消防人员 5 人,周边企业员工、天津港消防人员家属 3 人),798 人受伤(伤情重及较重的伤员 58 人、轻伤员 740 人),304 幢建筑物、12 428 辆商品汽车、7 533 个集装箱受损。截至 2015 年 12 月 10 日,依据《企业职工伤亡事故经济损失统计标准》等标准和规定统计,已核定的直接经济损失 68.66 亿元。

经国务院调查组认定,天津港"国务院调查瑞海公司危险品仓库火灾爆炸事故是一起特别重大生产安全责任事故。

瑞海公司没有开展风险评估和危险源辨识评估工作,应急预案流于形式,应急处置力量、装备严重缺乏,不具备初起火灾的扑救能力。天津港公安局消防支队没有针对不同性质的危险化学品准备相应的预案、灭火救援装备和物资,消防队员缺乏专业训练演练,危险化学品事故处置能力不强;天津市公安消防部队也缺乏处置重大危险化学品事故的预案以及相应的装备;天津市政府在应急处置中的信息发布工作一度安排不周、应对不妥。从全国范围来看,专业危险化学品应急救援队伍和装备不足,无法满足处置种类众多、危险特性各异的危险化学品事故的需要。

5. 环境风险"底数不清",缺乏风险管理目标和战略

构建与完善能满足新时期社会经济发展与公众对环境安全保障的环境风险管理模式,解决越来越凸显的环境风险水平与公众可接受风险水平之间的矛盾,将是我国未来环境风险管理的主要方向,需要通过制定和实施相应的目标、战略方案和专项规划来实现。遗憾的是我国尚未制定这样的目标、战略和专项规划,无法满足新时期环境风险管理体系构建的需求。

对环境风险家底有清晰的认识,是制定目标与战略、有效开展环境风险防控与管理的重要前提和基础。目前,我国缺乏综合的、完整的全国环境风险分析、评估与排序,对环境风险,尤其是长期慢性健康风险水平及其时空分布等情况底数不清,无法有效识别主要环境风险因子及其优先管理级,无法支撑环境风险的分区、分类、分级管理。也正因为如此,我们只能针对已出现的环境风险问题,被动地由各类事件来驱动环境风险管理体系的完善。

6. 环境风险管理支撑体系不完善

第一,法律法规体系不完善。现有环境法律法规规定了环境风险管理的相关内容,如 2015 年的《环境保护法》提出了预防为主原则,对突发环境事件预警、应急和处置做出了规定,并提出建立、健全环境与健康监测、调查和风险评估制度;《水污染防治法》《固体废物污染环境防治法》等设有污染事故应对的条款;2016 年的《大气污染防治法》初步纳入了风险管理的内容。但总体来看,现有环境法律法规中环境风险防控与管理的地位较低,相关条款仍然不够具体明晰,可操作性不高,长期慢性生态风险和健康风险防控还基本处

于空白。此外还存在一些专项法律空白,例如缺乏环境责任、污染场地修复与再利用管理、突发环境事件应对、化学品全生命周期风险管理的专项法律法规等。

第二,环境风险管理技术指南与标准体系不完善。国外较为成熟的环境风险管理体系都有一系列技术性文件、准则或指南作为支撑。随着国家对突发环境事件风险防控的日趋重视,我国环境风险管理指南与导则体系日趋完善。《建设项目环境风险评价技术导则》(HJ/T169—2004)是环境影响评价的专项导则。为推进高风险行业的环境风险评估,环境保护部自2010年起先后颁布了《氯碱企业环境风险等级划分方法》《硫酸企业环境风险等级划分方法(试行)》和《粗铅冶炼企业环境风险等级划分方法(试行)》三类重点行业的环境风险评估指南,但其他行业则仍缺少相应指南。环境保护部在2014年颁布了《污染场地风险评估技术导则》(HJ25.3—2014),表明我国开始建立基于风险的污染场地管理体系。目前,《化工园区突发环境事件的风险评估方法》《行政区域突发环境事件风险评估技术方法》已进入征求意见阶段。但总体上看,我国现有的指南或导则多依据现实需求制定,没有体现出系统性、层次性与针对性,缺乏顶层设计,尚不具备系统完整、涵盖风险全过程的环境风险评价与管理的技术导则与指南体系。以风险评估为基础的环境基准与环境标准是进行风险管理的重要依据和参考。美国《国家推荐水质基准》包括水生生物基准和人体健康基准,并将健康风险评价方法作为制订人体健康基准的核心。迄今为止,我国仍缺乏一整套基于健康风险和生态风险的环境基准与标准体系,现用的环境质量标准部分以引用西方已有基准或标准为主,缺乏以生态和健康风险评估主导的本土化暴露和剂量效应研究。2015年,环境保护部颁布了《土壤环境质量标准》修订草案,其中针对建设用地的《建设用地土壤污染风险筛选指导值》填补了筛选值的缺失,表明国家已经开始重视建设用地土壤污染的健康风险;但针对农用地的《农用地土壤环境质量标准》沿用了旧国标的农作物生态效应评估方法,仍未从生态风险和健康风险评估的角度制定标准。

三、改革方向

毕军等(2006)基于环境风险现状和改革需求,提出了风险管理需加强的三方面工作。

1. 制定目标与战略

我国需要制定国家和区域的环境风险管理的目标和战略来引导国家环境风险管理体系构建与完善。首先针对国家及重点区域、流域,开展系统环境风险分析与评估,摸清底数,识别主要环境风险因子,建立优先管理名录。在此基础上,以环境风险"全过程管理"和"优先管理"为战略原则,制定国家和区域的环境风险管理的目标和战略,制定环境风险管理的优先序,逐步推进中国环境风险管理体系的构建与实施,并适时制定和实施环境风险防控与管理的专项规划,使环境风险管理体系的构建由被动转为主动,促进从以质量改善为目标导向到以风险控制为目标导向环境管理模式的转变,环境风险评估与管理得以纳入到各级政府的决策、规划、重大工程项目建设中。

2. 建立与完善环境风险管理的支撑体系

第一,完善法律法规体系。加快我国环境风险防控与管理法律法规体系的建设。首先现有环境法律法规修编时,需要提升和细化环境风险特别是健康风险管理的条款,例如,可以通过《民法通则》和《侵权责任法》的修订,扩大环境污染导致的人身损害赔偿范围,明确将潜在的健康损害纳入其中。其次,需要填补相应的法律空白,例如制定专门的"环境风险防范法""突发环境事件应对法""环境责任法""危险化学品安全和环境风险应对法"等法律法规。

第二,完善技术指南与标准。构建完善的、涵盖全过程的环境风险评估与管理技术导则和指南体系。环境风险评价是环境影响评价中重要组成部分之一,目前我国环评导则体系中只有《建设项目环境风险评价技术导则》一项,且较关注建设项目短期突发性的环境风险,需重视规划或建设项目对累积性的长期慢性环境风险评价,加快出台健康风险和生态风险评价的技术导则与指南。遵循风险类型差异化管理和区域差异原则,对不同行业、不同地域应分别制订相应的环境风险评估技术导则,充实现有体系,基于环境风险评估制修订环境基准与标准。

第三,进一步提升环境应急能力。需要以环境风险评价为基础,重构我国环境应急预案体系,切实提升各类各级环境应急预案的可操作性和针对性。以应急预案为核心,构建完善的环境应急处置体系,包括人员配备、技术和设备、应急物资优化配置、区域和部分联动机制等,提高环境应急能力。

第四,加强环境风险的基础研究工作,提升科技支撑能力。加强环境风险的基础研究,开展优先控制污染物名录、多途径环境暴露评估、环境污染对人群健康影响的环境流行病学和毒理学研究、环境健康调查和风险评估技术方法、公众环境风险感知、公众可接受环境风险水平、环境风险政策的成本效益分析等方面的基础科研工作,为环境风险管理提供技术支撑。建立以政府为主导、市场为导向、产学研相结合的环境风险防控的技术创新体系,加快环境风险防控科技的应用转化,推动环境风险防控相关环保产业的健康发展。

3. 构建高效的环境风险交流体系

高效的环境风险交流能够做到加强各个利益主体之间的交流、协商和合作,协调公众感知环境风险水平与实际环境风险水平的差距。针对下一步环境风险交流体系的建设,我国应将重心放在完善信息交流平台建设及提高公众参与的有效性上。首先,基于全国生态环境监控网络建设方案及实施计划,建立跨部委、中央与地方环保部门的生态环境监控网络,建立健全环境信息共享机制,保证监测数据准确统一、互联互通。基于企业事业单位环境信息公开办法,针对企业公开信息的准确性、及时性、全面性做进一步规范,并出台配套奖惩措施,改善企业信息公开效果。同时,建立面向公众、社会团体的多源环境风险信息披露机制,消除各利益相关方的信息不对称,保证公众获取环境信息渠道便捷畅通。其次,建立涵盖各利益相关方在内的多主体共同参与管理的环境风险交流体系,此举不仅可以利用各利益相关方的专业知识来协助风险管理,还可以帮助政府了解公众对不同环境风险的感知与判断,并据此合理调节政策文件及标准中规定的可接受风险水平;还能增进公众对环境风险的正确认知,防止不实风险信息的放大和谣传;也能提高公众对环境风险的自我防范意识,降低其易损性。

第十一章　环境总体规划

第一节　环境总体规划的概念

环境规划是指对人类自身活动和环境所做的空间和时间上的合理安排,其目的是指导人们进行各项环境保护活动,按既定的目标和措施约束排污者的行为,改善生态环境,防止资源破坏,保障环境保护活动纳入国民经济和社会发展计划,获取最佳的经济—社会—环境效益。环境规划能够反映一个时期环境保护工作的理念、方法和工作重点,其体系是由不同级别、不同类型、不同时序和不同种类的规划所组成的相互联系的交错系统。经过 30 多年的探索、发展与完善,我国环境规划体系渐成雏形,纵向看,依照行政层级进行分级,分为国家级、省级、市县级三个层次;横向看,可分为污染控制规划和生态保护规划,其中污染控制规划又根据环境要素分类制定。生态保护规划分为生态建设规划、自然保护区规划和重点生态功能区规划等。为适应新形势和新变化,近期我国又提出编制环境总体规划,从整体上、战略上统筹协调经济—社会—环境关系。

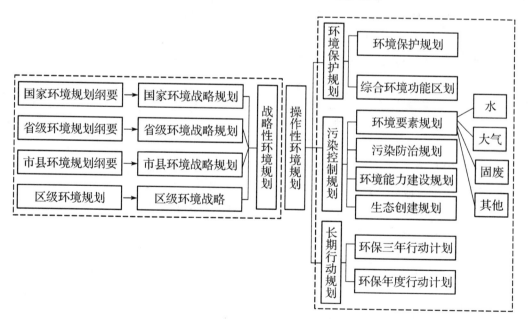

图 11-1　环境规划概况

根据规划体系安排,环境总体规划担负着从整体上、战略上和统筹规划上来研究和解决环境问题的任务,是国民经济和社会发展规划的有机组成部分,是环保目标和措施在时

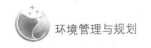

间、空间上的设计、分配和落实。通常对生态环境保护部门一定时期内（通常是 5 年）需做工作做出具体安排。其规划性质包括：

一是指导性。环境总体规划属于指导性规划，宣示规划理念，拟定计划指标，研究环境保护基本策略，作为政府及有关部门执行计划的指导。规划需与其他规划相衔接，主要包括国民经济和社会发展规划、城市总体规划、主体功能区规划。

二是实施性。环境总体规划在提出环境保护总体策略的基础上也需要具体措施加以落实，必要时分解制定专项规划，辅以具体行动计划及建设的重点工程，并拟定规划的执行和监督体系以保障规划落实，确保实现相关生态环境目标。

三是综合性。环境总体规划相对于水、大气、噪声、生态等主要环境要素的专项规划而言，是综合性规划，需要在上位层面开展"顶层设计"，统筹考虑各专项之间、不同区域之间的内在联系，注重把握规划的"整体性"和"方向性"。

第二节　环境总体规划的基本理论

环境总体规划的理论体系由核心理论、基本理论和相关理论构成。为与其他类型环境规划区分，此处只列举与环境总体规划的宏观性相适应的核心理论。

一、可持续发展理论是环境总体规划的基石

人类需求与地球供应能力之间存在着不匹配的情况（即"环境悖论"），为了克服这种不匹配，需要减少需求，或者提高地球的供应能力，抑或找到一个折中的方式来沟通二者，即可持续发展。可持续发展的认识内涵，具有以下三个最基本的特征，即特别强调"整体的"、"内生的"和"综合的"含义。

（1）"整体"系指这样一种观点，即在系统各种因果关联的具体分析之中，不仅仅考虑人类生存与发展所面对的各种外部因素，而且还要考虑其内在关系中必须承认的各个方面的不协调。尤其对于一个国家或整个世界而言，发展的本质在于如何从整体观念上去协调各种不同利益集团、各种不同规模、不同层次、不同结构、不同功能的实体的存在合理性。发展的总进程应如实地被看作是实现"妥协"和相对公平的结果。

（2）"内生"，依照数学上的常规表达，是指描述系统内在关系和状态的方程组的各个因变量，这些变量的调控将影响行为的总体结果。在实际应用上，"内生"的概念常被认为是一个国家或地区的内部动力、内部潜力和内部的创造力，如资源的储量与承载力、环境的容量与缓冲力、科技的水平与转化力等。

（3）"综合"，当然不是简单的叠加，它代表着涉及到发展的各个要素之间的互相作用的组合。这种互相作用组合包含了各种关系（线性的与非线性的、确定的与随机的等）的层次思考、时序思考、空间思考与耦合式思考。

中国可持续发展战略的整体构想，既从经济增长、社会进步和环境安全的功利性目标出发，也从哲学观念更新和人类文明进步的理性化目标出发，几乎是全方位地涵盖

了"自然、经济、社会"复杂巨系统的运行规则和"人口、资源、环境、发展"四位一体的辩证关系,并将此类规则与关系在不同时段或不同区域的差异表达,包含在整个时代演化的共性趋势之中。在可持续发展理论和实践指导下的国家战略,具有坚实的理论基础和丰富的哲学内涵。面对实现其战略目标所规定的内容,根据国情和具体条件,规定了实施的方案和规划,从而组成一个完善的战略体系,在理论和实证寻求战略实施中的"满意解"。

二、环境承载力理论是环境总体规划的研判依据

资源环境承载能力是由两个系统相互作用形成的。系统一是人类生活生产活动系统,称作人类主体;系统二是资源环境等自然界物质系统构成的自然客体。自然客体承载着人类主体,通常把自然客体叫做承载体,把人类主体叫做承载对象。正是由于承载体和承载对象之间的相互作用,形成了资源环境承载能力。通常,把系统二达到崩溃阈值时能够承载的系统一的最大规模体量值,称为系统二所具有的资源环境承载能力。该概念有两个重要的内涵,其一,系统一的性质不同,如系统一是乡村形态还是城镇格局,直接影响到承载能力的大小。也就是说,同样的自然客体因其承载的人类主体的性质差异而存在着承载能力的差异。当系统一设定后,不同区域的系统二就存在可比的、具有差异的承载力取值了。进一步而言,对承载能力的科学认知应该针对不同的人类活动进行,由于人类活动无论是在产业结构或是空间结构等方面存在着一定的演化规律,因此,资源环境承载能力也存在着随系统一演变而发生变化的客观规律,不是无序的。其二,从成因学机理上说,系统一的生成与变化因性质不同而受系统二影响的程度、作用的因素等是不同的。如农业系统更多受光、热、水、土等农业自然条件的影响,而城镇和工业系统受这类自然条件影响的程度就会偏弱,而地理区位和能源矿产分布等在早期工业化和城市化阶段作用程度就更为显著些。因此,开展资源环境承载能力评价很难存在统一的指标体系,采用差异化指标体系对承载能力进行科学认知不失为合理且具有效率的研究方法。

承载能力的客观性决定了科学研究的可能性与合理性,而承载能力的动态性又决定了承载能力研究的复杂性。承载能力的动态性主要表现在承载能力形成的整个过程中的方方面面都在发生变化,因为自然界是变化的,承载体表现为动态性;人类生产生活活动的内容、规模是变化的,承载对象也表现为更强烈的动态性;人类的技术进步和组织管理水平的进步,都将带来承载弹性的提升,这也极大地影响到资源环境承载能力结果的变化。正是由于资源环境承载能力具备动态性的特征,增强资源环境承载能力不失为助推可持续发展的一条有效途径。例如:通过山水林田湖生态修复建设工程、防灾减灾举措、自然资源时空合理调配,提高自然客体的承载能力;通过对地区主体功能的改变、产业结构的调整、人居系统的优化等,扩大承载对象的规模体量;通过技术进步和管理进步,提高资源利用效率、降低环境污染强度,同样也能够起到放大承载能力的作用。总之,承载能力评价和预警的常态化设置,是承载能力动态变化属性使然,而调控承载能力又正是利用承载力动态属性,促进区域可持续发展政策和举措的科学方法。

三、循环经济理论是环境总体规划的技术出发点

循环经济学说于 1966 年提出,认为在人类与自然资源构成的大系统内,应当将传统的资源开采、企业生产、产品消费、废弃物排放的资源依赖和消耗型单向经济增长方式,转变为资源节约和循环利用的生态型经济发展方式,以缓解自然资源枯竭和生态环境破坏的问题。随着各国学者对循环经济问题的广泛而深入研究,循环经济的核心内涵逐步成型。从拓扑结构看,循环经济是一种闭环经济,而传统的经济模式则属于开环经济或线性经济。从核心思想看,循环经济遵循减量化(reduction)、再循环(recycle)、再利用(reuse)的"3R"原则。从系统范围,循环经济系统可分为 3 个层次:小循环(单个企业与自然系统)、中循环(多个企业与自然系统)、大循环(社会经济与自然系)。环境总体规划设计中,需要将 3R 原则用于物质流的各个端口,强调资源管理、资产管理和污染管理的方法,以便保证"最小化输入、最大化利用和最小化排放"这一目标的实现。我国《循环经济促进法》实施后,循环经济在我国一些省市和行业成绩初显,学者总结了我国循环经济在不同层面的实践结构(表 11-1)。

表 11-1　中国循环经济的实践结构

实践领域	微观尺度 (单一对象)	中观尺度 (共生联盟)	宏观尺度 (城市、省、国家)
生产领域 (第一、第二、第三产业) 消费领域 废物管理	清洁生产 生态设计 绿色采购与绿色消费 产品回收体系	生态工业园区 生态农业园区 环境友好公园 废物交易市场 静脉产业园区	区域生态产业网络 租赁服务 城市共生
其他	政策与法律:信息平台:能力建设:非政府组织		

引自:陆学,陈兴鹏. 循环经济理论研究综述[J]. 中国人口·资源与环境,2014,24(S2)。

第三节　环境功能区划

一、工作内容

与规划的一般性要求类似,环境总体规划包括总则(指导思想、规划原则、规划期限、规划范围、规划目标),现状与工作回顾(主要成就、存在问题),空间布局及区划,专项和专题规划,重点工程,保障体系等共性内容。鉴于环境总体规划的工作重点及技术难点是规划指标确定与环境功能区划,本书做重点介绍。

自 20 世纪 80 年代起,我国一些学者便从环境区划的原则、理论方法和构成等方面对环境区划进行了有意义的探索,从"九五"开始,清华大学、环境保护部环境规划院、中国科学院生态环境研究中心、中国水利水电科学研究院、中国环境科学研究院等单位先后开展了"两控区"划分、水环境功能区划、水功能分区、生态功能分区等工作。2001 年基本完成全国省级水环境功能区划,2002年国家环境保护总局主持汇总形成了《全国水环境功能区划方案》。1998年国务院批准同意了国家环境保护总局完成的二氧化硫和酸雨两控区划分方案。各省市均在城市环境保护规划中开展了大气环境功能区划分。2008年环境保护部和中国科学院也联合印发《全国生态功能区划》,2015年发布了修编版。以上环境要素或专项为主的区划在我国环境保护方面发挥了积极作用。

环境功能区划是环境总体规划的基础性工作。分区管理是国际上常用的环境管理手段,为遏制水环境质量继续下降,对流域进行分区管理,实施水环境综合防治,成为水环境管理的主要手段。根据土壤养分的空间变异性和空间自相关性进行管理分区的划分,为农田土壤管理提供科学依据。环境各要素实行分区管理已成为国际上常用的环境管理手段,在我国,大气功能区划、水功能区划、海洋功能区划、水土流失治理区划、生态功能区划等各类环境保护和治理区划的相继出台和实施,为环境保护与生态建设提供科学依据。然而,各要素区划对社会、经济、环境的综合考虑不足,各专项规划、区划间的有效衔接不够,环境保护的统筹指导作用有限。社会、经济、自然三个子系统有着各自的结构、功能和发展规律,但它们各自发展又相互制约,在分区管理中,社会、经济、自然三个系统不能割裂开来,应作为一个统一的整体来进行研究。因此,针对不同区域的自然环境特征,综合环境各要素统筹考虑,开展环境分区管理研究具有重要意义。

环境功能区划按照空间尺度分为全国和地方两个层面。全国环境功能区划在国家尺度上对全国陆地国土空间及近岸海域进行环境功能分区,明确各区域的主要环境功能,分区提出维护和保障主要环境功能的总体目标和对策,并对水、大气、土壤和生态等专项环境管理提出管控导则。地方人民政府根据全国环境功能区划的总体部署划分省(区域、流域)级环境功能区划和市级环境功能区划。

二、区划指标

王金南(2014)等构建了环境功能评价指标。从保障自然生态安全、维护人群环境健康和区域环境支撑能力角度出发,构建环境功能综合评价指标体系,见表11-2。以生态系统敏感性指数和生态系统服务功能重要性指数等两大类指标来表征自然生态安全类指数;由人口聚集度指数和经济发展水平指数两大类指标来表征人群健康维护类指标;以环境容量指数、环境质量指数、污染物排放指数、可利用土地资源指数和可利用水资源指数来表征区域环境支撑能力指数。

表11-2 环境功能评价指标体系

一级标题	二级标题	三级标题
自然生态 安全类指数	生态系统敏感性指数(d1) 生态系统服务功能重要性 指数(d2)	沙漠化敏感性 土壤侵蚀敏感性、石漠化敏感性、盐渍化敏感性、水源涵养重要性、土壤保持重要性、防风固沙重要性、生物多样性保护重要性

续表

一级标题	二级标题	三级标题
人群健康维护类指数	人口集聚度指数(C1) 经济发展水平指数(C2)	人口密度、人口流动强度 人均 GDP、GDP 增长率
区域环境支撑能力指数	环境容量指数(b1) 环境质量指数(b2) 污染物排放指数(b3) 可利用土地资源指数(b4) 可利用水资源指数(b5)	大气环境容量 水环境容量、承载能力、大气环境质量、地表水环境质量、土壤环境质量、水污染物排放指数、大气污染物排放指数、可利用土壤资源 地表水可利用率量 地下水可利用量、已开发利用水资源量、入境可开发利用水资源潜力

三、评价方法

在环境功能评价指标体系的基础上,对每一个空间单元的 9 项指标进行标准化分级打分,将分项指标项综合归纳为一个综合指数(A)。根据环境功能综合评价指标,每个评价单元都相应地有一个环境功能综合评价值,反映环境功能的空间分异规律。环境功能综合评价指数(A)计算方法如下:

$$A = KP_2 - P_1$$

式中:P_1 为区域保障生态安全类指数;P_2 为区域维护人群健康类指数;K 为区域环境支撑能力指数。

1. 自然生态安全类指数

保障自然生态安全是指保障区域自然系统的安全和生态调节功能的稳定发挥,可用生态系统敏感性指数和生态系统重要性指数描述。保障自然生态安全指数(P_1)计算方法如下:

$$P_1 = \mathrm{Max}\{[d_1],[d_2]\}$$

式中:d_1 为生态系统敏感性指数,包括土壤侵蚀敏感性、沙漠化敏感性、土壤盐渍化敏感性和石漠化敏感性等评价因子;d_2 为生态系统服务功能重要性指数,包括生物多样性保护、土壤保持、水源涵养、防风固沙等重要性评价因子。

2. 人群健康维护类指数

维护人群环境健康是指保障与人体直接接触的各环境要素的健康,可用人口集聚度和经济发展水平描述区域经济社会发展状况以及对维护人群环境健康方面环境功能的需求程度。维护人群环境健康指数(P_2)计算方法如下:

$$P_2 = \sqrt{\frac{1}{2}([c_1]^2 + [c_2]^2)}$$

式中:c_1 为人口集聚度,通过人口密度和人口流动强度等指标进行评价;c_2 为经济发展水平,通过人均地区 GDP 和地区 GDP 的增长比率等要素进行评价。

3.区域环境支撑能力指数

经济社会发展所需的区域环境支撑能力可用环境容量指数、环境质量指数、区域污染排放指数、可利用土地资源指数和可利用水资源指数描述维护人群环境健康方面环境功能的供给程度。区域环境支撑能力系数(K)计算方法如下：

$$K = f\frac{\text{Min}\{[b_1],[b_2],[b_3]\}}{\text{Max}\{[b_4],[b_5]\}}$$

式中：b_1为环境容量，通过大气环境容量和水环境容量等因素进行评价；b_2为环境质量，通过区域的大气环境质量、水环境质量和土壤环境质量进行评价；b_3为污染排放指数，选择大气污染物排放压力和水污染物排放压力等要素进行评价；b_4为可利用土地资源，选择后备适宜建设用地的数量、质量、集中规模等要素进行评价；b_5为可利用水资源，选择水资源丰度、可利用数量及利用潜力等进行评价。

四、分区技术流程

环境功能分区分为四个步骤。

一是根据环境功能综合评价结果，从保障自然生态安全和维护人居环境健康两类环境功能的角度，初步划分出两个大类，即生态功能保育区和聚居环境维护区。区域环境功能综合评价指数越高的地区环境功能越偏向于维护人群环境健康，反之则偏向于保障自然生态安全。当环境功能评价综合指数大于1.0时，原则上划分为维护人居环境健康的区域，即聚居环境维护区；当环境功能评价综合指数小于－0.3时，原则上划分为保障自然生态安全的区域，即生态功能保育区。

二是采用主导因素法，考虑全国食物安全保障的重要性，根据国家重点建设的优势农产品主产区划分食物环境安全保障区，也就是说，食物环境安全保障区与其他区域相重叠时，要优先划分为食物环境安全保障区。

三是根据主导因素法，对相关部门现有分区进行归整，依次识别环境功能类型区。综合考虑对评价单元具有重要影响的主导因子以及相关的国家政策、规划等，通过选取决定不同类型环境功能区形成的主导因素，划分自然生态保留区、生态功能保育区、食物环境安全保障区、聚居环境维护区和资源开发环境引导区，对评价结果进行修正，提出环境功能区划备选方案。

四是将环境功能区划备选方案与主体功能区规划、农业区划、海洋区划、土地利用总体规划等相关区划与规划相衔接，进行总体复核和调整，确定环境功能区划方案。

第四节　环境总体规划指标设计

一、规划指标类型与备选指标体系

指标是衡量目标的单位或方法，是综合反映规划实现程度的尺度。环境总体规划指

标是环境总体规划编制工作的基础,运用于整个规划实施过程。

为全面、合理评价区域环境的现状与未来发展趋势,对区域性质、规模、结构、土地利用及环境容量等进行定量或半定量的评价和预测,对区域的发展做出科学的规划,实行准确的控制、调整和反馈,使区域社会、经济和环境相协调,制定一套科学的、能够真实反映环境总体状况的指标体系是非常必要的。

由于规划的目的、要求、范围和内容各不相同,所需建立的环境规划指标体系也不尽相同。迄今为止,环境总体规划尚未形成公认、统一的指标体系。但一般来讲,应至少包括以下方面:体现环境管理的运行机制;体现环境保护的规模、速度、比例、技术水平、投资与效益;反映经济、社会活动过程中的环境保护的主要方面和主要过程;反映环境保护的战略目标、方向、重点及方针政策等。

环境总体规划指标体系类型多样,从数量上看,几十至几百个不等;从内容上看,有数量方面的,也有质量方面的和管理方面的;从表现形式上看,有总量控制指标、浓度控制指标;从复杂程度上看,有综合性指标,也有单项指标;从范围上看,有全域性指标,也有流域、区域、城市等专有指标。环境总体规划指标按期表征对象、作用以及重要度或相关性,可初步分为环境质量指标、污染物总量控制指标、规划措施与管理指标以及相关性指标四类。

董伟(2012)在综合分析各个时期和类型的指标体系后,按照上述四种分类提出适用于不同环境总体规划的指标体系(表11-3),可作为编制规划的备选指标库。

表11-3 环境总体规划备选指标库

序号	类别		内容
1	环境质量指标	大气	空气质量达到一级标准的天数
2			空气质量达到和优于二级标准的天数
3			NO_x 年均值
4			NO_2 年均值
5			SO_2 年均值
6			PM_{10} 年均值
7			$PM_{2.5}$ 年均值
8		水环境	地表水达到地表水水质标准的类别
9			近岸海域 COD 年均值
10			近岸海域石油类年均值
11			近岸海域氨氮年均值
12			近岸海域磷年均值
13		噪声	区域噪声平均值
14			城市交通干线噪声平均升级

序号	类别		内容
15	污染物总量控制指标	大气污染物宏观总量控制	SO₂ 排放总量
16			NO₂ 排放总量
17			烟尘排放总量
18			工业粉尘排放总量
19			SO₂ 去除量和去除率
20			NO₂ 去除量和去除率
21			烟尘去除量和去除率
22			工业粉尘去除量和去除率
23		水污染物宏观总量控制	废水排放总量
24			工业用水量和重复利用率
25			COD 产生量、排放量、去除量
26			BOD 产生量、排放量、去除量
27			重金属产生量、排放量、去除量
28		工业固体废物宏观控制	工业固体废物产生量、处置量、堆存量、占地面积
29			工业固体废物综合利用量、综合利用率
30			有害废物产生量、处置量、处理率
31	环境规划措施与管理指标	城市环境综合整治	集中供热普及率
32			烟尘控制区面积及覆盖率
33			汽车尾气达标率
34			城市污水量、处理量、处理率
35			生活垃圾无害化处理量、处理率
36			工业固体废物集中处理能力
37			人均绿地面积
38		水域环境保护	饮用水水源水质达标率
39			监测断面 COD 平均浓度
40			监测断面 BOD 平均浓度
41			监测断面氨氮浓度
42		重点污染源治理	污染物处理量、削减量
43			工程建设年限、投资预算及来源
44		自然保护区建设与管理	自然保护区类型、数量、面积

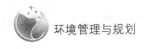

序号	类别		内容
45	相关指标	投资	环保投资总额占 GDP 收入的百分数
46		经济	国民生产总值
47		社会	人口总量与自然增长率
48		生态	森林覆盖率
49		环境、经济、社会协调	水资源总量
50			万元 GDP 能耗
51			万元 GDP 二氧化碳排放

二、规划指标选取

反映自然、社会、经济状况的指标多种多样,环境总体规划指标也应包含这些范畴,但又不可能包揽所有的社会、经济和自然指标,指标的选取工作便十分重要。40 年来,中国环境保护规划经历了探索起步、研究尝试、逐步发展、深化提高、全面铺开五个阶段,体现在环境指标构成上则表现出分类更加细化、承诺更加严肃、操作更加可行的趋势。表 11 -4 列出了自"八五"到"十三五"共六轮环境保护规划(计划)指标的结构和数量变动情况。

表 11 - 4　"八五"到"十三五"环境保护规划(计划)指标的结构和数量

"八五"计划指标结构	指标数	"九五"规划指标结构	指标数
综合计划指标	13	综合计划指标	13
工业污染防治	19	工业污染防治	25
城市环境综合整治	12	城市环境保护	15
水环境保护	6	生态环境保护	12
农村和乡镇企业	8	海洋环境保护	3
自然保护区和物种保护	1	全球环境保护	1
环境管理	6		
合计	65	合计	69
"十五"规划指标结构	**指标数**	**"十一五"规划指标结构**	**指标数**
总量控制	6	总量控制	2
工业污染防治	2	环境质量	3
城市环境保护	8		
生态环境保护	6		
农村环境保护	65		
重点地区环境保护	68		
合计	155	合计	5

续表

"十二五"规划指标结构	指标数	"十三五"规划指标结构	指标数
总量控制	4	生态状况	5
环境质量	3	环境质量	10
		污染减排	7
		生态保护修复	4
合计	7	合计	26

建立环境保护总体规划指标体系,就是要建立起能全面、准确、系统和科学地反映各种环境现象特征和内容的一系列环境保护目标。为了切实地搞好这项工作,必须遵循一定的原则进行,指标体系选取的原则一般有七个:

(1)整体性原则。环境保护总体规划指标体系要求环境保护指标完整、全面,既有反映环境保护规划全部内容的环境指标,又有在环境保护规划过程中所使用的社会、经济等指标,并由此构成一个完整的环境保护总体规划指标体系。一个正确的、合理的、可操作的指标体系,必然是对综合要素实行抽象化与概念化的结果。

(2)科学性原则。指标或指标体系能全面、准确地表征规划对象的特征和内涵,能反映规划对象的动态变化,具有完整性特点,并且可分解、可操作、方向性明确。设立环境保护指标体系很重要的一个目的是据此设定环境保护目标,所以指标的设定要考虑环境总体规划的内容,只有与规划措施、方案等关系密切的指标,才能衡量出环境保护措施的实施效果,达到规划目标的程度。

(3)规范化原则。指标的含义、范围、量纲、计算方法具有统一性或通用性,而且在较长时间内不会有大的改变,或者可以通过规范化处理,可与其他类型的指标表达法进行比较。具体指标的含义和度量方法,需要有规范或常用的意义和方法,尽可能使用国家标准统计指标和环境保护统计指标。

(4)适应性原则。体现环境管理的运行机制,与环境统计指标、环境监测项目和数据相适应,以便于规划和规划实施的检查。此外,所选指标还应与经济社会发展规划的指标相联系或相呼应。

(5)系统性原则。指标能够反映环境保护的战略目标、战略重点、战略方针和政策;反映区域经济社会和环境保护的发展特点和发展需求。环境保护总体规划指标体系要求规划指标全面,既要从整体上反映环境保护总体规划全部的内容,还要包括必要的社会、经济等项指标,各项指标还需要有一定的关联,可以系统地给出描述环境社会经济问题的整体框架结构。

(6)选择性原则。环境保护总体规划指标体系要注意选取具有现实性、独立性、代表性和必要性的指标。既要选取区域环境整治综合指标,更要选择具有代表性和可比性的指标,从而真正体现区域环境综合整治水平并使其能够得到客观、准确评价。

(7)可行性原则。环境保护总体规划的最终归宿是实施,因此环境保护总体规划指标体系必须根据环境保护总体规划的要求来设置,根据具体的规划内容来确定相应的规划指标体系,使其具有可度量性、可操作性、可控性、可评价性和可行性。

环境管理与规划

第五节　"十三五"生态环境保护规划案例

一、规划背景

作为国务院 22 项重点规划之一的《"十三五"生态环境保护规划》(以下简称《规划》),系统全面地统筹安排了全国生态环境保护各项工作,绘制了"十三五"生态环境保护"蓝图"。在这份"蓝图"起到纲举目张作用的,就是以提高环境质量为核心的逻辑主线,一以贯之于《规划》目标、任务、政策、措施等各方面和全过程。纵观历来的国家五年环保规划,规划主线根据经济社会发展与环境治理阶段而进行调整。"十一五"期间环保工作以污染物排放总量控制为核心;"十二五"期间开始实行排放总量和环境质量并重;"十三五"期间,党中央提出"以提高环境质量为核心"的生态环保总思路并将环境质量指标纳入约束性指标,《规划》开宗明义地指出,提高环境质量,加强生态环境综合治理,加快补齐生态环境短板,是当前的核心任务,标志着环境保护重点与方向的战略调整。

《规划》提出以改善环境质量为核心的"十三五"环保工作思路,是基于问题导向、百姓期待、客观规律等多方面因素的考虑。

第一,基于问题导向。近年来,历史长期累积形成的环境问题较为突出,我国的污染物排放逼近或者超过承载,持续多年的复合型环境问题效应在放大,区域环境问题不均衡性、多样性、复杂性突出,环境问题的类型、规模、结构、性质正在发生深刻变化。因此,在资源环境瓶颈约束和发展矛盾最尖锐的这一时期,需要坚持问题导向,从规制、整治、征服自然向约束人的行为方式转型,精准施策、综合治理,解决发展中资源环境代价过高的问题,系统提升环境质量。

第二,呼应百姓期待。目前生态环境成为社会需求强烈的稀缺产品,生态产品供给的水平、数量、质量、方式及其均衡性与公众的期待存在矛盾。《国民经济与社会发展"十三五"规划纲要》(以下简称《纲要》)明确提出要使供给能力满足广大人民日益增长、不断升级和个性化的物质文化和生态环境需要,表明了政府更多地提供优质生态产品的公共服务承诺。"十三五"的生态环境保护工作要顺民意、遂民愿,呼应和满足社会公众诉求的内在需要。

第三,遵循客观规律。国际环境治理进程表明,大规模污染物排放量控制之后应转向环境质量目标控制。《规划》遵循这一规律并部署实施环境管理转型。实际上,相继出台的三个"十条"对大气、水、土壤等要素领域提出了质量改善目标、任务、措施,流域水质考核、以跨界断面达标为标准的生态补偿等探索了质量管理措施,环保督察、河长制、省以下环保机构垂直管理改革等开始优化基础制度。当前已具备全局工作围绕"提高环境质量"这一主线的基本条件。

二、指标体系

"十三五"规划是一个总体目标基本定性确定,必须确保完成的一个五年规划。党的十八届五中全会提出的"生态环境质量总体改善"的全面小康社会环境目标,是全面小康的战略节点下对生态环境要求的"规定动作"。因此,《规划》目标确定、指标体系设计,从全面小康环境目标的视角综合考虑,既有全面性要求,也要有重点性突破要求,以使公众在环境质量无法全面达标的背景下对 2020 年环境质量改善效果有更高的获得感。

一方面,要从全面小康环境要求的认知规律上看规划目标。综合分析研究全面建成小康社会的环境要求可以看出,这一要求核心是环境质量要求,不是治理过程性要求;这一要求具有阶段性,主要代表在全面小康进程中生态环境不缺项,并不意味着经济社会环境完全平衡;这一要求实际上是一种底线型评价标准(与扶贫类似),不是全国性总体质量表达;这一要求应具有群众性、民生导向,突出老百姓的直接感受。因此,全面建成小康社会的环境要求重点在补短板、兜底线、保基本,需要将社会公众密切关注的生态环境问题控制在较低、社会能接受的水平,但实际上全国不少区域质量目标应高于此。

另一方面,要从两点论和重点论的辩证关系出发看"总体改善"的目标要求。长期以来,我国生态环境质量一直处于"局部改善、整体恶化"的态势。在全面建成小康社会的历史阶段,实现生态环境质量总体改善,要求改善范围和领域上要全面,改善程度上要明显,惠益对象要覆盖大多数的人民群众,让良好生态环境成为全面小康社会普惠的公共产品和民生福祉。具体而言,生态环境质量总体改善,其基本要求是环境质量只能更好、不能变差、不能退步,主要环境质量指标有所好转,重点是,一些突出的环境问题尤其是社会公众密切关注的大规模严重雾霾、城市黑臭水体等明显好转,污染严重的地区环境质量明显改善,保证全面小康社会的环境底线,部分区域率先达标。

规划目标指标确定综合考虑了我国环境质量改善的难度和阶段性要求。我国长期以来的经济、产业、资源能源和城镇化发展模式导致的环境质量改善的艰巨性、复杂性前所未有,2020 年全国环境质量全面达标不具备客观可能性,环境目标指标的确定不宜不切实际的攀高。因此,《规划》客观分析差距,积极作为,考虑生态环境可达、技术经济可行、人民群众可接受,将全面小康社会定位于阶段性目标,或者说要在全面部署统筹安排的同时,抓重点,打好歼灭战、攻坚战。基于全面小康视角下的规划目标指标体系,实际上就是以社会关注的"好""差"两头、"大""小"并重为主,反映全面小康社会环境目标的底线型要求,让社会公众有环境质量改善切切实实的获得感。即《规划》指标体系设计为,在保障大江大河水质改善、确保饮水安全、逐步提升好Ⅲ类水体水质要求的同时,下大力气消除群众身边的黑臭水体或者劣Ⅴ类水体;在总体提高好天气比例、持续推进不达标城市 $PM_{2.5}$ 浓度降低的同时,严格控制重污染天气;在维护农用地土壤环境质量安全的同时,下大力气解决污染地块风险防控和安全利用问题。

三、实施路径

《规划》按照系统工程的思路，统筹运用结构调整、治污减排、达标排放、生态保护等多种手段，抓好一批重大行动和重大工程，综合施策，实施系统治理、科学治理、精准治理，形成工作合力和联动效应，提高环境治理的实效性和针对性。《规划》围绕着改善环境质量，在规划范围内做了以下系统安排：

1. 强调在源头构建节约环保的国民经济体系，减少资源能源消耗

预防是环境保护的首要原则，相比治理，预防更为重要，过去抓之不实不硬，往往停留在保障措施层次。《规划》强化源头综合防控，并将其作为首要任务，这是各部门齐抓共管、履行一岗双责的有效发力点，这也是环保参与宏观调控的重要手段。《规划》加强前端能源资源消耗协同控制，把清洁能源供给和使用、煤炭清洁化利用等纳入基础设施范畴，对京津冀等地均提出了能源调控要求，对长江经济带要求实行水资源、水环境、水生态"三抓同步"，要求存量生态化改造和绿色新增长点培育并重，着力构建系统完整的资源能源约束制度措施。

2. 强化生态环境空间管控，合理拓展环境容量

改善环境质量、提高生态产品供给，在显著减少污染物排放分子的同时，着力增加生态空间、生态流量、环境容量这一分母也是重要环节。《规划》从三方面进行了部署：一是落实主体功能区划要求，以生态保护红线加强自然生态空间管控，以环境功能区划加强生产、生活空间管控，确保生态、城镇、农业空间有序协调，优化布局，构建生态安全格局。二是推进国土空间环境评价，启动省域、区域和城市群生态环境保护空间规划研究，制定落实生态保护红线、环境质量底线、资源利用上线和环境准入负面清单，做实生态环境空间管控和生态环境承载能力调控。三是强化生态保护与污染防治协调联动。《规划》第一次在传统的环境保护方面小口径规划基础上向生态环境的大口径规划做了有益探索，但限于现实条件，《规划》尚难以完全做到生态系统保护修复和环境保护治理之间的"水乳交融"，环境质量公共产品和生态产品也是分布于各自章节，但在推进重点区域和重要生态系统的保护修复、全面提升生态系统稳定性和生态服务功能方面进行了融合，形成的结果更有效地促进环境质量改善目标的实现。

3. 改革总量控制制度，提高治污减排的质量改善针对性

确立以环境质量改善为核心，必须明晰质量总量本末关系，将质量目标要求放在奋斗目标、规划核心、工作出发点、效果评判准则这一层次，将总量控制范围回归于固定源的合理可控口径，将总量控制定位回归于质量改善手段措施的层级，将总量控制量化指标作用回归于推动重大工程建设运行的抓手。"十三五"期间，非总量控制基数范围内的其他稳定有效的质量改善措施也是鼓励方向，完成质量目标、完成重大工程的省份原则上相应完成了总量减排目标。要改变总量考核过分偏重数字核查核算具体环节，避免有些地区与质量改善脱节的问题，特别是完善总量分配，改革总量考核，确立省级总量减排核查核算的主体地位，国家只对质量和总量关系明显不协调的进行宏观研判、抽查复核，不进行"一竿子到底"地确定具体任务措施的减排量，建立上下互信的工作局面。

4. 推行企事业排污许可制,将环境质量改善差别化要求落实到单位

在宏观层次改变单纯依靠行政区层层分解污染物排放总量控制目标后,需要一个制度建立区域环境质量要求和企事业单位排放要求之间的联系,这就是排污许可制。依靠国家行业性排放标准实现排放标准与质量标准之间的衔接,既在科学性上混淆了排放标准与质量标准的不同定位,也使全国行业性的一般要求与差异化的地方需求相混淆,因此从某种意义上是不可行的。但排污许可制可以在共性要求基础上,按照改善环境质量、防范环境风险的要求,规范、精细、完整地提出各固定源的排放要求和环境管理要求,实现一厂一证、一源一策并对环境质量不达标地区通过核发许可证对排污单位实施更加严格的环境管理。更重要的是,后续对该企事业单位的环境监管执法均对应着排污许可证要求,这样可以将企事业单位排污行为要求和环保系统监管要求都统一到改善区域环境质量这一核心。

第十二章　污染防治专项规划

污染防治规划是环境保护规划中非常重要的一类专项规划,往往针对某一环境要素制定减排与治理的综合措施,以实现环境质量达标或污染物浓度降低目标。"十二五"时期,国家污染防治主要针对五个领域:水、大气、重金属、危险废物、化学品。"十三五"时期,国家把环境污染治理重点集中于"三大战役",即水污染防治、大气污染防治、土壤污染防治,相应发布了"水十条""大气十条"和"土十条"三大专项计划。本书针对上述三要素的污染防治规划做简要介绍。

第一节　水污染防治规划

一、我国水污染防治规划编制思路

只有深刻理解水污染防治的内涵,才能对水污染防治规划及其目标和手段有清楚的认识,从而进一步确定不同时期的阶段目标和重点任务。人们对水污染防治内涵的认识是一个不断深化发展的过程。我国的水污染防治工作于 20 世纪 70 年代起步,但直到 90 年代,对水污染的认识主要还是停留在对工业污染的控制,而忽视了城市生活污水处理和流域区域污染源的综合防治,环境保护相对于经济发展而言仍处于从属地位。1996 年《水污染防治法》第一次修订,标志着人们对水污染防治认识的极大提高:水污染防治应从单纯点源治理向面源和流域、区域综合整治发展;从侧重污染的末端治理逐步向源头和工业生产全过程控制发展;从浓度控制向浓度和总量控制相结合发展;从分散的点源治理向集中控制与分散治理相结合转变。进入 21 世纪以来,在科学发展观的指导下,环境保护在国家战略层面上逐步上升到与经济发展并重的地位,2005 年发布的《国务院关于落实科学发展观加强环境保护的决定》(国发[2005]39 号)和 2006 年召开的第六次全国环境保护大会,明确提出了"让人民群众喝上干净的水"、"不欠新账,多还旧账"、"从主要用行政办法保护环境转变为综合运用法律、经济、技术和必要的行政办法解决环境问题"等重要指导思想,深化了人们对水污染防治思路、目标、手段等方面的认识。2008 年,胡锦涛总书记从推进生态文明建设的高度出发,提出了"让江河湖泊休养生息、恢复生机"的指导思想,使得水污染防治的内涵中增加了水生态恢复的内容。2011 年国务院发布的《关于加强环境保护重点工作的意见》(国发[2011]35 号)和召开的第七次全国环境保护大会提出了"积极探索代价小、效益好、排放低、可持续的环境保护新道路"、"着力解决影响科学发展和损害群众健康的突出环境问题"等要求。2012 年 4 月召开的全国污染防治工作会议提出了"由以常规污染物为主向常规污染物与高毒性、难降解污染物并重转变、由单一控制向综合协同控制转变、由粗放型向精细化管理模式转变、由总量控制为主向全面改善环境质量转变"四个转变,对水污染防治工作作出了更为明确和细化的要求。2015年国务院发布的《水污染防治行动计划》,确立了"节水优先、空间均衡、系统治理、两手发力"原则。

《水污染防治行动计划》主要目标

工作目标:

到2020年,全国水环境质量得到阶段性改善,污染严重水体较大幅度减少,饮用水安全保障水平持续提升,地下水超采得到严格控制,地下水污染加剧趋势得到初步遏制,近岸海域环境质量稳中趋好,京津冀、长三角、珠三角等区域水生态环境状况有所好转。到2030年,力争全国水环境质量总体改善,水生态系统功能初步恢复。到21世纪中叶,生态环境质量全面改善,生态系统实现良性循环。

主要指标:

到2020年,长江、黄河、珠江、松花江、淮河、海河、辽河等七大重点流域水质优良(达到或优于Ⅲ类)比例总体达到70%以上,地级及以上城市建成区黑臭水体均控制在10%以内,地级及以上城市集中式饮用水水源水质达到或优于Ⅲ类比例总体高于93%,全国地下水质量极差的比例控制在15%左右,近岸海域水质优良(一、二类)比例达到70%左右,京津冀区域丧失使用功能(劣于Ⅴ类)的水体断面比例下降15个百分点左右,长三角、珠三角区域力争消除丧失使用功能的水体。

到2030年,全国七大重点流域水质优良比例总体达到75%以上,城市建成区黑臭水体总体得到消除,城市集中式饮用水水源水质达到或优于Ⅲ类比例总体为95%左右。

"十三五"起,我国重点流域规划开始采取自下而上与自上而下相结合的方式,深化流域"分区、分级、分类"管理,以控制单元差别化、精细化、科学化的治污方案为核心,实现流域、饮用水、地下水、黑臭水体、近岸海域等各类水体的统筹,务求因地制宜、可达可行。水污染防治规划的编制思路如图12-1。

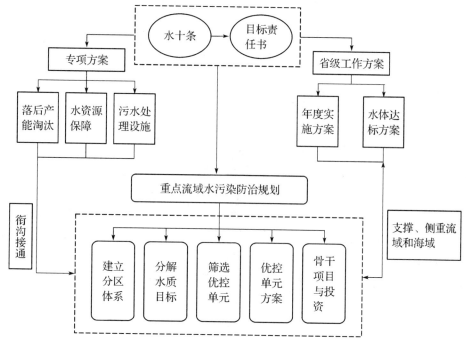

图12-1 水污染防治规划编制思路

二、水污染防治规划主要内容

《重点流域水污染防治"十三五"规划编制技术大纲》给出了水污染防治规划的技术路线及主要内容,如图12-2。

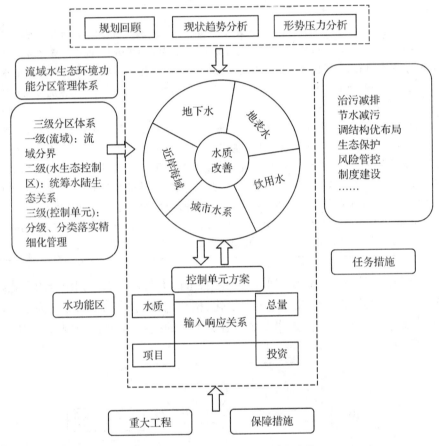

图12-2　水污染防治规划技术路线

1. 水污染防治控制单元划分

控制单元划分是水污染防治的基础性工作,在"十二五"规划已建立"流域—控制区—控制单元"三级分区管理体系的基础上,"十三五"对控制单元做进一步优化,建立由流域(一级区)、水生态控制区(二级区)、控制单元(三级区)构成的流域水生态环境功能分区管理体系,进一步做实空间分区分类差别化管理的规划思路,形成全国地表水环境统一管理的基本框架。将控制单元作为分析环境问题、统筹各类水体防治要求的基本空间单位。

(1)流域层级。强调统筹设计、总体把握,主要把握水污染防治的宏观布局,明确流域水污染防治重点和方向,协调流域内上下游、左右岸及各行政区的防治工作。

(2)水生态控制区。在区域(中观指导)尺度上统筹考虑水生态系统完整性而划定分区,在流域层级(宏观统筹)与控制单元层级(操作层级)之间承上启下,根据流域生态系统分异特征自上而下、控制单元自下而上归集两者相互结合最终确定。按照水陆统筹的原则,根据气候、地质、地貌、土地利用、土壤类型等要素以及水生态系统空间分布格局,确定不同区域的主要生态特征,明确区域主要生态服务功能,提出管理要求,指引协调控制区内的生态环境保护工作。

（3）控制单元层级。为精细的水陆融合单元,是综合污染防治科学性和行政管理便利性的空间实体,是流域水生态环境功能分区管理体系最核心的组成部分,主要是为在可操作的、责任落实、空间落地的尺度上建立污染源和水质间的输入响应关系,因地制宜地实施精细化、差别化管理,落实总量控制、环评审批、排污许可与交易等环境管理措施。控制单元划分与水功能区、水环境功能区及其陆上排污口、污染源衔接,以乡镇为最小行政单位并保证流域的完整性,在不打破自然水系前提下,以控制断面为节点,组合同一汇水范围的行政单位而成。

2. 水环境形势分析

以控制单元为基本空间单位,将水质、水污染物排放、水资源、水生态、经济社会发展等相关数据进行归集,结合各地水污染防治工作方案编制工作,全面分析水环境现状、问题及形势。具体包括:

（1）水生态环境状况。按照《地表水环境质量评价办法(试行)》等进行地表水水质评价,按照《海水水质标准(GB 3097－1997)》进行近岸海域水质评价。评价对象除地表水控制断面外,还包括地表水饮用水水源地。分析近年来各控制单元水质变化趋势以及超标污染指标变化情况,识别水质不达标控制单元及主要超标因子,有条件的地区按照《水体达标方案编制技术指南(试行)》开展深入测算。参考《流域生态健康评估技术指南(试行)》《湖泊生态安全调查与评估技术指南(试行)》等,对含有国家和省级重要物种保护区、自然保护区的区域,江河源头、现状水质达到或优于Ⅲ类的江河湖库、现状水质达到或优于Ⅱ类的近岸海域,以及珍稀濒危水生生物、重要水产种质资源以及产卵场、索饵场、越冬场、洄游通道等重要渔业水域进行生态健康状况评估,识别需要强化保护的控制单元。

（2）主要污染物排放。全面调查工业、城镇生活、农业农村、船舶港口(需要的地区)等污染源排放以及风险源情况,以地市为单位收集环境统计数据,按控制单元分析废水、化学需氧量(COD)、氨氮、总磷、重金属等排放量变化趋势,工业、城镇生活、农业等不同来源贡献率的变化,以及不同工业行业排污比重等信息,分析污染治理水平。结合水环境质量分析结果,重点关注水质恶化或超标的控制单元及主要超标因子所对应的污染物排放情况。近岸海域规划范围除需进行上述调查内容以外,还需对污染入海河流和直排源的水质和污染负荷状况、海洋污染源负荷(水产养殖、船舶等)进行调查。

（3）评估上期规划实施情况,分析本期规划形势。开展上期规划实施情况评估,重在总结问题和经验。结合国家深化改革、依法治国、加快生态文明建设、健全生态环境保护制度等一系列重大决策以及各地国民经济与社会发展规划等相关成果,分析水环境保护面临的压力、机遇与挑战。

3. 明确规划总体要求

流域规划各类水体水质目标应以签订的目标责任书为基础,按照以控制单元统筹饮用水、地表水、地下水、城市水体、近岸海域等各类水体污染防治的思路,适当补充黑臭水

体、重要的市县控制断面、重要水源地监测点位等。对于水质良好、具有生态保护功能的可研究提出相应的水生态保护目标要求,提出生态流量等控制目标,并注意处理好上下游水质目标衔接问题。

目标确定遵循以下原则:一是遵照水质反退化原则,规划目标原则上不低于水质现状值。二是以《全国重要江河湖泊水功能区划(2011—2030 年)》、各地水环境功能区划等为重要依据,断面水质目标充分衔接水(环境)功能区目标。现状水质高于水(环境)功能区目标的,目标按照现状水质类别考虑;五年规划难以达到水(环境)功能区目标的,需要进行分析解释,明确阶段性目标。三是结合区域社会经济发展、污染减排潜力以及断面近几年水质变化情况,科学确定规划断面水质目标。四是衔接相关规划中的断面水质目标。五是达到地方政府承诺的环境目标要求,如创模、生态市建设等。六是兼顾生态环境可达、经济技术可行。

4. 编制优先控制单元污染防治方案

(1)优先控制单元筛选与分类。对控制单元进行综合分析,识别水环境问题,可按以下几方面考虑筛选优先控制单元:一是现状水质不达标的单元;二是含有国家或省级自然保护区的单元;三是维系流域区域水生态安全格局、大部分水体具有饮用水等重要功能的单元;四是环境风险高,易发突发事件的单元。优先控制单元是水污染防治工作的主攻方向。优先控制单元分为水质维护型和水质改善型两类。现状水质不达标的单元纳入水质改善型优先控制单元;其余以保护敏感水体和重要物种、保障饮用水等重要使用功能、防范水环境风险(含未来重大工程带来的水质恶化风险)等为方向的优先控制单元纳入水质维护型优先控制单元。

(2)优先控制单元污染防治方案编制。① 水质改善型单元方案编制实施一区一策的差别化精准治理。在控制单元污染防治方案研究编制与可达性分析过程中,要特别重视控制单元内污染源一(排污口)—水体的输入响应关系分析,重点针对水体主要污染因子和优先控制污染物等,找准问题根源,提高任务措施的精准性和针对性。同时,还应突出措施的综合性和任务的可操作性。一是控源减污,以企事业单位废水稳定达标排放为前提,结合水环境质量改善需求及水污染治理的技术经济可行性,提出排污单位污染物削减要求。二是节水及再生水利用,通过工业、农业、生活全方位节水及非常规水源的开发使用,提高水资源重复利用率控制用水总量,减轻污染负荷。三是生态拦截及深度处理,通过人工湿地等措施进一步减少进入水体的污染物量。四是增加生态流量,通过优化调度,在时间、空间两个维度进行水资源的有效配置,进一步强化水的环境属性,增加环境容量。② 水质维护型单元方案总体编制思路是在确保水质不降低类别的前提下,坚持问题导向、重点突出的原则,结合水生态环境状况变化趋势,针对生态保护特定需求(如敏感水体和重要物种保护、风险防控、功能保障等)及主要问题提出措施。

5. 筛选规划项目

主要根据优先控制单元强化保护与治理的需求,筛选对水质改善和维护效益显著、前期工作充分的项目作为规划骨干工程项目。各地在筛选骨干工程项目时要特别关注项目建设的必要性和经济技术可行性,以水质达标为基本判断标准,合理确定项目工艺、建设规模、执行排放标准等要素,提前谋划项目运营机制,切实发挥骨干工程项目对改善水环境质量的效益。

表 12-1 水污染防治规划重点项目类型

项目大类	项目细类
一、流域生态环境状况调查与评估	流域生态环境状况调查与评估
二、水资源节约与集约利用	工业节水项目、再生水回用设施及配套管网建设项目、农业节水项目、非常规水源开发和利用项目……
三、水污染源综合治理	饮用水水源地保护、工业企业污染治理工程、工业集聚区污染治理项目、污水处理设施及配套管网建设项目、畜禽养殖污染治理工程、农业面源综合整治工程建设、农村环境综合整治项目、船舶流动源污染治理项目、垃圾转运及处理设施建设项目……
四、生态修复与保护	河湖滨岸缓冲带生态整治项目、河流生态保育项目、流域湿地生态修复项目、流域水源涵养与水土保持、入河排污口综合整治项目、水体生境改善项目、滨海湿地生态修复项目、入海排污口综合整治项目、河口生境修复项目、河口海湾污染治理项目……
五、环境风险防范	应急物资储备项目、应急防范体系建设项目……

三、流域水环境模型

流域水环境模型是开展水污染防治规划的重要工具。模型是对整个流域系统及其内部发生的复杂污染过程进行的定量化描述,包括:模拟污染物在流域范围内的迁移转化过程、明确污染物运移的时空分布规律;估算污染负荷、识别污染物主要来源和途径;评价污染物排放对流域水质及水生态造成的影响。

表 12-2 主要流域模型比较

模型	特征	受纳水体动力学	受纳水体水质	流域	时间尺度	水文	优点	缺点	试点区域和范围
SWAT	复杂大流域的非点源模型	不考虑	适用	适用	以天计	地表水、地下水	可以很好地评估管理措施变化而引起的水质影响	适用于农业比较齐备的情况	美国18个主要流域、德国
BASINS	基于地理信息系统的流域管理工具	考虑	适用	适用	以天或小于天计	地表水、地下水	大型数据库能够从多个流域和水质模型中选择	需要许多GIS数据;需学习高端建模工具	BASINS模型及其组件已在许多TMDL的研究中得到应用

模型	特征	受纳水体动力学	受纳水体水质	流域	时间尺度	水文	优点	缺点	试点区域和范围
SWMM	中尺度流域气候和土地利用类型变化对水质的影响分析	不考虑	适用	适用	小于一天	地表水、地下水	模型为中尺度流域的N元素模拟提供了一种有效的方法	属于非点源模型;重点讨论气候和土质对水质的影响	易北河流域（流经中欧）
MIKE-SHE	模拟整个陆地水文循环中的冰流运动、水质以及土壤侵蚀过程	考虑	不适用	适用	小于一天	地表水、地下水	可用于分析、规划和管理大范围的水资源和环境问题	计算量大、所需时间长,不同过程耦合存在难度	非洲的Senegal流域
SPAR-ROW	适合流域尺度上找出主要污染源、分析流域的水质现状	不考虑	不适用	适用	以年计	地表水	要求输入的数据相对较少,大部分数据易获得	输出为长期年平均值	松花江
GWLF	对以营养物质和沉积物污染为主要特征的流域比较适用	不考虑	不适用	适用	以月计	地表水、地下水	可方便分析管理措施的实施效果	仅限于营养物质和沉积物的负荷预测,不适用于有流动和负荷推移的河流	宾西法尼亚洲选择32个子流域以及Brunch Delaware River等
AGNPS	评价和预测小流域农业非点源污染	不考虑	不适用	适用	小于一天	地表水	可以提供流域内不同地点的影响信息	单事件模型	意大利的Alpone流域以及中国南方
ANNA-GNPS	用于评价流域内非点源污染长期影响	不考虑	不适用	适用	以天计	地表水	能够模拟评估最佳管理措施（农业活动、不考虑降糖、长满水草河道、灌水空间差异		澳大利亚一个小流域的营养物质迁移

续表

模型	特征	受纳水体动力学	受纳水体水质	流域	时间尺度	水文	优点	缺点	试点区域和范围
HSPF	适用于混合均匀的河流、水库和单一流向的水体	不考虑	适用	适用	小于一天	地表水、地下水	可以模拟面与点的管理方案，提供长期的连续模拟，土地和管理方案同时模拟	点方案模拟较弱，要求中高度的运转能力	美国 Swift Creek 流域、滇池流域等
QUAL2E	适用于混合的棱状河流系统	不考虑	适用	不适用	—	地表水	可以研究废水排放对河流水质的影响	应用河段最多25个	长江重庆段、呼和浩特市
QUAL2K	为综合性、多样化的河流水质模型	不考虑	适用	不适用	—	地表水	由一些简单模型组合而成，提供大量的动力学参数可参照简单模型的数值	应用河段最多25个	汉江中下游、钱塘江、滇池
CEQU-ALW2	研究污染负荷对受纳水体水质的影响	考虑	适用	不适用	小于一天	地表水	能模拟所有重要的富营养化过程和藻类动态变化过程	没有水深网格生成器或数据展示和后续处理功能	美国 Swift Creek，官厅水库
EFDC	通用的三维水动力和迁移模型	考虑	适用	不适用	地表水、地下水	可研究点源、非点源污染，有机物的迁移、归趋等	水文，水质等专业基础知识要求比较高	北美的 Chesapeake 湾	
WASP	用于不同环境污染决策系统中分析和预测由于自然和人为污染导致的各种水质状况	考虑	适用	不适用	地表水	与其他模型能够很好的耦合	水动力模型进行二次开发是一维的	美国波托马克河，三峡库区	

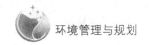

流域水环境模型从概念上可以分为(半)机理型和经验型模型,前者通过方程式和函数关系来刻画流域的水文过程和物理、化学过程,并通过实测数据校准模型,获得本土化的参数系数,如 SWAT 和 EFDC 模型等;后者力图寻求大数据量间的统计学规律,包括 SPARROW 模型等。

流域水环境模型按照模拟对象的不同还可以分为陆域的污染负荷模拟模型、水域的受纳水体模拟模型,以及水-陆耦合模拟模型。污染负荷模型一般用来估算点源及非点源产生的污染负荷量,并计算出进入河道的污染负荷量,作为受纳水体模型的污染源边界输入条件,为河道纳污量和污染物削减量的计算奠定基础,从而为水质管理和水环境规划提供必要的信息。受纳水体模型一般用来模拟沉积物或污染物在河流、湖泊、水库、河口、沿海等水体中的运动和衰减转化过程,是水质预测、评价、分析的重要工具。

污染负荷模型包括了城市非点源、农业非点源负荷模型和流域负荷模型。土地利用类型是影响非点源污染负荷的主要因素,因此,目前应用较为广泛的非点源污染负荷计算模型主要针对两种土地利用类型:一种为城市,另一种为农田。随着模型的不断发展,产生了流域内不同土地利用类型的非点源污染模型,SPARROW、GWLF、SWAT、HSPF 是目前国际研究较多,也基本获得公认的流域负荷模型,其中 SWAT 和 HSPF 模型研究精度高、计算效率高、机理过程相对全面,也便于二次开发,但模型数据需求量大,要求精度也高;GWLF 能较好地模拟氮、磷污染负荷,但目前还不能模拟 COD 污染负荷;SPARROW 将流域水环境质量与监测点位的空间属性紧密联系起来,反映流域中长期水质状况以及主要影响因子,复杂度介于传统的统计学模型与机理模型之间,适合于大中尺度的流域模拟。

受纳水体模型可根据模拟对象的不同,分为湖泊、水库水质模型与河流水质模型。还可以依据污染源不同划分为持久性污染物(重金属)、非持久性污染物(有机物)、废热(温排水)、水温等预测应用的模型;依据模型维度不同划分为一维、二维和三维模型;依据数值模型的功能不同划分为水动力模型和水质模型。

湖库水质模型:BATHTUB、CE-QUAL-W2、EFDC 主要用来分析自然以及人为污染造成的水质富营养化状况。BATHTUB 模型所需的数据量及参数量相对较少,且精度也能达到评估的要求,能够满足环境管理的需要,适合于空间数据缺乏,基础数据库、监测数据不完整的地区使用。CE-QUAL-W2 和 EFDC 模型精度高、机理过程相对全面、对数据需求量也较高,需要专业的基础知识,可以达到对湖泊和水库的精细模拟。

河流水质模型:QUAL2E、QUAL2K、WASP、BASINS 主要用来模拟多种污染物在河流中的迁移转化规律。QUAL2E 水质过程模拟比较简单,可以用来模拟树枝状河系中的多种水质组分。QUAL2K 模型不仅适用于树枝状河系,而且允许多个排污口、取水口存在以及支流汇入和流出的情形。WASP 是一个综合性水质模拟模型,可模拟河流、水库及湖泊的水质变化。BASINS 适合对多种尺度下流域点源及非点源的各种污染物进行综合分析,但其缺点是数据需求量太大,基础资料往往难以满足。

第二节　大气污染防治规划

一、我国大气污染防治规划编制思路

"十一五"以来,我国在大气污染防治工作方面取得积极进展,将二氧化硫、氮氧化物总量减排作为经济社会发展的约束性指标,采取结构减排、工程减排和管理减排措施,取得明显成效。但是我国大气污染问题依然十分严峻。美国、欧洲等发达国家在几百年的工业化时期中分阶段呈现的环境问题,在我国近二、三十年内集中出现,以细颗粒物($PM_{2.5}$)和臭氧(O_3)为特征污染物的区域性复合型污染日益显现,大气挥发性有机物(VOC_s)作为臭氧和二次有机气溶胶(SOA)的重要前体物,在我国区域性复合型大气污染中扮演重要角色,是制约社会经济可持续发展的瓶颈之一。自 2013 年以来,我国京津冀等地区频频发生大范围的重污染天气,对居民的日常生产生活以及身心健康造成负面影响,从而引发社会各界的广泛关注。2012 年 10 月,环保部等三部委联合发布《重点区域大气污染防治"十二五"规划》,确立了大气污染综合治理的基本模式;2013 年 9 月国务院发布《大气污染防治行动计划》,从国家层面开展大气环境治理。

经过多年摸索实践,我国大气污染防治规划逐步摒弃了集中开展末端治理、限于行政区域治理、偏好污染总量控制等倾向。规划的基本原则是:

(1) 经济发展与环境保护相协调。采取污染物总量和煤炭消费总量控制等措施,用严格的环保手段倒逼传导机制,促进经济发展方式的转变,实现环境保护优化经济发展。通过调整产业结构和能源结构,加快淘汰落后生产能力和工艺,提高企业清洁生产水平,降低污染物排放强度,促进经济社会与资源环境的协调发展。

(2) 联防联控与属地管理相结合。建立健全区域大气污染联防联控管理机制,实现区域"统一规划、统一监测、统一监管、统一评估、统一协调";根据区域内不同城市社会经济发展水平与环境污染状况,划分重点控制区与一般控制区,实施差异性管理,按照属地管理的原则,明确区域内污染减排的责任与主体。

(3) 总量减排与质量改善相统一。建立以空气质量改善为核心的控制、评估、考核体系。根据总量减排与质量改善之间的响应关系,构建基于质量改善的区域总量控制体系,实施二氧化硫、氮氧化物、颗粒物、挥发性有机物等多污染物的协同控制和均衡控制,有效解决当前突出的大气污染问题。

(4) 先行先试与全面推进相配合。从重点区域、重点行业和重点污染物抓起,以点带面,集中整治,着力解决危害群众身体健康、威胁地区环境安全、影响经济社会可持续发展的突出大气环境问题,为全国大气污染防治工作积累重要经验。

"十二五"起,我国开始注重对不同区域实施分区分类规划措施。《重点区域大气污染防治"十二五"规划》将全国划为三类大气污染控制区域:① 京津冀、长三角、珠三角区域与山东城市群为复合型污染严重区,应重点针对细颗粒物和臭氧等大气环境问题进行控制;长三角、珠三角要加强酸雨的控制;京津冀、江苏省和山东城市群应加强可吸入颗粒物

的控制。② 辽宁中部、武汉及其周边、长株潭、成渝、海峡西岸城市群为复合型污染显现区,应重点控制可吸入颗粒物、二氧化硫、二氧化氮,同时注重细颗粒物、臭氧等复合污染的控制。此外,武汉及其周边、长株潭、成渝还应加强酸雨的控制,辽宁中部城市群应加强采暖季燃煤污染控制。③ 山西中北部、陕西关中、甘宁、新疆乌鲁木齐城市群,以传统煤烟型污染控制为主,重点控制可吸入颗粒物、二氧化硫污染,加强采暖季燃煤污染控制。此外,依据地理特征、社会经济发展水平、大气污染程度、城市空间分布以及大气污染物在区域内的输送规律,将规划区域划分为重点控制区和一般控制区,实施差异化的控制要求,制定有针对性的污染防治策略。对重点控制区,实施更严格的环境准入条件,执行重点行业污染物特别排放限值。重点控制区共 47 个城市,除重庆为主城区外,其他城市为整个辖区。

　　大气污染防治规划要特别注重三点:① 能源污染同经济社会发展紧密挂钩。在中国,随着城市化、重化工业化和机动车化高潮的到来,大大促进了城市能源消费总量的增加,加之中国能源消费结构长期以煤为主,使得中国城市大气污染非常严重。城市能源消费与空气环境之间存在着极为复杂的交互耦合关系,研究两者之间的作用响应机制,进而提出优化调控措施以最优方式实现节能减排目标已成为学术界和政府决策部门普遍关注的热点问题,对改善城市空气质量、促进能源合理消费、实现城市可持续发展具有重要意义。② 必须加强区域联防联控。随着社会经济的快速发展,我国城市群区域的大气污染特征正发生重要转变,区域性、复合型大气污染问题凸现,区域经济社会持续发展面临新的挑战。长三角、珠三角、京津冀、辽宁中部、湖南长株潭以及成渝等城市群地区,资源、能源消耗巨大,大气污染物排放集中,重污染天气在区域内大范围同时出现,呈现明显的区域性特征;单靠各个城市自身的力量、各自为政的方式已难以有效解决,亟需打破行政区划限制,创新区域大气污染联防联控的体制机制。③ 注重不同大气污染物协同控制。"协同"控制有两方面含义,传统上大气污染防治的"单一污染物"的"末端监管"和全国"一刀切"的模式,已无法满足新的空气质量标准改善空气指标和达标要求,开展污染物协同控制已成为解决大气灰霾问题的必由之路(徐祥民,2017;王金南,2013)。同时,《巴黎协定》对全球应对气候变化采取减排措施产生法律约束后,碳减排压力有所增加。温室气体和大气污染物在很大程度上都是由于化石能源燃烧产生的,这种同源性特征决定了两者应当协同控制而不是分别对待。

二、能源结构优化与能源清洁利用

　　我国"以煤为主"的能源结构决定了能源结构优化与清洁利用对大气污染防治意义重大。虽然近年我国加大力度推动能源生产与消费升级,但煤炭和石油等化石能源占能源消费比重仍居主导地位。据统计,2016 年我国全年能源消费总量 43.6 亿吨标准煤,其中煤炭消费量占能源消费总量的 62%,水电、风电、核电、天然气等清洁能源消费量只占能源消费总量的 19.7%。具体问题及原因包括:第一,传统能源产能结构性过剩问题突出。煤炭产能过剩,供求关系严重失衡。煤电机组平均利用小时数明显偏低,并呈现进一步下降趋势,导致设备利用效率低下、能耗和污染物排放水平大幅增加。原油一次加工能力过剩,产能利用率不到 70%,但高品质清洁油品生产能力不足。第二,可再生能源发展面临多重瓶颈。可再生能源全额保障性收购政策尚未得到有效落实。电力系统调峰能力不足，调度运行和调峰成本补偿机制不健全，难以适应可再生能源大规模并网消纳的要求，部分地区弃风、弃水、弃光问题严重。鼓励风电和光伏发电依靠技术进步降低成本、加快分布式发展的机制尚未建立，可再生能源发展模式多样化受到制约。第三，能源清洁替代任务艰巨。部分地区能源生产消费的环境承载能力接近上限，大气污染形势严峻。煤炭占终端能源消费比重高达 20% 以上，高出世界平均水平 10 个百分点。"以气代煤"和"以电代煤"等清洁替代成本高，洁净型煤推广困难，大量煤炭在小锅炉、小窑炉及家庭生活等领域散烧使用，污染物排放严重。高品质清洁油品利用率较低，交通用油等亟须改造升级。对此采取的措施主要有：

1. 实施煤炭消费总量控制

我国进入"十二五"时期以后，就开始探索实行煤炭消费强度和煤炭消费总量"双总量"控制，逐步强调合理控制煤炭消费总量，以煤炭消费结构转型为契机引领并促进能源消费结构调整。"煤炭总量控制"是我国"十二五"及更长时期的重要政策。《大气污染防治行动计划》提出"制定国家煤炭消费总量中长期控制目标，实行目标责任管理。到 2017年，煤炭占能源消费总量比重降低到 65% 以下。京津冀、长三角、珠三角等区域力争实现煤炭消费总量负增长，通过逐步提高接受外输电比例、增加天然气供应、加大非化石能源利用强度等措施替代燃煤"。总的来看，"煤炭总量控制"政策提出至今，虽然只有短短六年时间，但管理成效显著。制定大气污染防治规划，煤炭消费总量控制政策需把握以下几点：

一是加强非工业煤炭消费替代，强化实施集中供热。需要加强非工业煤炭消费替代工作，也就是解决散烧煤的问题。我国散烧煤占比约为 30%，远远高于主要发达国家，例如美国的散烧煤占比仅有 1% 左右，德国只有 2% 左右。相比而言，我国散烧煤的集中替代既紧迫，又需要有序与理性。对于非工业煤炭消费的替代，主要依靠热电联产集中供热，同时以电采暖作为供热体系中的重要补充。

二是提升煤炭消费终端电力化，着力实施电能替代。对于冶金、石化、化工等耗煤工业的煤炭消费需要加强终端电力化，电能替代需要结合产业特点进行，有条件的地区可根据大气污染防治与产业升级需要进行，以强化实施电能替代。在煤炭消费总量控制的前提下，进一步集中耗煤工业煤炭消耗的电能替代，提高电煤消费占比。实施电能替代不仅对于大气环境保护、减少大气污染物排放具有重要的战略意义，对于推动能源消费革命、落实国家能源战略意义也极其重大。

三是完善相关产业与经济政策，保障煤炭减量替代。重点区域需要制定标准更严的淘汰落后产能和压缩过剩产能政策，实施燃煤发电机组绿色调度、环保电价、财税支持、差别化排污收费等经济政策，鼓励燃煤机组实施超低排放改造。为促进非电锅炉替代，需落实高效锅炉税收优惠政策，加快推进燃煤锅炉节能环保改造。全面出台电力与非电行业煤炭减量替代实施办法，促进跨地区、跨行业煤炭消费减量替代，促进煤炭削减替代量优先用于煤炭利用率高、污染物排放少的耗煤行业，强化激励机制，建立和完善煤炭控制与节能减排等专项奖励资金。

2. 扩大高污染燃料禁燃区

2015 年修订的《中华人民共和国大气污染防治法》规定："城市人民政府可以划定并公布高污染燃料禁燃区,并根据大气环境质量改善要求,逐步扩大高污染燃料禁燃区范围。高污染燃料的目录由国务院环境保护主管部门确定。"

2017 年 3 月,环境保护部发布修订的《高污染燃料目录》。按照控制严格程度,将禁燃区内禁止燃用的燃料组合分为Ⅰ类(一般)、Ⅱ类(较严)和Ⅲ类(严格)。城市人民政府根据大气环境质量改善要求、能源消费结构、经济承受能力,在禁燃区管理中,因地制宜选择其中一类。

表 12 - 3   禁燃区内禁止燃用的燃料组合类别

类别	燃料种类		
Ⅰ类	单台出力小于 20 蒸吨/小时的锅炉和民用燃煤设备燃用的含硫量大于 0.5%、灰分大于 10%的煤炭及其制品(其中,型煤、焦炭、兰炭的组分含量大于规定限值)	石油焦、油页岩、原油、重油、渣油、煤焦油	——
Ⅱ类	除单台出力大于等于 20 蒸吨/小时锅炉以外燃用的煤炭及其制品		——
Ⅲ类	煤炭及其制品		非专用锅炉或未配置高效除尘设施的专用锅炉燃用的生物质成型燃料

根据最新政策,各主要城市应逐步扩大城市高污染燃料禁燃区范围,逐步由城市建成区扩展到近郊。重点控制区高污染燃料禁燃区面积要达到城市建成区面积的 80%以上,一般控制区达到城市建成区面积的 60%以上。已划定的高污染燃料禁燃区应根据城市建成区的发展不断调整划定范围。例如,天津市划定的高污染燃料禁燃区面积达 830.54 km²,占行政管辖面积的 6.9%。其中,市内六区建成区全部为禁燃区,环城四区外环线以内部分全部为禁燃区,天津滨海高新技术产业开发区华苑科技园外环线以内部分,全部为禁燃区;其他区县根据相关规定,划定详细的禁燃区边界;滨海新区根据实际情况划定禁燃区范围。

禁燃区的管理要求为:禁燃区内禁止燃烧原(散)煤、洗选煤、蜂窝煤、焦炭、木炭、煤矸石、煤泥、煤焦油、重油、渣油等燃料,禁止燃烧各种可燃废物和直接燃用生物质燃料,以及污染物含量超过国家规定限值的柴油、煤油、人工煤气等高污染燃料;已建成的使用高污染燃料的各类设施限期拆除或改造成使用管道天然气、液化石油气、管道煤气、电或其他清洁能源;对于超出规定期限继续燃用高污染燃料的设施,责令拆除或者没收。

三、大气污染区域联防联控

大气是一个整体,并没有阻止空气流通的边界。但是,从某地污染源排向大气的污染物,并不会立刻在全球均匀混合,一般只污染局部地区的空气。类似于空气中存在"空气分水岭",将大气分割为多个彼此相对孤立的气团,这些气团笼罩下的地理区域,就叫"空气流域"。"空气流域"的边界往往与行政边界不一致,这是因为污染物并不遵守行政边界,而是在更广阔的空气流域内自由混合。属于同一"空气流域"的行政区域之间跨界污染问题较为复杂,它可能是单边性的,例如两个行政区域是由一方扮演"污染接收者"而另一方扮演"排放输出者",也可能是各个行政区域都扮演双重角色。这样,若仅从单个城市角度出发进行大气污染防治,难以反映区域大气污染扩散和跨界污染控制问题,难以适应区域性、交叉性大气环境污染控制和环境管理的需求,必须实施区域联防联控。

所谓区域大气污染联防联控是指运用组织和制度资源打破行政区域的界限,以大气环境功能区域为单元,让区内的省市之间从区域整体的需要出发,共同规划和实施大气污染控制方案,统筹安排,互相监督,互相协调,最终达到控制复合型大气污染、改善区域空气质量、共享治理成果与塑造区域整体优势的目的。区域联防联控的理论基础包括空气流域理论、大气污染跨界传输理论、区域公共品理论、囚徒困境理论、帕累托最优理论、合作博弈与集体行动理论等(柴发合,2013)。据此可见,区域大气污染联防联控的需求突出反映在以下两个方面:其一,大气污染的区域性和公共性需要区域的整体管理;其二,地区联合的区域大气管理将产生环境治理的正外部性。结合区域大气联防联控的理论基础,其主要技术方法如下:

1. 联防联控区域划分方法

区域大气污染联防联控首先涉及到控制区域的划分。区域管理或合作主体由区域内的"地方"组成,不同的地方根据经济合作纽带关系、地理区位关系、污染问题分布关系等因素来组合。王金南等(2014)列举以下两种划分方式:

一是根据大气污染特征划分联防联控区域。如美国最初的臭氧传输区域(Ozone TransportRegion,OTR)包括臭氧污染严重的缅因州、弗吉尼亚州与哥伦比亚区。中国之前针对二氧化硫与酸雨污染问题划出的"两控区"类似于此。

二是按照生态环境的地理特征-大气流动规律划分联防联控区域。如美国根据空气流动特征将大气流域作为区域管理单位的一个划分标准,将全国划分为若干个空气"流域"进行管理,南加州区大气流域是其中之一。空气流域常见的定义有:① 由于地形、气象和气候的原因而共享空气的地区;② 由于地形构造和气候条件的限制,使得空气进出量较小的地区;③ 大气条件和气象特征类似(如混合层高度和风场在同一数量级),其结构特点也相同的地区。基于此,大气污染联防联控区域的划分需考虑以下两个因素:① 气象因素,如日照、云、风、混合层;② 地形因素,如山脉阻隔、源和受体的空间位置。以"空气流域"概念为基础的联防联控区域划分方式,常常将完整的行政区域分隔得支离破碎,必须进行协调,以便照顾到现有的行政管理体系,进而解决区域性问题。

2. 区域大气污染物总量分配

计划指标的分配主要涉及到两个环节:① 辖区总量分配,即按照所属地原则,高一层次的区域系统向下一层次分配总量指标;② 污染源总量分配,即基层政府向辖区各个污染源分配污染源排放总量指标。其中辖区总量分配最能够体现区域大气污染联防联控的特点,从区域高度进行总量分配,以总量约束的形式引导各地方的产业发展,体现了环境保护对经济增长的优化作用。辖区总量分配力图体现环境资源共享、协调各方利益、公平公正的指导思想,分配遵循如下原则:第一,遵循自然环境条件的地区差异,充分利用环境自净能力。环境自净能力是影响总量分配的关键因素,也是基础因素,因为它直接影响着所在辖区的环境质量。因此,在进行总量指标分配时,这是首先要考虑的因素,自净能力强的地区可能获得更多的排污指标。第二,努力降低、削弱城市之间的相互影响程度。区域大气污染联防联控与单个城市大气污染防治之间的主要区别在于是否考虑区域内城市之间的相互影响因素。由于自然条件、地理位置、排污方式等的不同,各城市对其他城市以及区域污染的形成具有不同的影响能力(柴发合,2014;)。因此,在分配指标时要充分考虑到这种情况,对区域大气污染贡献率大的城市,要适当减少其排污份额。

3. 区域大气污染联防联控保障体系

一是建立统一协调的区域联防联控工作机制。下设决策机构和执行机构,其中决策机构由区域内各地方政府与更高级别政府的相关职能部门组成,负责区域大气污染联防联控的协调;执行机构直接向决策机构负责,负责具体事务操作与实施,成员应包括各地方政府下属涉及大气污染防治的相关职能部门。成立区域大气污染联防联控协调小组主要目的是建立区域大气污染防治利益相关者沟通与协调的平台,因此其主要职责应包括:编制、实施区域大气污染防治规划,组织人员培训,增强地方环保部门能力,建立重点区域大气污染联防联控制度等。

二是建立区域大气环境联合执法监管机制。加强区域环境执法监管,确定并公布区域重点企业名单,开展区域大气环境联合执法检查,集中整治违法排污企业。经过限期治理仍达不到排放要求的重污染企业予以关停(李云燕,2017;邹兰,2016;牛桂敏,2014)。切实发挥各区域环境督察派出机构的职能,加强对区域和重点城市大气污染防治工作的监督检查和考核,定期开展重点行业、企业大气污染专项检查,组织查处重大大气环境污染案件,协调处理跨省区域重大污染纠纷,打击行政区边界大气污染违法行为。

三是建立重大项目环境影响评价会商机制。对区域大气环境有重大影响的火电、石化、钢铁、水泥、有色、化工等项目,要以区域规划环境影响评价、区域重点产业环境影响评价为依据,综合评价其对区域大气环境质量的影响,并征求项目影响范围内公众和相关城市环保部门意见,作为环评审批的重要依据。

四是建立环境信息共享机制。围绕区域大气环境管理要求,依托已有网站设施,促进区域环境信息共享,集成区域内各地环境空气质量监测、重点源大气污染排放、重点建设项目、机动车环保标志等信息,建立区域环境信息共享机制,促进区域内各地市之间的环境信息交流。同时,加强极端不利气象条件下大气污染协同预警体系建设,构建区域、省、市联动一体的应急响应体系。

四、大气污染物协同减排

大气污染物协同减排可从狭义和广义两个层面理解。

狭义指传统意义的"大气污染物"协同减排。多污染物的目标协同控制模式始于对单一污染物的控制改善和提升。从国内外大气污染防控监管历程来看,以往的政策、法律、法规以及标准监管更多处于"单一污染物"的"末端监管"方式,我国大气污染物控制种类从"烟、粉尘"—"二氧化硫、TSP、PM_{10}"—"二氧化硫、氮氧化物、TSP、PM_{10}、$PM_{2.5}$"等不断增补。随着工业化进程不断加速,虽然更加严厉的排放标准保障了控制污染物排放总量的削减,但也出现了单一污染物排放总量的削减并未与空气质量改善形成线性响应关系的情况;同时由于对其他污染物(VOC 等)监管缺失,二氧化硫、氮氧化物、氨气、VOC、烟粉尘、扬尘等经过各种物理化学反应会生成对人体健康危害更大的二次污染物。因此,建立以改善空气质量为根本目标的多污染物协同控制监管模式成为必要。以电力行业大气污染防控为例,针对电厂污染物控制经历了单纯除尘—脱硫—脱硫脱硝一体化—除尘、脱硫、脱硝、脱汞等协同控制路径。

多污染物交叉污染及其控制技术

"多污染物交叉污染"在本质上体现为污染物之间源和汇的相互交错、污染转化过程的耦合作用以及对人体健康和生态系在污染本质上体现为污染物之间源和汇的相互交错、污染转化过程的耦合作用以及对人体健康和生态系统影响的协同或阻抗效应。基于此,区域大气污染问题主要包括酸雨、灰霾天气、$PM_{2.5}$和 O_3 超标,需要重点控制 SO_2、NO_X、PM_{10}、$PM_{2.5}$、VOC_S 等五种污染物,具体控制技术路线如下:

(1) 协同控制 NO_X、$VOCs$ 排放,解决光化学烟雾污染

城市群地区逐渐显现的光化学烟雾污染是亟待解决的重大环境问题。光化学烟雾是由机动车、电厂等排放的 NO_X 在阳光的作用下发生复杂的光化学过程形成的,主要污染物是 O_3、醛、酮、酸、过氧乙酰硝酸酯(PAN)等二次污染物。根据对导致大气复合污染的关键一次污染物和关键污染源的识别,结合发达国家和地区在光化学烟雾污染控制的实践,我国城市群地区大气臭氧控制策略在近期应以 NO_X 和 $VOCs$ 联合削减为策略,并且优先控制 VOC_S。由于电厂和机动车是最主要的氮氧化物排放源,机动车、炼油石化、精细化工行业和溶剂涂料的使用是 VOC_S 主要排放源。因此,在控制 SO_2 和 PM_{10} 的基础上,要重点控制机动车、电厂、石油化工、精细化工行业和溶剂涂料使用行业的排放控制,特别是机动车的排放。

(2) 综合控制 SO_2 和 NO_X 排放,解决区域性酸雨问题

区域性的酸雨问题主要是由电力行业高架源排放造成的。电力行业排放的污染物跨行政区远距离输送,对区域性的酸雨问题贡献较大。解决区域性酸雨问题,应以控制电力行业 SO_2 和 NO_X 排放为主线,以总量控制为手段,严格控制新源,逐步削减现有源的排放。

(3) 综合控制 SO_2、NO_X、$VOCs$ 与一次 $PM_{2.5}$ 的排放,控制灰霾

灰霾污染造成大气能见度下降,并危害人体健康。大气能见度下降是由颗粒物的消光作用造成的。从颗粒物粒径分布上看,小于1微米的粒子贡献了颗粒物消光系数的 90% 以上;从颗粒物化学组成上看,硫酸盐、硝酸盐、颗粒有机物等二次气溶胶贡献了消光系数的 80% 以上。大气复合污染是大气灰霾污染的关键内因,应降低 SO_2、NO_X、$VOCs$ 及一次 $PM_{2.5}$ 的排放。行业控制应以电力、机动车、建材等为重点。随着脱硫的有效推进,未来硝酸盐和有机碳对灰霾的影响将更加突出,因此应逐步加强对 NO_X 和二次有机气溶胶前体的控制。

引自:王金南等:区域大气污染联防联控的理论与方法分析

广义指传统的大气污染物与温室气体同时减排。大气污染和气候变化是大气科学领域面临的两大挑战,而二者之间有着密切关系。中国气象局特别顾问丁一汇院士认为,"由于空气污染和气候变化在很大程度上有共同的原因,即主要都是由矿物燃料燃烧的排放造成,因而减轻和控制空气污染与减少温室气体排放保护气候在行动上应是一致的。"国家气候变化专家委员会主任杜祥琬院士也认为,"中国气候变化和污染排放问题基本上是同根同源,节能减排是应对气候变化和治理大气污染所要求的共同任务。"中国气候变

化特别代表解振华在巴黎气候大会结束后更为明确地表示,"如果能够完成气候变化的行动目标,雾霾的污染将降低42%。"可见,大气污染与温室气体具有关联性,以燃烧为特征的人类活动是大气污染和气候变化的重要根源。控制污染源的排放既可以减少大气污染物,也可以减少温室气体,控制温室气体的排放也能带来减少大气污染物的效果。

推动大气污染物和温室气体协同控制,是我国在建设生态文明过程中进行的制度创新,其实施可以产生"1＋1＞2"的协同效应。为了追求协同效应,我国环境科研部门与国外有关机构合作研究,从环境技术、环境政策方面提出了主动统筹污染物总量减排和温室气体减排的政策和技术,对环境管理政策与环境经济政策等实施全方位政策创新、完善协同效应量化评估方法、深化评估研究等建议。

第三节　土壤污染防治规划

一、我国土壤污染防治规划编制思路

土壤污染有其自身特殊属性和特征,在解决土壤污染问题时,要避免照搬大气、水污染治理思路和技术路径,需要充分考虑土地利用类型、污染程度、污染物类别、技术经济条件等因素,综合制定土壤污染防治策略。

2016年国务院印发的《土壤污染防治行动计划》推出了我国土壤污染防治的顶层设计,为各层级、各地区制定土壤污染防治规划提供了最高指导。

土壤污染防治规划应采取问题导向,针对四方面问题开展设计:一是工矿企业生产经营活动中排放的废气、废水、废渣是造成其周边土壤污染的主要原因。尾矿渣、危险废物等各类固体废物堆放等,导致其周边土壤污染。汽车尾气排放导致交通干线两侧土壤铅、锌等重金属和多环芳烃污染。二是农业生产活动是造成耕地土壤污染的重要原因。污水灌溉,化肥、农药、农膜等农业投入品的不合理使用和畜禽养殖等,导致耕地土壤污染。三是生活垃圾、废旧家用电器、废旧电池、废旧灯管等随意丢弃,以及生活污水排放,造成土壤污染。四是自然背景值高是一些区域和流域土壤重金属超标的原因,在区域差别对待方面应予关注。

编制土壤污染防治规划,要坚持三个原则:一是坚持问题导向、底线思维。与大气和水污染相比,土壤污染具有隐蔽性,防治工作起步较晚、基础薄弱。为此,规划要重点在开展调查、摸清底数,推进立法、完善标准,明确责任、强化监管等方面提出工作要求。同时,提出要坚决守住影响农产品质量和人居环境安全的土壤环境质量底线。二是坚持突出重点、有限目标。国内外实践表明,解决好土壤污染问题需要付出长期艰苦的努力。针对当前损害群众健康的突出土壤环境问题,立足初级阶段的基本国情,着眼经济社会发展全局,《土十条》以农用地中的耕地和建设用地中的污染地块为重点,明确监管的重点污染物、行业和区域,严格控制新增污染,对重度污染耕地提出更严格管控措施,明确不能种植食用农产品,其他农作物不是绝对不能种;对于污染地块,区分不同用途,不简单禁用,根据污染程度,建立开发利用的负面清单。三是坚持分类管控、综合施策。为提高措施的针

对性和有效性,根据污染程度将农用地分为三个类别,分别实施优先保护、安全利用和严格管控等措施;对建设用地,按不同用途明确管理措施,严格用地准入;对未利用地也提出了针对性管控要求,实现所有土地类别全覆盖。在具体措施上,对未污染的、已经污染的土壤,分别提出保护、管控及修复的针对性措施,既严控增量,也管好存量,实现闭环管理,不留死角。

二、土壤污染防治规划主要内容

1. 土壤污染调查及环境监测

全面准确掌握土壤污染状况是开展土壤污染防治与监管工作的重要基础。2005年至2013年,环境保护部会同国土资源部开展了首次全国土壤污染状况调查,调查面积约为630万平方千米。1999年以来,国土资源部开展了多目标区域地球化学调查,截止2014年,已完成调查面积150.7万平方千米,其中耕地调查面积13.86亿亩,占全国耕地总面积的68%。通过开展土壤污染状况详查,进一步摸清农用地土壤污染状况,准确掌握污染耕地的地块分布,评估土壤污染对农产品质量和人群健康的影响,探明土壤污染成因,了解重点行业企业土壤污染状况,获取权威、统一、高精度的土壤环境调查数据,建立基于大数据应用的分类、分级、分区的国家土壤环境信息化管理平台,全面满足环保、国土、农业和卫生等领域需求,为全面制定精细化的土壤污染防治规划提供科学依据。

除一次性污染调查工作外,土壤污染防治规划应提出建立健全土壤环境质量例行监测方案。按照环境保护部提出的构建土壤环境监测国家、省、地(市)三级网络构架和以县、地(市)、省、国家为主体的四级网络运行模式,将实现每年监测一类重点区、5年完成一个监测周期,并以基本农田、蔬菜和果树基地、饮用水源地、重污染企业周边、规模化养殖场周边等为重点区域布设采样点。

2. 建设用地土壤污染控制增量和消减存量措施

(1)建设用地土壤污染控制增量的措施。建设用地土壤污染控制增量主要有减少工矿企业生产过程中污染物的排放量,以及防止污染物进入土壤两种方式。① 工矿企业减少污染物排放量可以通过优先使用清洁能源,减少原辅材料中有毒有害物质的使用量,改进生产工艺,采用资源利用率高、污染物产生量少的工艺和设备,采用废弃物综合利用技术,以及采用污染物无害化处理技术等实现。② 工矿企业防止污染物进入土壤可以采取的措施有:废水、废气处理后达标排放;对生产、运输、储存设备设施设计安装防腐蚀和防泄漏装置;定期开展污染隐患排查,及时消除发现的有毒有害物质泄漏、渗漏、溢出等污染土壤隐患;加强工业废弃物堆存管理,建设堆存场所的防护设施;停产企业设备设施的拆除活动中对残留物料和污染物、污染设备和设施进行安全处理处置等。

(2)建设用地土壤污染消减存量的措施。建设用地土壤污染存量的消减主要是土壤中污染物浓度的消减,分为污染土壤修复和风险管控两种形式。建设用地污染土壤修复技术根据修复工程的实施方式可以分为原位修复技术与异位修复技术;根据修复原理可分为物理/化学技术、生物技术和其他技术等。① 物理/化学修复技术是利用物理/化学特性达到破坏、分离或固化污染物的目的,具有实施周期短、可同时处理多种污染物等优点。主要包括固化/稳定化、热脱附处理、土壤蒸汽抽提、化学氧化还原、化学淋洗、电动力学等。其中,固化/稳定化和热脱附是我国建设用地污染土壤修复中应用较多的技术。② 土壤生物修复技术是指一切以利用生物为主体的土壤污染治理技术,包括利用植物、动物和微生物吸收、降解、转化土壤中的污染物,使污染物的浓度降低到可接受的水平,或将有毒有害的污染物转化为无毒无害的物质,也包括将污染物固定或稳定,以减少其向周围环境的扩散。生物修复包括植物修复、微生物修复、生物联合修复等技术。虽然修复周期通常较长,但具有二次污染小、费用低、可原位降解污染物等优点。

3. 农用地土壤污染控制增量和消减存量的措施

(1) 农用地土壤污染控制增量的措施。农用地土壤污染控制增量的措施可通过以下几方面实施:一是减少工矿企业污染物排放量,避免工矿企业的"三废"排放导致农田污染(对工矿企业污染源的控制方法在上文中已经论述)。二是减少农业生产活动带来的污染。重点引导农民合理使用化肥、农药,提高化肥、农药利用率,减少流失率,避免农田土壤污染。例如,积极推广生物有机肥等新型绿色肥料;大力推广测土配方施肥技术,积极引导农民科学施肥;引导和鼓励农民使用生物农药或高效、低毒、低残留农药;推广病虫草害综合防治、生物防治和精准施药等技术。三是减少农田污水灌溉带来的污染。限定向农田灌溉渠道排放的废水类型,进一步明确禁止工业废水和医疗污水进入农田灌溉渠道,避免重金属、难降解有机物、病原体等物质进入土壤,造成土壤污染并影响农产品安全。

(2) 农用地土壤污染消减存量的措施。对于农用地土壤,必须在切断污染源的基础上对污染的农用地土壤进行修复。当前的修复思路主要包括两种:一种为采用各种技术将土壤中的重金属和有机污染物从被污染土壤中移除的思路,这种思路被称作"去除"处理。该技术一般适用于污染程度较轻、污染深度较浅的农用地修复。农用地修复的另一种思路为采用各种技术使土壤中的污染物尽可能地固定在土壤当中,阻止其被农产品吸收,这种思路被称作"钝化"处理。该技术适用污染程度较重、污染深度较深的农用地土壤修复。现在应用较多的农用地土壤污染修复技术都是基于以上这两种思路研发的。农用地土壤污染的消减技术可分为物理/化学技术以及生物技术两大类。目前使用较成熟的物理/化学技术主要包括深耕处理法、排土处理法、客土法、水肥管理手段,以及投加各种改良剂、抑制剂等钝化剂;使用较多的生物处理技术包括植物修复技术和微生物修复技术等。

4. 污染场地风险管控

大量实践证明,在优先保护好清洁土壤的同时,对已经污染的土壤采取风险管控措施,是充分发挥土壤资源属性同时节约大量资金的行之有效的主要举措。2017 年 7 月 1日起正式施行的《污染地块土壤环境管理办法(试行)》,是我国以风险管控思想对工矿企业污染地块实行全过程管理的一项重要规章制度。

土壤环境风险由风险源、暴露途径和风险受体三要素构成。风险源是威胁土壤环境质量、引发危害发生的致险因子,包括污染物排放、危险废物堆存处置、有毒有害物质环境暴露等。暴露途径是污染物通过水、空气等介质迁移到达和暴露于人体的方式,一般包括饮食、皮肤接触、呼吸吸入等。风险受体是指污染土壤及其周边环境中可能受到污染物影响的人群或其他生物、地表水、地下水等,通常老人、儿童是对污染物反应较为敏感的人群,饮用水水源地、居住区、粮食主产区和蔬菜基地、重要物种栖息地则是敏感区域。土壤污染防治规划中,一般按照建立污染场地名录—明确治理主体—建立工程项目库的路线设计。

广东省环境保护厅关于土壤污染治理与修复的规划(2017—2020年)
关于加强污染地块风险管控的主要规划内容

1. 建立污染地块名录

各地要根据潜在污染地块清单及污染地块环境风险情况,依据已开展的建设用地土壤环境状况调查评估结果,结合土壤污染状况详查工作,自2018年起,逐步完善污染地块名录及开发利用的负面清单,并进行动态更新。符合相应规划用地土壤环境质量要求的地块,可进入用地程序;不符合相应规划用地土壤环境质量要求的地块,通过调整规划或进行治理修复,确保达标后再进入用地程序。对暂不开发利用或现阶段不具备治理修复条件的高风险污染地块,组织划定管控区域,设立标识,发布公告,开展土壤、地表水、地下水、空气环境监测;发现污染扩散的,有关责任主体要及时采取污染物隔离、阻断等环境风险管控措施(省国土资源厅牵头,省环境保护厅、住房城乡建设厅、水利厅等参与)。

2. 明确治理与修复主体

按照"谁污染,谁治理"的原则,造成土壤污染的单位或个人要承担治理与修复的主体责任。责任主体发生变更的,由变更后继承其债权、债务的单位或个人承担相关责任;土地使用权依法转让的,由土地使用权受让人或双方约定的责任人承担相关责任。土地使用权终止的,由原土地使用权人对其使用该地块期间所造成的土壤污染承担相关责任。土壤污染治理与修复实行终身责任制。责任主体灭失或责任主体不明确的,由所在地县级人民政府依法承担相关责任(省环境保护厅牵头,省国土资源厅、住房城乡建设厅、农业厅参与)。

3. 有序开展污染地块治理与修复

各地结合城市环境质量提升和发展布局调整,以拟开发建设居住、商业、学校、医疗和养老机构等项目的污染地块为重点,开展污染地块治理与修复。2018年年底前,各地级以上市开展1项以上工业污染地块环境调查、风险评估和治理修复试点示范工程(省环境保护厅牵头,省国土资源厅、住房城乡建设厅、地质局、核工业地质局参与)。

第十三章 生态文明建设规划

　　生态文明建设是国际可持续科学在中国的具体应用和重要实践,特别是通过示范创建活动在地方层面推动了一系列工程和政策落实,取得丰富成果。自1989年全国爱卫会推行国家卫生城市以来,国家住房和城乡建设部、国家环境保护部、中央文明办、国家林业局等相关部委在全国推行了一系列关于生态文明的示范创建活动,比较有影响的包括全国文明城市、生态示范区、生态省市县创建、生态文明示范工程试点、国家园林城市、国家森林城市等。2016年,中共中央办公厅、国务院办公厅印发了《关于设立统一规范的国家生态文明试验区的意见》,明确"设立统一规范的国家生态文明试验区,将中央顶层设计与地方具体实践相结合,集中开展生态文明体制改革综合试验,规范各类试点示范"。生态文明建设规划是地方各级层面开展生态文明示范创建与综合试验试点的总体设计。

第一节　生态文明建设规划指标体系

　　生态文明指标体系是对生态文明建设进行科学评价、合理规划、准确考核和有效实施的依据。已有相关研究试图构建省级生态文明指标体系,对全国各省份进行生态文明建设水平评估,从而给出各省份生态文明建设先进、落后的排序,以反映我国整体生态文明总体情况和建设进度,或直接针对某一省份构建生态文明评价指标体系。近年来基于城市层面的生态文明建设指标体系方面的研究大量涌现,用于指导生态文明建设实践或对城市生态文明建设水平或绩效进行评估。

　　在实践层面,2003年国家环保总局印发了《生态县、生态市、生态省建设指标(试行)》,并随着对生态省(市、县)建设认识的不断深入,指标体系经过了两次修改,发展成为涵盖经济发展、生态环境保护和社会进步三个方面的23个考核指标,在区域发展规划中展示了强大的生命力。为统一引导生态文明建设示范创建工作,2016年,环境保护部提出了《国家生态文明建设示范县、市指标(试行)》的规范化指标,是当前推动生态文明创建的最新指标,其特点是:

　　一是强化顶层设计。《指标》以国家生态县、市建设指标为基础,充分考虑发展阶段和地区差异,围绕优化国土空间开发格局、全面促进资源节约、加大自然生态系统和环境保护力度、加强生态文明制度建设等重点任务,以促进形成绿色发展方式和绿色生活方式、改善生态环境为导向,从生态空间、生态经济、生态环境、生态生活、生态制度、生态文化六个方面,分别设置38项(示范县)和35项(示范市)建设指标,全面反映了生态文明建设的核心理念、基本内涵和主要任务,为加快推进生态文明建设发挥积极作用。

二是体现提档升级。国家生态文明建设示范县、市是国家生态县、市的"升级版",是推进市、县生态文明建设的有效载体。《指标》相对于之前的国家生态县、市建设指标保留了单位 GDP 能耗、受保护地区占国土面积比例等 14 项(示范市为 12 项)建设指标和部分基本条件,增加(或单列)了生态保护红线、耕地红线等 24 项(示范市为 23 项)指标。这些指标的设定,既体现了生态文明示范创建的提档升级,也有机结合了生态文明建设的新形式和新要求。

三是考虑区域差异。《指标》兼顾先进性和可达性,充分考虑区域差异性,加强分区分类指导。依据我国东、中、西部地区发展阶段不尽相同的国情,对部分指标,如万元 GDP 用水量、单位工业用地工业增加值等,采用不同地理区位设置不同目标值进行分区考核;依据我国幅员辽阔,地貌类型多样的特点,对森林覆盖率、受保护地区占国土面积比例等指标,采用按照平原、山地、丘陵等不同地貌类型进行分类考核,充分考虑了地方发展阶段和地区差异的具体体现。

同时,《指标》考虑当前社会、经济、资源、环境统计体系,并与已开展的专项考核相衔接;指标设计考虑了数据的可获得、可统计、可比对,从便于分解落实和监督管理的角度出发,多采用了相对性指标(如比例性指标);指标体系既包括政府性统计指标,也包括抽样调查性指标;指标体系是生态文明建设示范区考核验收的量化要求,其属性分约束性和参考性两个类别。这些设置,有利于地方依据现有统计体系,开展生态文明示范创建,加快推进区域生态文明建设。

表 13-1 国家生态文明建设示范县指标

领域	任务	序号	指标名称	单位	指标值	指标属性
生态空间	(一)空间格局变化	1	生态保护红线	—	划定并遵守	约束性指标
		2	耕地红线	—	遵守	约束性指标
		3	受保护地区占国土面积比例 山区 丘陵地区 平原地区	%	≥33 ≥22 ≥16	约束性指标
		4	规划环评执行率	%	100	约束性指标
生态经济	(二)资源节约利用	5	单位地区生产总值能耗	吨标煤/万元	≤0.70 且能耗总量不超过控制目标值	约束性指标
		6	单位地区生产总值用水量 东部地区 中部地区 西部地区	立方米/万元	用水总量不超过控制目标 ≤50 ≤70 ≤80	约束性指标

领域	任务	序号	指标名称	单位	指标值	指标属性
生态经济	（二）资源节约利用	7	单位工业用地工业增加值 东部地区 中部地区 西部地区	万元/亩	≥80 ≥65 ≥50	参考性指标
	（三）产业循环发展	8	农业废弃物综合利用率 秸秆综合利用率 畜禽养殖场粪便综合利用率	%	≥95 ≥95	参考性指标
		9	一般工业固体废物处置利用率	%	≥90	参考性指标
		10	有机、绿色、无公害农产品种植面积的比率	%	≥50	参考性指标
生态环境	（四）环境质量改善	11	环境空气质量 质量改善目标 优良天数比例 严重污染天数	%	不降低且达到考核要求 ≥85 基本消除	约束性指标
		12	地表水环境质量质量 质量改善目标 水质达到或优于Ⅲ类比例 山区 丘陵区 平原区 劣Ⅴ类水体	%	不降低且达到考核要求 ≥85 ≥75 ≥70 基本消除	约束性指标
		13	土壤环境质量 质量改善目标	—	不降低且达到考核要求	约束性指标
		14	主要污染物总量减排	—	达到考核要求	约束性指标

续表

领域	任务	序号	指标名称	单位	指标值	指标属性
生态环境	（五）生态系统保护	15	生态环境状况指数（EI）	—	≥55 且不降低	约束性指标
		16	森林覆盖率 山区 丘陵区 平原地区 高寒区或草原区林草覆盖率	%	≥60 ≥40 ≥18 ≥70	参考性指标
		17	生物物种资源保护 重点保护物种受到严格保护外来物种入侵	—	执行 不明显	参考性指标
	（六）环境风险防范	18	危险废物安全处置率	%	100	约束性指标
		19	污染场地环境监管体系	—	建立	参考性指标
		20	重、特大突发环境事件	—	未发生	约束性指标
生态生活	（七）人居环境改善	21	村镇饮用水卫生合格率	%	100	约束性指标
		22	城镇污水处理率 县级市、区县	%	≥95 ≥85	约束性指标
		23	城镇生活垃圾无害化处理率 东部地区 中部地区 西部地区	%	≥95 ≥90 ≥85	约束性指标
		24	农村卫生厕所普及率	%	≥95	参考性指标
		25	农村环境综合整治率 东部地区 中部地区 西部地区	%	≥80 ≥65 ≥55	约束性指标

第二节 生态文明建设规划主要内容

一、总体要求

1. 目标导向、系统设计的基本方法

规划编制应以《国家生态文明建设示范县、市指标(试行)》为目标导向,鼓励增加本地特色指标,全面提升生态文明建设水平;规划任务的设计应按照"将生态文明建设融入经济、政治、文化、社会建设各方面和全过程"的要求,至少包括优化生态空间、发展生态经济、保护生态环境、践行生态生活、完善生态制度、弘扬生态文化等六大任务。

2. 统筹协调、突出重点的基本原则

规划编制应统筹协调与国家或省级主体功能区规划、生态功能区划以及本地区国民经济社会发展规划和其他专项规划等相衔接。规划编制过程中,应深入调研,基于本地的资源环境承载力和生态环境演变趋势,重点解决导致资源约束趋紧、环境污染严重、生态系统退化等主要问题,并根据建设指标可达性分析,针对未达标和难达标指标设计重点工程。

3. 坚持科学规划、易于实施的基本要求

规划编制应邀请各相关领域的专家和地方政府相关部门负责同志共同参与,采用部门座谈、现场调查、资料搜集等方法,并广泛征求意见,确保规划编制科学严谨;规划编制应将生态文明建设目标指标化、定量化,规划任务应尽可能做到工程化、责任化、时限化,列出重点工程,明确保障措施,提高规划实施的可操作性。

二、现状评估与趋势分析

1. 现状评估

可从生态保护状况、经济发展状况、环境质量状况、人居生活状况、文化制度等方面进行评估。生态保护状况包括生态赤字、生态服务功能重要性、生态敏感性/脆弱性、重要物种保护、外来物种入侵等方面。经济发展状况包括经济发展阶段、生产空间布局合理性、主要产业资源能源利用效率、经济发展与环境保护之间的协调性等方面。环境质量状况包括水、气、土、声等环境质量状况,主要环境污染源,重金属、危险化学品、危险废物等环境风险,以及区域联防联控情况等。人居生活状况包括城镇化进程、城乡环境基础设施建设、绿色建筑、绿色交通、绿色生活方式等现状。文化制度方面包括生态文明相关宣传教育活动、文化载体、政策制度执行情况等。

2. 趋势分析

可从经济社会发展、资源能源消耗、生态环境质量变化、文化制度导向等方面进行预测,并对区域未来经济社会发展的资源环境生态承载力进行分析。经济社会发展预测是

开展其它预测的基础,可从区域人口增长、城镇化进程、经济(GDP)发展等方面进行预测分析。资源能源消耗预测,可从土地资源、水资源和能源资源消耗等方面进行预测分析。按资源总量控制有关要求,进一步提出国土空间优化、产业结构调整、生态经济发展的方向。生态环境质量变化预测,可从主要污染物的排放情况进行预测分析。按照生态环境质量控制目标,提出环境污染防治的重点和生态生活规划的着力点。文化制度导向分析,可从国家、所在省出台的相关政策、文件、制度以及社会公众关注的热点问题等方面进行分析。

往往采用 SWOT 分析法分析生态文明建设的趋势。SWOT 模型分析法是战略规划与决策中具有代表性的研究方法,是通过对研究对象实施内部条件和外部条件的统筹概括,阐述区域内部优势(Strengths)、劣势(Weakness)及其所处环境的机会(Opportunities)、威胁(Threats)四个方面的因素,依照矩阵形式排列,最后通过系统分析的思想,将各种因素互相匹配并进行分析,以期获得针对性的对策和带有一定决策性结论,使研究对象在竞争中的战略明朗化,最终制定内部条件与外部环境相匹配的区域发展战略。SWOT 分析法主要以定性分析为主,通过对这种方法的使用,可以系统、准确地对研究对象所处的环境进行研判和分析,进而从该研究结果出发,确定相对应的发展策略及应对措施。

案例:贵港市生态文明建设 SWOT 分析

基于贵港市生态文明建设现状的 SWOT 分析,根据生态文明建设的科学内涵,以建设环境优美、人民福祉不断提升、社会经济持续发展为目标,全面把握贵港市目前面临的优势、劣势、机遇和挑战,确定出新的发展思路,并结合当前的优势与机遇,确定发展的可取之处;结合劣势与挑战,确定发展的战略对策,进而全面、客观地解决发展中的瓶颈问题,加速推进生态文明建设进程,不断增强贵港市核心竞争力和可持续发展能力。构建贵港市生态文明建设的 SWOT 战略矩阵如下。

S-Strengths	W-Weaknesses
➤ 区位优势明显	➤ 经济发展方式粗放
➤ 自然资源丰富	➤ 环境治理能力薄弱
➤ 生态环境良好	➤ 部分生态系统功能退化
➤ 经济基础良好	➤ 生态文化建设有待加强
O-Opportunities	T-Threats
➤ 新常态背景下环境保护面临新机遇	➤ 重点环境治理迫在眉睫
➤ 新法律法规全面出台实施	➤ 产业转型升级难以一蹴而就
➤ "五位一体"总布局的提出	➤ 区域合作环境治理面临巨大挑战

三、规划总则

规划总则包括指导思想、基本原则、编制依据、规划范围和期限、规划目标和规划指标等内容。其中:规划范围一般应包括创建地区全部行政辖区;规划期限可视各地具体情况确定,生态文明建设示范县规划实施一般以 2~3 年为期,生态文明建设示范市规划实施一般以 3~5 年为期,基准年为规划前一年。

规划指标应结合各地自身条件设计,应当至少包含《国家生态文明建设示范县、市指标(试行)》所涉及主要指标要求,鼓励增加地方特色指标。采取定性与定量相结合的方法对规划指标进行差距和可达性分析,将指标分为已达标指标、易达标指标和难达标指标三类,为在后续规划行动中明确重点领域提供支撑。

四、规划措施

1. 优化生态空间

明确主体功能分区。按照《全国主体功能区规划》以及《全国生态功能区划》有关要求,进一步明确创建地区的主体功能定位,指导开发保护总体定位。

优化空间格局,应体现"生态保护红线"、"耕地红线"、"受保护地区占国土面积比例"、"规划环评执行率"指标要求。可从生态空间、生产空间、生活空间三个方面优化调整区域空间格局,构建科学合理的城市化格局、农业发展格局和生态安全格局。其中,① 构筑生态安全格局,划定生态保护红线,包括自然保护区等重要生态功能区域、生态环境敏感区与脆弱区,生物多样性保护优先区、生态廊道、生态屏障等生态用地。② 生产空间应与资源环境承载力相匹配,包括农田、养殖场等农业生产区域,工业产业集中发展区/生产性服务区,资源开发集中区等。③ 生活空间城区、乡镇、社区布局应尊重自然格局,保障生态安全距离。

2. 发展生态经济

从构建循环经济体系、大力发展战略性新兴产业、快速发展节能环保、再生资源回收利用等绿色产业及加快淘汰落后产能等方面进行产业结构调整设计。

从控制煤炭等化石能源消费总量、大力发展清洁能源、可再生能源、分布式能源等方面进行区域能源结构调整规划设计。

从发展生态工业、生态农业和生态服务业等方面进行规划设计并注重三产融合发展。其中,① 发展生态工业:可从建设生态工业园区,促进清洁生产,改造提升传统优势产业,推动绿色矿产开采等方面进行规划设计(应体现"单位工业用地工业增加值"、"一般工业固体废物处置利用率"、"应当实施强制性清洁生产企业通过审核的比例"等指标要求)。② 发展生态农业:可从建设有机绿色农产品基地,建设农业科技产业园区,建设设施农业、休闲观光农业等示范园区等方面进行规划设计(应体现"农业废弃物综合利用率"、"有机、绿色、无公害农产品种植面积的比重"等指标要求)。③ 发展生态服务业:从鼓励发展生态旅游业,建设绿色低碳流通体系等生产性服务业,大力发展生活性服务业等方面进行规划设计(体现"单位地区生产总值能耗"、"单位地区生产总值用水量"等指标要求)。

3. 保护生态环境

从控制水污染物(COD、N-NH$_3$)、大气污染物(SO$_2$、NO$_x$)总量排放等方面进行规划设计(体现"主要污染物总量减排"指标要求)。

从水环境污染防治、大气环境污染防治、声环境污染防治、土壤环境污染防治、环境风险防范等方面进行规划设计。其中,① 水环境污染防治:可从重点流域和近岸海域污染防治,城市黑臭河道治理,工业污水治理与再生利用,农业养殖、种植废水处理,地下水污染修复,海洋污染治理与生态修复等方面进行规划设计(体现"地表水环境质量"指标要求)。② 大气环境污染防治:可从建立区域联防联控机制,工业废气除尘、脱硫、脱硝,机动车尾气综合防治,建设工地扬尘污染控制,秸秆露天禁燃,重污染天气应急管理等方面进行规划设计(体现"空气环境质量"指标要求)。③ 声环境污染防治:可从建筑施工噪声污染、交通噪声污染和生活噪声污染等方面进行规划设计。④ 土壤环境污染防治:可从加强耕地质量调查监测与评价,加大退化农田改良和修复力度,重污染工矿企业污染场地治理与恢复等方面进行规划设计(体现"土壤环境质量"指标要求)。⑤ 环境风险防范:可从重金属、持久性有机污染物等危险化学品监管,危险废物安全处置,核与辐射安全监管,开展环境风险分级动态评价和预警,建立环境风险防范与应急管理机制等方面进行规划设计(体现"危险废物安全处置率"、"污染场地环境监管体系"、"重、特大突发环境事件"等指标要求)。

4. 生态保护与修复

可从自然生态系统保护、生态建设和修复等方面进行规划设计。其中,① 自然生态系统保护:可从建立自然保护区、国家公园等保障重要生态功能,建立生物多样性保护小区,防范本地物种资源流失以及外来物种入侵,监管转基因等生物安全,监控资源开发过程的生态风险,建设防灾减灾体系等方面进行规划设计。② 生态建设和修复:可从构建生态廊道、生态屏障,实施退牧还草、退耕还林、退渔还湖,建设生态公益林,恢复与治理湿地,防治水土流失、沙化、石漠化、盐渍化,建立海陆统筹的生态系统保护修复机制等方面进行规划设计(体现"生态环境状况指数(EI)"、"森林覆盖率"、"生物物种资源保护"等指标要求)。

5. 践行生态生活

城乡环境一体化建设。可从城乡公共服务设施一体化建设、城镇生态绿地建设、城乡环境综合整治等方面进行规划设计。其中,① 城乡公共服务设施一体化建设:可从城镇集中式与农村分散式饮用水源地保护,供水、排水、防涝、供热、供电、供气等市政基础设施,文化、教育、卫生、体育等公共服务设施等方面进行规划设计(体现"村镇饮用水卫生合格率"、"集中式饮用水源地水质优良比列"指标要求)。② 城镇生态绿地建设:可从建设城镇公共绿地、社区绿地以及水域湿地等方面进行规划设计(体现"城镇人均公园绿地面积"指标要求)。③ 城乡环境综合整治:可从城镇环境综合整治(生活污水治理与再生利用,生活垃圾分类、回收利用,实现减量化等),农村环境综合整治(村庄绿化、道路整治、村舍改造等)等方面进行规划设计(体现"城镇污水处理率"、"城镇生活垃圾无害化处理率"、"农村卫生厕所普及率"、"村庄环境综合治理率"等指标要求)。

绿色生活建设。可从绿色建筑、绿色交通、绿色消费、智慧城市建设等方面进行规划设计。其中,① 绿色建筑:可从老旧小区生态改造、新建小区绿色建设等方面进行规划设计。② 绿色交通:可从完善综合交通体系,保障出行便捷,健全公共交通网络,完善自行车等租赁模式等方面进行规划设计。③ 绿色消费:可从选购节能电器、节水器具,绿色购物等方面进行规划设计。④ 智慧城市建设:可从推动跨部门、跨行业、跨地区共建共享大数据公共服务平台,强化信息资源社会化开发利用等方面进行规划设计(体现"城镇新建

绿色建筑比例"、"公众绿色出行率"、"节能、节水器具普及率"、"政府绿色采购比例"等指标要求)。

6. 完善生态制度

源头保护制度。可从生态红线管理制度、环境影响评价制度(规划环评、建设项目环评)、自然资产产权管理和用途管制制度、污染物排放总量控制制度、海洋自然岸线零削减制度等方面进行规划设计。

过程严管制度。可从资源有偿使用制度,完善污染物排放许可等环境监管制度、环境信息公开制度等方面进行规划设计。

后果严惩制度。可从建立生态文明建设考核办法、资源环境离任审计制度、生态环境损害责任终身追究制度等方面进行规划设计。

环境经济政策和市场运行机制。可从加大财政资金投入、生态补偿制度、环境损害赔偿,健全环境信用评价与绿色信贷,完善环境污染责任保险,建立排污权交易机构,推行环境污染第三方治理、节能环保等绿色产品认证等方面设计。

7. 弘扬生态文化

加快培育生态文明意识。可从完善生态文明教育体系、弘扬本土特色传统文化、广泛开展生态文明宣传活动等方面进行规划设计(体现"公众对生态文明知识知晓度"、"党政领导干部参加生态文明培训的人数比例"等指标要求)。

促进生态文明共建共享。可从深入推进公众参与、鼓励社会组织参与等方面进行设计(体现"环境信息公开率"、"公众对生态文明建设的满意度"等指标)。

参考文献

[1] 叶文虎,张勇.环境管理学[M].北京:高等教育出版社,2013:193-194.

[2] 包存宽,刘利,陆雍森等.战略环境影响识别研究[J].安全与环境学报,2002,2(4):42-45.

[3] 刘毅,陈吉宁,何炜琪.城市总体规划环境影响评价方法[J].环境科学学报,2008,28(6):1250-1255.

[4] 陈庆伟,梁鹏.建设项目环评与"三同时"制度评析[J].环境保护,2006,27(10):42-45.

[5] 马晓波,郝芳华,陈飞星.试论目前中国环境影响评价制度中的评价时机和评价收费问题[J].中国环境管理,2002,2(42):11-13.

[6] 徐鹤,王会芝.新常态下中国规划环境影响评价有效性问题探析[J].环境保护,2015,43(10):24-26.

[7] 李艳萍,乔琦,扈学文等.我国排污许可制度:现状及建议[J].环境保护,2015,43(19):51-53.

[8] 卢瑛莹,冯晓飞,陈佳等.基于"一证式"管理的排污许可证制度创新[J].环境污染与防治,2014,36(11):89-91.

[9] 王金南,龙凤,葛察忠等.排污费标准调整与排污收费制度改革方向[J].环境保护,2014,42(19):37-39.

[10] 李惠民,马丽,齐晔等.中国"十一五"节能目标责任制的评价与分析[J].生态经济,2011,9(1):30-54.

[11] 柴发合,薛志钢,张新民等.强化责任多措并举建立健全大气污染综合防治新体系——新《大气污染防治法》解读[J].环境保护,2015,43(18):19-24.

[12] 环境保护部环境监察局.中国排污收费制度30年回顾及经验启示[J].环境保护,2009,21(1):13-16.

[13] 马丽,李惠民,齐晔.节能的目标责任制与自愿协议[J].中国人口资源与环境,2011,21(6):95-101.

[14] 李水生.限期治理法律制度若干问题研究[J].环境科学研究,2005,18(5):97-99.

[15] 尤蕾.新"三司"重构环境保护部[J].时政,2016,43(12):32-34.

[16] 武敏."大部制"背景下地方环境行政管理体制改革研究[D].山东.中国海洋大学,2009:10-18.

[17] Min J. K, Wei X. L. Marine Environmental Carrying Capacity Monitoring System: A Monitoring Framework to Achieve Marine Environment Adaptive Management[J]. Advanced Materials Research, 2013, 2480(726):1504-1507.

[18] 翁智雄,葛察忠,王金南.环境保护督察:推动建立环保长效机制[J].环境保护,2016,44(3):91-93.

[19] 郝吉明,程真,王书肖.中国大气环境污染现状及防治措施研究[J].环境保护,2012,32(3):17-20.

[20] 白春礼.中国科学院大气灰霾研究进展及展望[J].中国科学院院刊,2014,29(3):275-281.

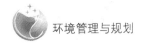

[21] 江梅,张国宁,张明慧等.国家大气污染物排放标准体系研究[J].环境科学,2012,33(12):4417-4421.

[22] 柴发合,陈义珍,文毅等.区域大气污染物总量控制技术与示范研究[J].环境科学研究,2006,19(4):163-171.

[23] 汪小勇,万玉秋,姜文等.美国跨界大气环境监管经验对中国的借鉴[J].中国人口·资源与环境,2012,22(3):118-123.

[24] 王金南,许开鹏,迟妍妍等.中国环境功能评价与区划方案[J].生态学报,2014,34(1):130-135.

[25] 刘炳江,郝吉明,贺克斌等.中国酸雨和二氧化硫污染控制区区划及实施政策研究[J].中国环境科学,1998,18(1):1-7.

[26] 张新民,柴发合,王淑兰等.中国酸雨研究现状[J].环境科学研究,2010,23(5):527-532.

[27] 霍艳斌.长三角大气污染物排污权交易一体化研究[J].生态经济,2012,12(4):181-188.

[28] 李志学,张肖杰,董英宇.中国碳排放权交易市场运行状况、问题和对策研究[J].生态环境学报,2014,23(11):1876-1882.

[29] 张欣炘,杨帆.美国、欧盟大气污染联防联控机制及启示[J].环境保护,2015,43(13):51-53.

[30] 易爱华,丁峰,胡翠娟,李时蓓,赵晓宏.我国燃煤大气污染控制历程及影响分析[J].生态经济,2014,30(08):173-176.

[31] 徐东耀,周昊,刘伟等.我国水泥行业大气污染物排放特征[J].环境工程,2015,8(3):76-79.

[32] 程轲,薛志钢,张增强等.长三角重点行业大气污染物排放及控制对策[J].环境科学与技术,2009,32(9):121-123.

[33] 赵普生,冯银厂,金晶,韩博,毕晓辉,朱坦,张小玲.建筑施工扬尘特征与监控指标[J].环境科学学报,2009,29(08):1618-1623.

[34] 耿立志.钢铁行业大气污染防治现状简析与若干建议[J].资源节约与环保,2015,11(3):24-25.

[35] 徐东耀,周昊,刘伟等.我国水泥行业大气污染物排放特征[J].环境工程,2015,10(1):76-79.

[36] 温英民.消耗臭氧层物质管理立法的几点思考[J].环境保护,2007,12(1):60-62.

[37] 魏巍,王书肖,郝吉明.中国人为源VOC排放清单不确定性研究[J].环境科学,2011,32(2):306-312.

[38] 江梅,张国宁,张明慧等.国家大气污染物排放标准体系研究[J].环境科学,2012,33(12):4417-4421.

[39] 云雅如,王淑兰,胡君等.中国与欧美大气污染控制特点比较分析[J],环境与可持续发展,2012,4:32-36.

[40] 杜譞,程天金,李宏涛等.欧盟大气污染物排放清单管理经验及启示[J].环境保护,2014,42(20):66-68.

[41] 王圣瑞,郑丙辉,金相灿等.全国重点湖泊生态安全状况及其保障对策[J].环境保护,2014,42(4):39-42.

[42] 聂秋月,彭元富,顾熠澐等.农村生活污水处理工艺与管理措施探讨[J].中国农村水利水电,2012,4(1):39-40.

[43] 郭振仁.我国未来水环境管理机制探讨[J].中国环境管理,2001,1(3):17-18.

[44] 岳波,张志彬,孙英杰,李海玲.我国农村生活垃圾的产生特征研究[J].环境科学与技术,2014,37(06):129-134.

[45] 李再兴,秦学,李贵霞,钟为章,刘春,李宁,陈晓轩,杨景亮.农村生活垃圾源头分置、分类处理

方法研究[J].环境工程,2014,32(08):85-88.

[46] 卞荣星,孙英杰,李卫华,杨强,李晶晶.农村生活垃圾产生特性及处理处置对策研究[J].环境工程,2014,32(12):100-102+171.

[47] 何金祥.目前国际上矿产资源管理的发展趋势[J].国土资源情报,2004,8(6):1-47.

[48] 李静,吕永龙,贺桂珍.中国突发性环境污染事故时空格局及影响研究[J].环境科学,2009,29(9):2684-2688.

[49] 魏科技,宋永会,彭剑锋.环境风险源及其分类方法研究[J].安全与环境学报,2010,10(1):85-89.

[50] 毕军,杨洁,李其亮.区域环境风险分析和管理[M].北京:中国环境科学出版社,2006.

[51] 邵超峰,鞠美庭.环境风险全过程管理机制研究[J].环境污染与防治,2011,33(10):97-98.

[52] 谢红霞,胡勤海.突发性环境污染事故应急预警系统发展探讨[J].环境污染与防治,2004,26(1):44-69.

[53] 姜传胜.突发事件应急演练的理论思辨与实践探索[J].中国安全科学学报,2011,21(6):153-159.

[54] 王金南,曹国志,曹东等.国家环境风险防控与管理体系框架构建[J].中国环境科学,2013,33(1):186-191.

[55] 唐燕秋,刘德绍,李剑,蒋洪强.关于环境规划在"多规合一"中定位的思考[J].环境保护,2015,43(07):55-59.

[56] 王金南,刘年磊,蒋洪强.新《环境保护法》下的环境规划制度创新[J].环境保护,2014,42(13):10-13.

[57] 牛文元.可持续发展理论的内涵认知——纪念联合国里约环发大会20周年[J].中国人口.资源与环境,2012,22(05):9-14.

[58] 樊杰.中国主体功能区划方案[J].地理学报,2015,70(02):186-201.

[59] 陈海英.流域水污染防治规划编制技术要点探讨[J].中国人口.资源与环境,2014,24(S1):323-325.

[60] 姚瑞华,赵越,王东,吴悦颖,梁涛.重点流域水污染防治"十二五"规划的总体设计[J].中国人口.资源与环境,2011,21(S1):419-421.

[61] 曾晨,刘艳芳,张万顺,汤弟伟.流域水生态承载力研究的起源和发展[J].长江流域资源与环境,2011,20(02):203-210.

[62] 陈求稳,吴运敏,韩瑞光,王立明.小流域水环境模型中单参数不确定性对多变量模拟结果的影响[J].水利学报,2012,43(06):684-690+698.

[63] 李娜,韩维峥,沈梦楠,于树利.基于输出系数模型的水库汇水区农业面源污染负荷估算[J].农业工程学报,2016,32(08):224-230.

[64] 刘瑶,江辉,方玉杰,王静岚,闫喜凤.基于SWAT模型的昌江流域土地利用变化对水环境的影响研究[J].长江流域资源与环境,2015,24(06):937-942.

[65] 陈炼钢,施勇,钱新,栾震宇,金秋.闸控河网水文-水动力-水质耦合数学模型——I.理论[J].水科学进展,2014,25(04):534-541.

[66] 徐祥民,姜渊.对修改《大气污染防治法》着力点的思考[J].中国人口·资源与环境,2017,27(09):93-101.

[67] 王金南,宁淼,孙亚梅,杨金田.改善区域空气质量努力建设蓝天中国——重点区域大气污染防治"十二五"规划目标、任务与创新[J].环境保护,2013,41(05):18-21.

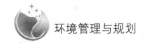

[68] 高桂林,陈云俊.评析新《大气污染防治法》中的联防联控制度[J].环境保护,2015,43(18):42-46.

[69] 柴发合,李艳萍,乔琦,王淑兰.我国大气污染联防联控环境监管模式的战略转型[J].环境保护,2013,41(05):22-24.

[70] 柴发合,李艳萍,乔琦,方琳.基于不同视角下的大气污染协同控制模式研究[J].环境保护,2014,42(Z1):46-48.

[71] 邹兰,江梅,周扬胜,张国宁.京津冀大气污染联防联控中有关统一标准问题的研究[J].环境保护,2016,44(02):59-62.

[72] 牛桂敏.京津冀联手治霾需系统深化联防联控机制[J].环境保护,2014,42(16):41-43.

[73] 王伟,包景岭.农用地土壤污染防治的立法思考[J].环境保护,2017,45(13):55-58.

[74] 马妍,董战峰,杜晓明,谷庆宝.构建我国土壤污染修复治理长效机制的思考与建议[J].环境保护,2015,43(12):53-56.

[75] 王宏巍,张炳淳.新《环保法》背景下我国农业用地土壤污染防治立法的思考[J].环境保护,2014,42(23):58-60.

[76] 张欢,成金华,陈军,倪琳.中国省域生态文明建设差异分析[J].中国人口.资源与环境,2014,24(06):22-29.

[77] 刘邦凡,张贝,连凯宇.论我国清洁能源的发展及其对策分析[J].生态经济,2015,31(08):80-83+92.

[78] 王夏晖,何军,饶胜,蒋洪强.山水林田湖草生态保护修复思路与实践[J].环境保护,2018,46(Z1):17-20.

[79] 于秀波.生态系统评估服务于国家生态保护与修复决策[J].资源科学,2006(04):10.